边缘计算实践

——内容分发网络技术与前沿（上册）

吕智慧　黄莎琳　吴　杰　蔡龙师　著

科　学　出　版　社

北　京

内 容 简 介

　　本书旨在介绍边缘计算和内容分发网络（CDN）的相关技术，主要包括边缘计算的发展和技术概述、CDN 技术概述和主要技术原理、多媒体网络与系统通信主要协议、流媒体系统、P2P 与 CDN 的结合与发展、数据驱动的 CDN 资源管理技术、边缘计算环境下虚拟机资源配置技术、边缘计算数据资源的索引定位与冗余放置技术以及边缘计算环境下的服务部署和任务路由。本书旨在帮助读者了解边缘计算和 CDN 技术的基本概念和应用场景，深入掌握其主要技术原理和实现方法。

　　本书适合从事边缘计算、CDN 技术研究和应用的专业人员作为参考书，也适合作为计算机网络、多媒体技术和边缘计算技术科研人员和相关专业研究生的参考书。

图书在版编目（CIP）数据

边缘计算实践：内容分发网络技术与前沿. 上册 / 吕智慧等著. —北京：科学出版社，2024.4

ISBN 978-7-03-078366-0

Ⅰ. ①边…　Ⅱ. ①吕…　Ⅲ. ①计算机网络—网络结构　Ⅳ. ①TP393.02

中国国家版本馆 CIP 数据核字（2024）第 071234 号

责任编辑：余　丁　董素芹 / 责任校对：高辰雷
责任印制：师艳茹 / 封面设计：蓝　正

科 学 出 版 社 出版

北京东黄城根北街 16 号
邮政编码：100717
http://www.sciencep.com

北京九州迅驰传媒文化有限公司印刷
科学出版社发行　各地新华书店经销

*

2024 年 4 月第 一 版　开本：720 × 1000　1/16
2024 年 4 月第一次印刷　印张：16 1/4
字数：325 000

定价：148.00 元

（如有印装质量问题，我社负责调换）

序 言

在这个数字化和智能化时代，信息的传输速度和质量已成为衡量技术进步的关键指标之一。内容分发网络（CDN）和边缘计算技术，作为解决互联网访问服务质量问题的重要手段，正在塑造我们获取和交换信息的方式。该书由复旦大学吕智慧教授及其团队撰写，不仅是对这一领域知识的全面总结，也是对未来技术发展方向的深刻洞见。

吕教授和他的团队总结了在 CDN 和边缘计算技术上多年的深入研究和广泛应用经验，提供了一部极为宝贵的著作。他们不仅探讨了 CDN 和边缘计算技术的基本概念、核心技术和主要协议，还深入分析了这些技术在现代网络环境中的关键作用和应用前景。

书中包含了复旦大学与网宿科技股份有限公司之间多年的产学研合作成果和网宿科技股份有限公司的多项 CDN 专有技术成果，充分反映了学术界与工业界在这一领域的紧密合作。这种紧密合作模式为我们提供了一个宝贵的视角，该书不仅涵盖了从基础理论到最新技术发展的全方位内容，也有针对实际 CDN 和边缘计算技术问题的企业解决方案，真正做到了理论与实践的结合，让我们能够更全面地理解 CDN 和边缘计算技术的发展动态和应用场景。

在阅读该书的过程中，读者将会对 CDN 和边缘计算技术有一个全面而深入的理解。从内容的高效分发、缓存策略，到负载均衡、服务部署，再到应用加速技术、新型的直播技术、动态内容加速等方面，吕教授和他的团队为我们展示了一幅技术进步如何推动社会发展的画卷。随着宽带和移动互联网技术的不断发展，以及人工智能技术的日益普及，这些技术的重要性只会越来越高，对于从业者、研究人员乃至普通读者来说，该书无疑是一座宝贵的知识宝库。

我相信，通过阅读该书，读者不仅能够获得关于 CDN 和边缘计算技术的深入理解，还能够洞察到这些技术在未来社会发展中的巨大潜力。在 CDN 和边缘计算技术领域，无论是解决当前的技术挑战，还是探索未来的技术方向，该书都将是一个不可或缺的参考和指南。

中国工程院院士

2024 年 3 月 1 日于复旦大学

前　言

　　内容分发网络（content delivery/distribution network，CDN）概念是 1998 年美国麻省理工学院的教授和研究生通过分析当时 Internet 的网络状况，提出的一套能够实现用户就近访问的解决方案。CDN 作为边缘计算的典型代表，通过在现有的 Internet 上增加一层应用层的网络架构，专门用于通过互联网高效地传递丰富的多媒体内容。其主要机制是通过在网络多个边缘接入处，布置多个层次的缓存服务器节点，通过智能化策略，将中心服务器丰富的内容分发到这些距离用户最近、服务质量最好的节点，同时通过后台服务自动将用户引导到相应的节点，使用户可以就近取得所需的内容，加快用户访问丰富媒体服务的响应速度。随着宽带和移动互联网技术的快速发展，现在的互联网应用已经从单纯的 Web 浏览全面转向以丰富媒体内容为中心的综合应用，内容为王的时代已经到来，丰富媒体内容的分发服务将占据越来越大的比重，流媒体、社交网络、大文件下载、高清视频等应用逐渐成为宽带应用的主流。这些应用所固有的高带宽、高访问量和高服务质量要求对以尽力而为为核心的互联网提出了巨大的挑战，如何实现快速的、有服务质量保证的内容分发传递成为核心问题。总的来说，虽然 CDN 技术已经得到了广泛应用，但依旧存在很多新的问题需要研究者和开发者继续解决，具有重要的研究意义。随着移动互联网和物联网等技术的飞速发展，大规模的数据处理和传输已经成为当今社会的重要需求。传统的数据中心和云计算技术已经无法满足快速增长的数据处理需求。在这种情况下，作为 CDN 概念的进一步拓展，边缘计算技术应运而生，它可以在物理空间上更接近终端设备的地方提供更快速的数据处理和传输服务。CDN 和边缘计算技术可以帮助提高数据的传输效率和处理效率，减少传输延迟和数据传输故障的发生，它们已经成为当今互联网和物联网领域最受欢迎和热门的技术之一。

　　本书是一部针对内容分发网络和边缘计算技术的专著，综合了复旦大学吕智慧教授和他的团队 20 余年的研究成果。作者团队不仅来自学术界，还包括复旦大学重要合作伙伴：国内最大的 CDN 运营商之一——网宿科技股份有限公司的高级技术人员。全书共 18 章，上、下册各为 9 章，全面介绍内容分发网络技术和边缘计算的理论、原理、协议与应用。本书上册介绍 CDN 和边缘计算技术的概述和主要技术原理，包括内容分发、缓存、路由和负载均衡等方面的技术。此外，本书上册还介绍了多媒体网络与系统通信主要协议、流媒体系统、P2P 与 CDN 的结合与发展、数据驱动的 CDN 资源管理技术、边缘计算环境下虚拟机资源配置技术、边缘计算数据资源的索引定位与冗余放置技术以及边缘计算环境下的服务部署和任务路由等方面的内容。然后在下册展开介绍内容分发网络和边缘计算技术的前沿发展和应用，重点关注无线移动环境和基于云架构的 CDN 相关技术，探讨了其在学术、工业和其他领域中的应用。进一步涵盖了网宿科技股份有限公司的 CDN 技术和平台：从应用加速技术到新型的直播技术、动态内容加速技术，再到基于内容分发网络的云安全，最后展望了内容分发网络和边缘计算的前沿技术。这些内容将帮助读者深入了解内容分发网络技术和边缘计算技术的最新发展和未来趋势，以及如何在实际应用中有效地利用这些技术来提高内容分发网络和边缘计算的应用性能和用户体验。

我们相信，本书将为读者提供关于边缘计算和 CDN 技术的全面理解和深入认识，帮助他们更好地了解这些技术的基本概念和应用场景，掌握其核心技术和实现方法，以及在实际应用中遇到的问题及其解决方案。本书还将为相关研究人员、从业者和研究生提供一个良好的学习和交流平台，促进边缘计算和 CDN 技术的进一步发展和应用。

本书是复旦大学吕智慧教授团队科研项目和国内外最新成果调研的总结。吕智慧教授撰写了本书的上册及下册的第 1~4 章和第 9 章，网宿科技股份有限公司撰写了本书下册的第 5~8 章；研究生杨骁、吴子彦、王聪婕、肖瑗、唐松涛、徐杨川、黄思嘉、黄翼、何珺菁、尤吉庆、杜鑫、郑梦珂、郭恒其、王信宇、邓睿君、保昱冰、谢梦莹为本书的不同章节做出了贡献，科学出版社的编辑为本书的编校做出了贡献，在此一并表示衷心的感谢。

吕智慧

复旦大学计算机科学与技术学院

2023 年 8 月 19 日

目　　录

第 1 章　边缘计算的发展和技术概述

1.1　边缘计算的发展

1.1.1　边缘计算背景

云计算利用中心化丰富的计算资源和存储资源, 通过广域网 (wide area network, WAN) 与远端用户连接, 为用户提供廉价、方便且弹性伸缩的计算服务和存储服务。虽然云计算中心化的架构有利于资源管理、维护和调度, 但它难以满足物联网时代延迟敏感应用的苛刻要求。首先, 广域网带来了难以避免的较高的网络延迟, 并且由于广域网的主要设计目标是提高带宽和链路效率, 网络延迟问题在可预见的未来不太可能得到改善[1]。其次, 物联网设备产生的海量数据将对有限的广域网通信容量构成挑战。以无人驾驶汽车为例, 为了保证驾驶安全, 汽车通常安装 8 个以上且分辨率不低于 1080P 的摄像头, 每秒产生的数据量可高达 1.8GB, 将这些数据全部通过广域网传输至云数据中心处理会花费大量的传输时间, 达不到应用需要具有实时性的要求, 并且极大地加大了广域网的负担, 需要较高的网络成本[2]。

为了弥补云计算的缺陷, 学术界和产业界已经做过许多研究, 提出微云 (Cloudlet)[3]、雾计算 (fog computing, FC)[4]、移动边缘计算 (mobile edge computing, MEC)[5] 等概念。这些概念的核心思想非常相似, 只是在一些细节和实施手段上略有不同, 本书中不对它们做明确区分。基于欧洲电信标准协会 (European Telecommunications Standards Institute, ETSI) 的定义[6]: 边缘计算在网络边缘提供传统云计算的服务能力及相应信息技术 (information technology, IT) 设施服务, 本书中将云计算资源下沉到网络边缘侧的架构和解决方案称为边缘计算。

总之, 边缘计算技术是应对新型应用场景下对计算效率、安全性和实时性等方面的需求而诞生的一种计算模型, 本书旨在使读者对边缘计算的起源、主要优点、应用场景等有全面的了解。

1.1.2　边缘计算的起源

边缘计算的起源可以追溯到 20 世纪 90 年代, Akamai 公司提出了 CDN 的概念, 通过在地理位置上更接近用户的位置引入网络节点, 以缓存的方式实现图像、视频这些静态内容的高速传输。1999 年出现了点对点对等计算（peer to peer computing）的概念，并随着 2006 年亚马逊首次提出弹性计算云（elastic compute cloud）的概念，在计算、可视化和存储等方面开启了许多新的机遇。2009 年卡内基·梅隆大学的萨帝亚纳拉亚南（Satyanarayanan）教授提出了边缘计算的早期示例形式，展示了一种双层架构，第一层称为云（高延迟），第二层称为 Cloudlet（低延迟），后者即是广泛分散的互联网基础设施组件。其计算周期和存储资源可以被附近的移动设备利用。2012 年思科推出了旨在提升物联网可拓展性的分布式云计算基础设施的雾计算，其中有很多概念就是现在所理解的边缘计算的理念，包括纯分布式系统，如区块链、点对点或混合系统，其中比较典型的是亚马逊的 Lambda@Edge、Greengrass 等。此后，随着边缘计算模型的深入研究，学术界和工业界相继提出了移动云计算（mobile cloud computing，MCC）和 MEC 等新型边缘化计算模型[7]。根据 Gartner 发布的 2017 年度新兴技术成熟度曲线，边缘计算从"触发期"进入"期望膨胀期"，是未来技术的发展趋势。尤其是韦恩州立大学的施巍松教授课题组在 2019 年围绕"边缘计算从哪里来、它的现状如何、它要到哪里去"梳理了边缘计算的发展历程，将其归纳为技术储备期、快速增长期和稳健发展期三个阶段，列举了不同阶段的典型事件，并提出了边缘计算在未来发展中迫切需要解决的问题[8]。

1.1.3　边缘计算的主要优点

云计算通过互联网，以按需服务的形式为用户提供计算资源，已经作为广泛应用的范式为人所熟知。它所依赖的云中心的资源充足，但远离用户，数据传输的距离远，导致响应的延迟和通信开销增大。边缘计算对云计算进行了补充和扩展，比起只使用云计算，能够带来以下三个方面的好处。

（1）缓解主干网络的压力。分布式的边缘节点能够直接处理大量的计算任务而无须将相应的数据上传到云端，从而减轻了主干网络的压力。

（2）敏捷的服务响应。将服务部署在边缘端，能够显著减少数据传输的时延从而提高响应速度。

（3）保护数据隐私。隐私安全由于数据在本地进行处理而得到了保护。

总体而言，边缘计算具有低时延、低网络成本、高灵活性、保护数据隐私的优点。下面对它们逐一进行介绍。

（1）低时延：边缘计算能够在网络边缘侧提供计算资源，计算任务可以在附近的雾节点甚至终端设备本地进行处理，避免了经过广域网的网络通信，使服务响应更快，满足了延迟敏感型应用的苛刻要求。

（2）低网络成本：随着智能硬件和物联网技术的发展，物联网设备数量及它们产生的数据量呈指数级增长。如果简单地将所有数据经广域网传输至云数据中心，将造成网络拥堵，大大增加网络成本。边缘计算将计算能力带到了网络边缘侧，意味着终端设备和雾节点可以对采集到的原始数据进行整理、清洗、过滤和初步分析，减少需要传输到云端的数据量，降低广域网的带宽压力，节省网络成本。

（3）高灵活性：随着雾节点层和终端设备层的加入，系统有了更多的资源调度空间。开发人员可以根据自身应用的特点，将应用的不同组件部署到云中心、雾节点服务器或终端设备上，提高应用的性能，降低应用的运行成本。不同雾节点可以根据自身的不同需求来灵活配置，充分利用网络边缘侧的各类资源。

（4）保护数据隐私：雾节点与终端设备运行在局域网中，能够在边缘的本地网络中处理数据，减少了广域网上的数据传输量，降低了数据隐私泄露的可能，使数据的安全风险变得可控。

1.1.4　边缘计算的应用场景

边缘计算作为新型的网络架构，它有效利用了网络边缘侧的资源，将传感器、摄像头及其他物联网设备采集到的数据有效地在设备本地、雾节点等位置进行存储和处理。边缘网络基本上由终端设备（如移动手机、智能物品等）、边缘设备（如边界路由器、机顶盒、网桥、基站、无线接入点等）、边缘服务器等构成。这些组件已经具有一定的性能，可以更好地进行边缘计算，边缘计算的特点是能够实时、高效、节能地响应用户的需求，所以不会对云端进行大量数据的写入[9, 10]。在现有业务场景下已经有很多企业在使用，但是对于边缘计算需要澄清边缘这个概念。

（1）对于 CDN 厂商，边缘是指遍布全球的 CDN 缓存设备。

（2）对于机场的监控设备，边缘就是覆盖整个机场无死角的高清摄像头。

（3）对于移动手机 Face Id 解锁，边缘就是 Face Id 函数算法。

边缘计算的主要应用场景可以分为两大类。第一类场景是利用从云端下沉的计算和存储能力来处理承接原有的云端服务；第二类场景是通过边缘侧设备的合作调度及资源共享实现新型应用[11]。

（1）资源下沉承接原有云端服务：边缘计算是对云计算的拓展，能够在离用户和数据源更近的网络边缘侧提供计算能力和存储能力，承接部分传统云中心的服务，提高服务质量。有研究针对人脸识别、增强现实及计算图形学应用进行了测试，将相关应用服务部署在网络边缘侧运行，能够比部署在传统云数据中心中达到更低的服务端到端延迟和设备能源消耗[12]。CDN 是边缘计算的经典案例，它能够利用部署在各地的边缘服务器节点进行内容分发存储，将用户向云端的内容请求调度至网络边缘侧，使用户就近请求所需的内容数据，减少骨干网拥塞，提高用户访问响应速度和命中率。以城市安全视频监控系统为例，该系统通过广泛使用的物联网设备，有效解决了城市中的犯罪及社会管理等公共安全问题。传统视频监控系统前端摄像头内置计算能力较低，而现有智能视频监控系统的智能处理能力不足。为此，城市安全视频监控系统以云计算和万物互联技术为基础，融合边缘计算模型和视频监控技术，构建基于 CDN 边缘计算的新型视频监控应用的软硬件服务平台，以提高视频监控系统前端摄像头的智能处理能力，进而实现重大刑事案件和恐怖袭击活动的预警系统和处置机制，提高视频监控系统防范刑事犯罪和恐怖袭击的能力。以直播中的视频转码为例，视频转码也可以下沉到边缘实现。将相关视频转码的服务程序部署到边缘节点上，之后直播对象的源流数据被推送到相关节点，直接进行转码工作。收看直播的用户就能够从边缘节点上获取格式转换之后的直播数据，以此降低边缘到中心的成本，改善用户体验。

（2）边缘资源合作实现新型应用：边缘计算能够对各类新型智能硬件及物联网设备进行管理调度，并基于它们实现新型的应用服务。汽车驾驶自动化是当前火热的研究领域，为了实现 L4 或 L5 级别的自动驾驶或无人驾驶，仅依靠汽车本身的硬件及车载算力是不够的[13]。车联网（vehicle-to-everything，V2X）是边缘计算应用的一个案例，通过网络边缘侧的车内传感器、车外传感器、路侧单元（road side unit，RSU）及边缘服务器等相互合作，实现车辆与道路以及交通数据的全面感知，获取比车辆的内外部传感器更多的信息，增强对非视距范围内环境的感知，保证车辆驾驶安全[14]。目前绝大多数物联网实际应用面临着处理海量终端的连接和管理、保证分析的实时性和保护工业数据隐私的问题。华为技术有限公司也指出，边缘计算物联网（edge computing internet of things，EC-IoT）可以有效地构建预测性维护方案，并已经推出了设计和部署预测性维护解决方案的服务。华为技术有限公司使用边缘智能网关提供智能服务，对维护对象的关键指标进行实时监测和分析，预测维护对象可能出现的故障，并进行信息上报[15]。另一个案例是可以利用移动边缘计算技术进行云游戏开发，云游戏应用由边缘节点进行维护和部署，降低了游戏对用户设备配置的要求。当用户进行云游戏操作时，首先通过提供给用户的登录系统进行游戏上线的请求发送，相应边缘管控节点接收到请求后，控制边缘节点部署云游戏应用，并生成虚拟终端返回给用户。用户终端获取虚拟终端视频流信息，和边缘节点建立联系，进行游戏交互。

1.2　边缘计算的技术拓展

1.2.1　边缘计算和 5G

　　5G 的 G 是英文 generation 的缩写，也就是"世代"的意思。简单来说，5G

就是第五代移动通信系统，它和磁盘操作系统（disk operating system，DOS）变成 Windows 10 系统一样，都是一种大幅度的技术升级。与 4G 相比，5G 将作为一种全新的网络架构，提供 10Gbit/s 以上的峰值速率、更佳的移动性能、毫秒级时延和超高密度连接。5G 通信网络更加去中心化，需要在网络边缘部署小规模或者便携式数据中心，进行终端请求的本地化处理，以满足超可靠低时延通信（ultra reliable low latency communication，URLLC）和大规模机器类型通信（massive machine type communication，mMTC）的超低时延需求，因此边缘计算是 5G 的核心技术之一[16]。虽然 5G 的不同应用场景对网络性能的要求有显著的差异，但为了控制成本，运营商通常会选择将传统的互联网和边缘计算技术结合的形式，在最少的资本投入下实现最丰富的网络功能。在 5G 时代，承载网的带宽瓶颈、时延抖动等性能瓶颈难以突破，引入边缘计算后将大量业务在网络边缘终结[17]。

5G 时代，传输网架构中引入边缘计算技术，在靠近接入侧的边缘机房部署网关、服务器等设备，提高计算能力，将低时延业务、局域性数据、低价值量数据等在边缘机房进行处理和传输，不需要通过传输网返回核心网，进而降低时延、减少回传压力、改善用户体验。为了实现边缘计算，需要在更底层的网络节点提高计算和转发能力，运营商组网结构将逐步演进，边缘计算能力持续提升。边缘计算是 5G 时代的核心技术之一，但其架构开放，也可以部署应用于 4G 长期演进（long term evolution，LTE）网络。运营商将在现有网络结构上平滑演进，最终实现低层网络节点计算能力的全面覆盖、边缘计算能力持续提升[18]。

1.2.2　边缘计算和物联网大数据

物联网（internet of things，IoT）是互联网、传统电信网等信息承载体，让所有能行使独立功能的普通物体实现互联互通的网络[19]。物联网是实现行业数字化转型的重要手段，并将催生新的产业生态和商业模式。而借助于边缘计算可以提升物联网的智能化，促使物联网在各个垂直行业落地生根。边缘计算在物联网中的应用领域非常广泛，特别适合具有低时延、高带宽、高可靠性、海量连接、异构汇聚和本地安全隐私保护等特殊业务要求的应用场景。

在边缘计算模式中，物联网中数据、（数据）处理和应用程序集中在网络边缘的设备中，而不是几乎全部保存在云中，是云计算（cloud computing）的延伸概念。智慧城市中，大数据行业应用重点领域有民生、市场监管、政府服务、基础设施等，涵盖了医药卫生、环境保护、智慧教育、交通物流、市民服务、市场监管、公共安全、国土资源、科技服务、文化创意、电子政务等方面。其中，物联网是智慧城市的主要数据采集源，物联网在智慧城市上广泛部署的传感器搜集大量的数据，包括视频摄像头、音频传感器、水利传感器、大气环境感应器、火险传感器等，这些传感器在网络边缘获得的异构大数据需要实时传输与及时处理，而大量数据的发送和接收，可能造成数据中心和终端之间的输入/输出（input/output，I/O）瓶颈。同时在城市各个区域、街道、社区、商圈产生的各种民生、经济数据类型多样，如果把这些数据都远距离传输到中心的云端，则传输延迟和处理效率都存在很大的问题。充分利用云边混合架构可以很好地传输和处理这些数据，首先在边缘侧快速传输和处理各种传感、民生、市场监管、政府服务、基础设施运行、医药卫生等各方面数据，进行数据清洗、建模、分析和响应，同时把边缘计算的部分处理结果传到中心的云端进行后期的处理，包括数据融合、关联分析、高效预测、智能决策等各种高级别分析处理。

1.2.3　边缘计算和数据密集型应用

随着数据处理任务复杂性的增加和数据规模的增长，数据密集型应用在生活中越来越普遍。顾名思义，若数据（数据量、数据复杂度、数据变化速度）是一个应用的主要挑战，那么可以把这个应用称为数据密集型应用。数据密集型应用是指需要处理大量数据的应用程序，如图像识别、自然语言处理、数据挖掘等。这些应用程序需要大量的计算和存储资源来处理数据，而且通常需要在短时间内完成处理。数据密集型应用在人工智能、大数据分析等领域得到了广泛应用。

然而，数据密集型应用也存在一些问题。首先，数据的采集、存储和传输成本很高，需要消耗大量的计算和网络资源。其次，数据的隐私和安全问题也是一个严峻的挑战，特别是在涉及个人信息和商业机密的应用场景中。最后，由于数据密集型应用通常需要大量的计算和存储资源，因此需要采用高性能的计算和存储设备，这会导致成本高昂。为了解决这些问题，可以采用边缘计算来优化数据密集型应用。通过将计算和存储资源放置在离数据源更近的位置，可以降低数据传输延迟和网络拥塞，从而提高应用程序的实时性和性能。此外，边缘计算还可以提供更好的隐私保护作用和安全性，因为数据可以在本地处理，而不是传输到云端处理。

1.2.4　边缘计算和人工智能

边缘计算与人工智能（artificial intelligence，AI）的结合催生了一个新的研究领域——边缘智能（edge intelligence，EI）。尤其是在边云混合架构下采用人工智能的方法来处理数据和任务已经成为未来重要的发展趋势。具体来说，边缘智能是指终端智能，它是融合了网络、计算、存储、应用核心能力的开放平台，提供了边缘智能服务，满足了行业数字化在敏捷连接、实时业务、数据优化、应用智能、安全与隐私保护等方面的关键需求。将智能模型部署在边缘节点和终端设备上，可以使智能更贴近用户，更快、更好地为用户提供智能服务。尤其是随着边缘智能架构的发展，如何在算力有限的边缘节点上设计和部署轻量级模型，可以在保证模型准确度的同时，减少模型训练所需要的时间、硬件资源与能耗；不同的智能学习任务需要部署和执行的模型差异较大，如何针对不同任务部署相应的模型并在整个系统中进行智能模型和数据的协同成为学术界和工业界急需解决的主要任务。

特别需要注意的是，边缘智能在发展的过程中出现了以下问题供读者思考和探究。

（1）人工智能模型在边缘端节点（如智慧医疗中的感知设备、进行搜索结果排序筛选推荐的移动电子设备、进行智能目标检测的摄像头）的资源短缺限制下往往不能在诸多指标上（如收敛性、精度、能耗、内存占用）表现得尽如人意。在边云混合架构下，边缘节点的硬件资源有限，在其上部署传统的资源密集型的人工智能模型会严重影响模型训练和推理速度，甚至耗尽边缘节点资源而无法完成任务。

（2）现有的处理方法很难在动态环境中充分利用云端和边缘端的计算能力和各个边缘端模型的训练数据与训练结果实现不同智能学习任务中模型的协同调度。一方面，这是因为边缘端设备往往是异构的，其处理的任务、收集的数据和拥有的计算能力是多样的，所以不能统一部署相同的模型并进行协同调度。对于边缘端设备来说，其拥有的数据分布不均衡且单一，如果仅单独训练，训练效率较低且容易出现过拟合等情况，影响模型准确率。另一方面，虽然云计算中心的资源充足，可以部署复杂的模型，但边缘设备产生的数据无法通过现有的带宽资源完全传输到云计算中心进行集中式计算，数据传输的距离远，导致响应的延迟和通信开销增大；边缘端节点多且接近终端用户和数据，大大降低了任务经由云端处理的时延和存储开销，但不同边缘设备的计算、存储能力均不相同，无法部署复杂的智能模型。

（3）在智能模型的执行和协同调度过程中，现有的处理方法难以精确、稳定并且结合实际情况为用户的数据处理和任务分配提供对应体量的资源配置，这是由不同节点实际对外提供服务的能力和对外服务的可信度决定的。当边缘智能场景遭遇网络因素、外部因素等突发事件（如节点故障、黑客攻击等）时，很容易使真实的网络环境中的通信信息存在虚假和不完整的情况，进而大大增加数据交互的成本，也浪费了分配的资源，可能带来更为严重的可靠性和安全性问题。

1.3 边缘计算的主流架构

目前，边缘计算的主流架构包括单层边缘架构、云边混合架构、边缘智能架构等，边缘计算架构的选择取决于应用场景和需求，需要综合考虑网络传输速度、计算能力、数据安全性、成本等因素。

1.3.1　单层边缘架构

单层边缘架构是一种简单的边缘计算架构模式，它将应用程序和服务部署在边缘设备上，在单层边缘架构中，通常包括以下组成部分。

（1）边缘设备：包括传感器、智能设备、服务器等，用于执行计算任务和存储数据。值得注意的是，由于边缘设备种类繁多，计算和存储能力不同，需要进行设备的标准化和兼容性处理，使不同设备可以互相通信和协同工作。

（2）网络连接：边缘设备通过有线或无线网络连接到云计算平台或其他设备，进行数据传输和通信。由于边缘设备分布广泛，数据需要在不同设备之间进行传输和共享，需要解决数据管理和传输的问题，如数据的存储、备份、同步、共享和安全防护等。

（3）边缘计算平台：提供边缘计算的服务和管理，如容器技术、虚拟化技术、机器学习算法等，可以部署应用程序、执行计算任务和管理边缘设备。

（4）数据管理：负责数据的采集、存储、处理和传输等，如数据库、消息队列、数据流处理引擎等。

（5）安全性：保障边缘设备和数据的安全性，如身份认证、访问控制、加密技术等。单层边缘架构的最大优势在于它可以大大降低通信延迟，提高响应速度和实时性，同时也可以更好地保障数据的安全性和隐私性。

单层边缘架构通常比较简单，易于实现和部署，同时也更具有灵活性和可扩展性，可以适应不同的应用场景和需求。然而，单层边缘架构也存在一些缺点和挑战。首先，由于单层边缘架构中的计算和存储资源都集中在边缘设备上，因此可能会面临资源不足、计算负载过重等问题。其次，边缘设备的异构性和复杂性，可能会导致应用程序和服务的管理与调度变得更加困难和复杂。最后，由于单层边缘架构缺乏分层结构，可能会导致设备和系统的可靠性与容错性降低。

在该架构的工业应用中，有许多技术可以用来支持它的实现，包括容器技术、虚拟化技术、边缘计算平台、机器学习和人工智能算法等。容器技术可以将应用程序和服务打包成容器，方便在边缘设备上部署和管理；虚拟化技术可以实现资源的虚拟化和隔离，方便任务调度和资源管理；边缘计算平台可以提供边缘计算的服务和管理，方便边缘设备的集成和部署；机器学习和人工智能算法可以实现边缘设备上的数据处理和模型推理，提高计算的效率和准确性。

1.3.2　云边混合架构

云边混合架构是一种将云计算和边缘计算相结合的计算架构。这种架构的核心思想是将计算资源分配到云端和边缘设备中，以便更好地满足各种应用程序的要求。如图 1-1 所示，在云边混合架构下，不仅存在着中心化的云服务平台，还存在大量异构的边缘节点和边缘设备。通过系统的统一管理，实现对用户请求的应用和对服务的支持。由于边缘节点部署在边缘层，它通常只有几台服务器或者微型数据中心组成的资源池，但由于终端的各类设备是通过边缘层接入系统平台的，因此通常来说，边缘层的资源相对短缺，处理能力相对较弱，需要一个中心化的云平台完成与边缘层的平台的协同工作，从而为系统提供充足的存储资源和计算资源。在现实生活中，如智慧交通、智慧安防、大型停车场或者机场等场景下的部署往往需要采用这样的架构，并在这种架构下对大量的任务进行实时性处理。

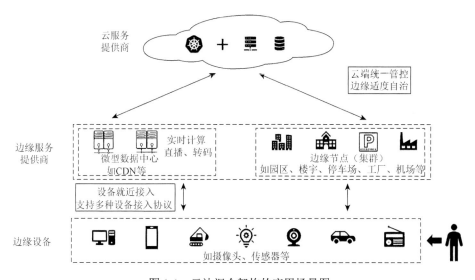

图 1-1　云边混合架构的应用场景图

云边混合架构的工业实现目前主要基于 Kubernetes[20]进行开源扩展，云端部署 Kubernetes 的管理面，在边缘节点上只部署 Kubernetes 的代理（agent），由此来实现云边协同等。目前主流的边缘计算平台包括 KubeEdge[21]、K3s[22]、OpenYurt[23]和 SuperEdge[24]，如表 1-1 所示。其中，KubeEdge 开源时间最早，是华为在 2018 年 11 月公布的，目前为云原生计算基金会（Cloud Native Computing Foundation，CNCF）唯一的边缘计算官方项目。随后，Rancher、阿里云、腾讯也陆续跟进，开源了 K3s、OpenYurt、SuperEdge 等项目。开源边缘计算框架通过把云原生能力扩展到边缘侧，很好地实现了云端对边缘端的管理和控制，极大地简化了应用从云端部署到边缘端的过程，加速了边缘计算行业的发展，并推动了软、硬件的广泛部署与落地。例如，OpenYurt 作为公共云服务 ACK@Edge 的核心框架，已经应用于 CDN、音视频直播、物联网、物流、工业大脑、城市大脑等实际应用场景中，并服务于阿里云 LinkEdge、盒马、优酷、视频云等多个业务中。

表 1-1　基于 Kubernetes 进行开源扩展的边缘计算框架

边缘计算框架	开源时间	企业代表	主要特点
KubeEdge	2018 年 11 月	华为	云边协同、极致轻量
K3s	2019 年 2 月	Rancher	K8s 的轻量化版本
OpenYurt	2020 年 5 月	阿里云	中心管控、边缘自治
SuperEdge	2020 年 12 月	腾讯	分布式节点健康监测

1.3.3　边缘智能架构

边缘智能架构是一种将边缘计算和人工智能技术相结合的计算架构。它的核心思想是将轻量化的人工智能算法和模型部署在边缘设备上，实现智能化决策和数据处理。如图 1-2 所示，在物联网和智慧城市等场景（如视频监控、3D 人脸识别）中，不同场景内的摄像头或传感器等设施可能需要执行不同的任务。边缘智能架构针对这些任务可以部署不同的模型，并且可以协同训练这些模型，以充分利用不同模型训练的数据和结果来提高模型训练效率和准确率，同时对于复杂的任务可以进一步通过边云协同调度模型来减少处理时延并提高吞吐量。如图 1-2 所示，对于交通系统中人流量监控和安防视频中人异常行为检测任务，人流量监控任务场景单一，训练容易过拟合，人异常行为检测任务样例较少，训练容易欠拟合。两种模型协同训练，可以充分利用对方模型训练的数据和结果，从而提高训练效率和准确率。在人流量监控任务中，和背景颜色相近的人的识别是较为复杂的任务，边缘端模型难以独自处理，这类任务由云端模型处理更为合适，边缘端模型仅处理相对简单的任务。这样处理可以既减少任务处理时延又提高任务吞吐量。在如图 1-2 的场景中，不仅需要针对不同的任务在边缘端部署合适的模型，还需要合理地协同训练这些模型，并且在应用中合理调度这些智能模型所需要的资源。

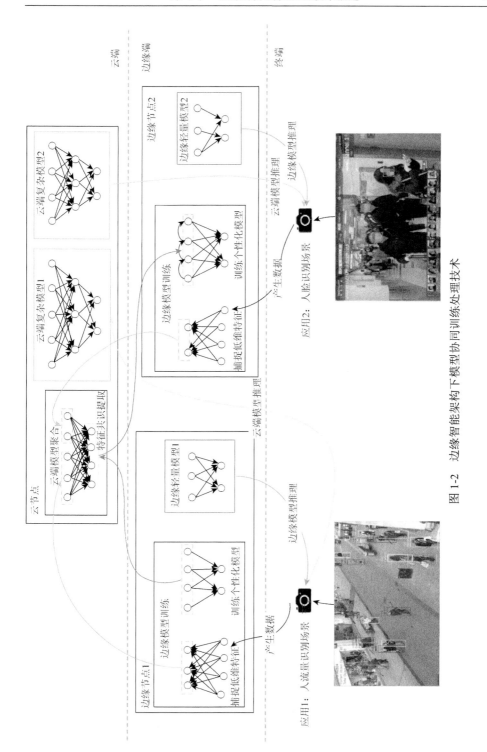

图 1-2　边缘智能架构下模型协同训练处理技术

第 2 章　CDN 技术概述和主要技术原理

2.1　CDN 的发展

近年来，随着智慧城市、云计算、物联网技术的广泛应用，越来越多的应用把大量数据存放到"云"中去计算或存储。这样就解决了目前单一服务器、个人计算机或手机存储量不够或者运算速度不够快的问题，也带来了很多其他益处。这里所谓的"云"的核心，就是装配大量服务器和存储设备的数据中心（data center）。云计算的发展目前遇到了云端数据中心过于中心化的瓶颈，与此同时，雾计算或者称为边缘计算成为另一个主要的技术发展趋势。雾计算/边缘计算指在靠近物或数据源头的网络边缘侧，融合网络、计算、存储、应用核心能力的开放平台，就近提供边缘智能服务，满足行业数字化在敏捷连接、实时业务、数据优化、应用智能、安全与隐私保护等方面的关键需求。边缘计算和云计算，都是处理大数据的计算运行方式。但不同的是，数据不用再传输到远距离的云端，在边缘侧就能接收和分析，更适合实时的数据分析和智能化处理，也更加高效而且安全。尤其是随着智慧城市、智慧地球和物联网的广泛发展，物联网在智慧城市和智慧地球地理上广泛部署的传感器搜集大量的数据，包括视频摄像头、音频传感器、水利传感器、大气环境感应器、森林火险传感器等，这些传感器在网络边缘获得的异构大数据需要实时传输与及时处理，而大量数据的发送和接收，可能造成数据中心和终端之间的 I/O 瓶颈，如果把这些数据都远距离传输到中心的云端，则传输延迟和处理效率都会遇到很大的问题。因此，工业界需要研发基于雾计算和云计算混合模式的大数据传输和处理架构，利用雾计算和云计算混合架构来传输和处理这些数据，首先在网络边缘快速传输和处理各种传感数据及各级基层单位汇集的数据，进行实时分析和响应，同时可以结合云计算技术，把边缘计算的部分处理结果传到云端进行后期的分析、预测和决策。而 CDN 技术是边缘计算技术的早期典型代表。CDN 的主要机制是通过在网络多个边缘如互联网服务提供商（internet service provide，ISP）接入处，布置多个层次的缓存服务器节点，通过智能化策略，将中心服务器丰富媒体的内容分发到这些距离用户最近、服务质量最好的节点，同时通过后台服务自动地将用户引导到相应的节点，使用户可以就近取得所需的内容，提高用户访问丰富媒体服务的响应速度。CDN 作为边缘计算的早期代表主要服务于人，使用户在边缘快速获得内容和应用服务，而现在边缘计算的兴起强调还要服务于物，为物联网加速，需要在比 CDN 更边缘的网络部署边缘计算节点，为广泛部署的传感器实时上传数据、为后期处理分析提供加速服务。

　　随着互联网技术的发展，互联网应用已经从简单的网页浏览转向以丰富媒体内容为主的综合应用。这些应用需要高带宽、高访问量和高服务质量。内容分发的快速和稳定性是关键问题。特别是随着移动互联网迅速发展的趋势，不同的终端将通过不同的网络来获取内容和服务，构建全网 IP 之上的、应用自适应的、高服务质量的电信级通用内容承载分发平台具有重要的意义。互联网流量的爆发式增长将对流量调度业务产生大量需求，尤其是来自视频、移动互联网及云计算的高速增长将驱动 CDN 市场快速发展。作为缓解网络拥塞、提高互联网业务响应速度、改善用户业务体验的重要手段，CDN 近年来在我国呈现出了高速增长的态势。首先，视频带来的高带宽需求及更好的用户体验、短视频的火爆直接拉动了CDN 市场增长。从标清到高清再到 4K 电视；从热剧点播到世界杯等盛事直播、网络直播迅猛发展，用户对体验的要求也越来越高，这都带来了对网络传输的更高要求。其次，移动流量增长将成为 CDN 市场的又一强劲驱动力。根据 2023 年3 月 26 日中国互联网络信息中心[25]（China Internet Network Information Center，CNNIC）发布的数据，截至 2022 年 12 月，我国网民规模达 10.67 亿人，较 2021 年12 月增长 3549 万人，互联网普及率达 75.6%，较 2021 年 12 月提升 2.6 个百分点。2023 年 CNNIC 第 51 次《中国互联网络发展状况统计报告》显示，截至 2022 年12 月，我国移动网络的终端连接总数已达 35.28 亿户，万物互联基础不断夯实；蜂窝物联网终端应用于公共服务、车联网、智慧零售、智慧家居等领域的规模分别达 4.96 亿户、3.75 亿户、2.5 亿户和 1.92 亿户。截至 2022 年 12 月，我国城镇地区互联网普及率为 83.1%，较 2021 年 12 月提升 1.8 个百分点；农村地区互联网普及率为 61.9%，较 2021 年 12 月提升 4.3 个百分点。城乡地区互联网普及率差异较 2021 年 12 月缩小 2.5 个百分点。互联网覆盖范围进一步扩大，农村领域网络基础设施基本全面覆盖，数字技术在农村领域的广泛应用、农村电商的快速发展，也扩大了农村网民的规模，弥合了数字鸿沟。

　　截至 2022 年 12 月，我国手机网民规模为 10.65 亿人，较 2021 年 12 月新增手机网民 3636 万人，网民中使用手机上网的比例为 99.8%。我国网络支付用户规模达 8.72 亿人，较 2020 年 12 月增长 1787 万人，占网民整体的 86.3%，线下网络支付使用习惯持续巩固。在跨境支付方面，截止到 2022 年，微信已接入 64 个境外国家和地区，支持 26 个结算币种；支付宝在线上连接了 27 种货币，打通了全球几乎所有国家和地区的支付通路，线下则在全球 56 个国家和地区支持中国游客的跨境支付。

　　截至 2022 年 12 月，短视频用户规模首次突破十亿人，用户使用率高达 94.8%。2018～2022 年，短视频用户规模从 6.48 亿人增长至 10.12 亿人，年新增用户均在

6000 万人以上。各大网络视频平台注重节目内容质量提升，自制内容走向精品化。随着众多互联网企业布局短视频，市场成熟度逐渐提高，内容生产的专业度与垂直度不断加深，优质内容成为各平台的核心竞争力。越来越多的游戏公司开始侧重海外业务，国产游戏在海外市场的影响力进一步扩大。与此同时，网络文化娱乐内容进一步规范，以网络游戏和网络视频为代表的网络娱乐行业营收进一步提升。伴随着这些移动流量的增长，人们对流量调度、网络体验、网络文化娱乐内容的质量要求也越来越高，这将带来极大的网络传输压力，对 CDN 的需求也将变得更加迫切。云计算市场规模化加剧了数据集中，也将推动 CDN 增长。根据互联网数据中心（Internet Data Center，IDC）的数据，2021 年全球云服务市场突破了 4000 亿美元，整体公有云服务市场同比增长了 29.0%。随着云的部署，越来越多的数据和应用集中在云上，同时用户端也越来越多，连接云和端的管道由此成为瓶颈，用 CDN 这一边缘计算主流模式解决云和端之间的传输问题尤为迫切。

20 世纪 90 年代末以来，CDN 和点对点（peer to peer，P2P）网络先后应运而生，以不同的方式解决了内容承载问题。CDN 概念是 1998 年开始提出的，当时美国麻省理工学院的教授和研究生通过分析 Internet 的网络状况，提出了一套能够实现用户就近访问的解决方案，最终设计并实现了其独有的系统，在此基础上于 2000 年建立了世界第一家提供商用 CDN 服务的专业技术公司——Akamai，这就是第一代 CDN，其所要解决的问题就是"最后一公里"问题。CDN 是边缘计算代表，通过新增网络架构在 Internet 上高效传递多媒体内容。通过将服务器节点缓存在网络边缘，智能分发丰富内容到最近节点，提高用户的访问速度。从那时起，CDN 技术就开始受到广泛关注并快速发展，并逐步成为 Internet 中采用比较普遍、技术成熟度比较高的一种内容分发平台，它是一种基于客户端/服务器（client/server，C/S）结构的分布式媒体服务技术平台。

随着互联网应用的发展和技术的进步，2005 年左右，P2P 技术开始兴起，来解决 CDN 服务器部署昂贵和扩展性不足的问题。单纯的 P2P 技术由于其服务质量（quality of service，QoS）无法保障，而且受客户端的限制，普及较难。而 CDN 通过将服务器部署到网络边缘离用户最近的地方，使用户可以就近取得所需内容，提升用户的访问速度，据统计，视频服务的提供者 60%～70%还是来源于 CDN 服务器。近几年，CDN 进入新一轮发展期，并出现了 CDN 运营商之间的联盟以及和 CDN 与 P2P 的融合模式，以支持内容分发技术的全面发展。

CDN 技术目前已经在主干网上大规模部署，世界上最大的 CDN 运营商 Akamai，目前在全球部署 35 万多台服务器，这些服务器部署在全球 134 个国家/地区、1000 多个城市的 4000 多个不同位置。随着互联网应用的继续丰富和普及，CDN 技术还要不断地推陈出新，既为了适应新的业务模式，也为了 CDN 产业的自身成长与突破。

2.1.1　CDN 的主要任务

CDN 的目的是通过在现有的 Internet 中增加一层新的网络架构，将网站的内容发布到最接近用户的网络"边缘"，使用户可以就近取得所需的内容，提高用户访问网站的响应速度。因而，CDN 可以提高 Internet 中信息流动的效率。从技术上全面解决网络带宽小、用户访问量大、网点分布不均等问题，提高用户访问网站的响应速度。

对各式各样网络内容的发送方式进行优化，已经成为 Web 服务供应商和网络内容供应商的一个重要目标。作为解决这个问题的一个途径，网络内容分布和发送服务在已有的 Internet 结构基础上形成了"增值"网络，提供了各种新功能，例如，能够根据网络内容处理通信量、将访问请求转发给最优服务器以及动态地部署网络内容等。

网络内容分布和传输服务改变了向 Web 用户发送信息的方式。它实现了智能化通信量转发和网络内容发送，并能够识别和理解被请求的特定网络内容。它可以确保网络内容的可用性，改变向客户端发送信息的方式。它所带来的主要变化在于，过去仅仅是被动地检索网络内容，而现在则是根据第 5 层到第 7 层策略（指开放系统互联（open system interconnection，OSI）网络模型）、用户身份认证、应用软件和网络内容的可用性主动传输所需的网络内容。

网络内容分布和传输服务可使 Web 企业更快地将自己需要发送的网络内容发送给目标用户。在传统的 IP 网络（如 Internet）中，客户端的请求仅仅被直接按照网络地址发送到数据源服务器。而网络内容分布和传输服务提供了一个服务"层"，这个层可以主动将经常被访问的网络内容"推"到与发出请求的用户距离最近的服务器，并将每个客户端发出的请求转发到当时对被请求的网络内容而言最佳的地点或服务器，从而进一步补充和扩展了 Internet。

2.1.2　CDN 的优点

CDN 技术方案之所以能够蓬勃发展，其主要原因如下。

（1）CDN 方案能够提高站点的性能和可靠性，它允许网络内容位于最靠近终端用户的位置，并可最小化原始服务器的负载和传输延迟。

（2）它消除了 Internet 的拥塞点，允许丰富内容的有效传递，使视频和其他丰富内容的传递成为可能的同时，却没有降低站点的性能。

（3）CDN 方案通过优化昂贵站点的带宽，满足了对通过更昂贵的网络传输内容的需求，并降低了相关成本，它还提供了增值服务，允许 ISP 从竞争对手、决定性的商标产权等方面区分它们的服务。

2.1.3　CDN 的潜在用户

CDN 的用户包括 ISP、互联网内容提供商（internet content provider，ICP）、媒体网站、大中型企业、电子商务网站和政府网站。利用 CDN 技术，这些网站无须投资昂贵的各类服务器、设立分站点。通过与 CDN 合作，CDN 将负责信息传递工作，保证信息正常传输，维护传送网络，而网站只需要维护内容，不需要考虑流量问题，既节约了成本，又提高了效率。对于广大网络用户而言，在 CDN 技术的基础上，他们可从网络内容提供者那里获得更多的新业务，可以快速访问网络上的内容，获得更好的服务质量。对于 Web 企业而言，CDN 技术将给他们带来两个明显的好处：提高了客户的满意度——主动将经常被访问的网络内容发送到距离用户更近的服务器，可以缩短响应时间，消除"找不到服务器"的错误，提高用户的忠诚度；加强对 Web 资源的控制管理——增强的管理功能优化了网络内容提供者的高优先级网络内容、应用软件和企业计划，使他们获得最大的收益。

1. 大中型企业

目前的全球化企业需要一种统一的方式来提高带宽有效利用率、降低管理成本并提供更多的智能化流量和内容发布。CDN 有助于：

（1）增强企业网络性能，在网络边缘（接近客户、厂商、合作伙伴和员工）有效、安全地控制和提供内容/服务来更贴近客户、厂商、合作伙伴及员工。

（2）提高员工工作效率，通过对互联网内容的一致、可靠且安全的访问，提高客户满意度和厂商的自信心。

（3）降低网络管理成本并进一步节约带宽，从而增加公司利润。

2. ISP、ICP 等服务提供商

服务提供商在互联网上将适当的信息在适当的时间送抵适当的地点，这对创造新的收入机会以及提高在客户心中的重要地位是至关重要的。CDN 有助于：

（1）提高对内容分发、使用情况及性能的监控能力。

（2）缩短管理时间，使基础设施上的所有组件都能用一个政策、通过一个入口来进行配置。

（3）提供增值服务，如超载保护和快速处理大量通信的保证。

（4）协调设备活动，进行配置管理，并利用实时网络使用情况和性能指标数据来提供综合的报告。

（5）带来新的收入来源，通过可定制的外管服务带来新的收入来源。

3. 宽带运营商

宽带运营商控制着内容到达最终用户必须经过的"最后一公里"。通过决定全球范围最快的可用路径，同时为了达到优化内容提供的目的，还通过该路径将内容进行传输。CDN 有助于：

（1）提高带宽有效利用率和营利性。

（2）提供准确的内容升级、预先安排的内容并进行新内容的激活。

（3）允许提供商向客户销售不同级别的接入，并利用外管服务创造新的收入来源。

（4）实现宽带承诺，按照需要快速提供丰富的内容。

4. IDC

CDN 技术除了能明显改善网络性能外，还支持更多新业务的出现和开展。

随着 Internet 的发展和应用，目前，IDC 得到了迅速发展。其中数字影院是 IDC 的一个典型应用，它通过分布在全世界的 IDC，把影视内容直接快速分发到全世界各地，同时收取费用。而 IDC 所依赖的核心技术就是 CDN。现在我们的身边有着一家又一家的数字电影院，我们在电影院沉浸在完美的视觉享受中的时候，我们并没有触摸到电影的物理胶片，通过网络传输流媒体的时代早已经来临。

2.2　CDN 的原理

2.2.1　CDN 的组成

一个典型的 CDN 由以下四部分组成，如图 2-1 所示。

1. 内容缓存设备

内容缓存设备是 CDN 的核心组件之一，主要负责存储和提供用户所请求的内容。它们通常分布在多个地理位置，以便更接近用户，从而降低网络延迟和提高内容传输速度。内容缓存设备会定期与源服务器进行同步，以保持内容的最新状态。一些常见的缓存设备包括 Web 缓存服务器、透明缓存服务器和反向代理服务器。

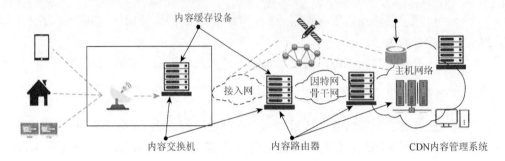

图 2-1　典型 CDN 组成

2. 内容交换机

内容交换机主要负责在 CDN 的各个节点之间传输内容。它们充当数据交换中心，实现不同节点之间的高速数据传输。内容交换机通过优化数据流、降低拥塞和减少网络跳数来提高 CDN 的性能。一些典型的内容交换机包括负载均衡器和交换机等。

3. 内容路由器

内容路由器是 CDN 系统的另一个关键组件，负责确定用户请求的最佳路径并将请求重定向到最合适的内容缓存设备。它们通过分析用户的地理位置、网络状况和可用节点来选择最佳路径。内容路由器还可以基于实时网络状况动态调整路由，从而实现更高效的内容分发。内容路由器主要利用域名系统（domain name system，DNS）负载均衡和全局服务器负载均衡（global server load balancing，GSLB）等技术来实现这一功能。

4. CDN 内容管理系统

CDN 内容管理系统是用于监控和管理 CDN 的软件工具。它可以实时收集和分析 CDN 的性能数据，如访问速度、缓存命中率、用户请求数等。基于这些数据，CDN 内容管理系统可以为运营商提供有关网络性能的实时反馈，并帮助运营商优化 CDN 配置。此外，CDN 内容管理系统还可以支持内容发布、用户权限管理、内容保护等功能。

2.2.2　CDN 的工作原理

当用户访问已经加入 CDN 服务的网站时，首先通过 DNS 重定向技术确定最接近用户的最佳 CDN 节点，同时将用户的请求指向该节点。当用户的请求到达指定节点时，CDN 的服务器（节点上的高速缓存）负责将用户请求的内容提供给用户。

用户访问的基本流程如下。

（1）用户在自己的浏览器中输入要访问的网站的域名。

（2）浏览器向本地 DNS 请求对该域名的解析。

（3）本地 DNS 将请求发到网站的主 DNS，主 DNS 再将域名解析请求转发到重定向 DNS。

（4）重定向 DNS 根据一系列的策略确定当时最适当的 CDN 节点，并将解析的结果（IP 地址）发给用户。

（5）用户向给定的 CDN 节点请求相应网站的内容。

（6）CDN 节点中的服务器负责响应用户的请求，提供所需的内容。

2.2.3　CDN 的多种技术

CDN 的实现需要依赖多种网络技术的支持，如负载均衡技术、实时高速缓存机制、事先内容分发与复制、动态内容加速技术与安全服务等。

1. 负载均衡技术

负载均衡技术是一种网络优化策略，其核心目标在于将网络负载均衡地分配至多个具备执行相同任务能力的服务器或网络节点上。这一技术可以预防部分节点出现过载现象，同时避免其他节点处于空闲状态，从而提升网络性能与处理效率。

负载均衡策略的选取通常取决于多种因素，如轮询、最少连接数、最低流量、代理、定制简单网络管理协议（simple network management protocol，SNMP）以及服务器权重等。在 CDN 中，负载均衡技术可进一步划分为 GSLB 和本地服务器负载均衡（server load balancing，SLB），这两者主要采用了动态内容路由技术来实现网络负载的均衡分配。

1）GSLB

GSLB 技术的核心原理是根据 CDN 服务器的地理位置和拓扑关系对内容和服务进行分配。这一技术的应用可以带来许多好处。首先，它能自动引导用户访问地理位置较近且负载较轻的 CDN 服务器，从而避免用户访问拥挤的网络和服务器，降低跨多个网络连接的延迟。其次，通过多 CDN 节点和服务保障的利用，GSLB 技术可以提高系统的容错能力和可用性，防止因局部网络或区域性网络中断、断电或自然灾害导致的故障。

以一个具体的例子来说明，GSLB 通常会根据一定的标准将用户请求引导至

"最佳站点"，以提供更优质的服务。这些标准可能包括站点的健康状况、地理距离、检索特定内容所需的响应时间等。为了实现全局负载均衡网络的就近性解决方案，通常采用基于 DNS 的私有协议 GSLB。

2）本地服务器负载均衡

本地服务器负载均衡技术旨在根据各个服务器的处理能力动态分配任务，以解决服务器访问速度问题。其核心原理是在一个本地 CDN 节点集群内部，在不同性能的服务器之间进行任务分配，从而实现资源优化。

以一个具体例子来说明，在面对日益增多的网站内容和功能的情况下，支撑这些网站的 CDN 服务器数量也在不断增加。在这种背景下，本地服务器负载均衡技术发挥着关键作用。通过应用该技术，可以确保性能较差的服务器不会成为系统瓶颈，同时也让性能较好的服务器得到充分利用。这样的任务分配策略有助于加快 CDN 节点内的内容访问速度，为用户提供更高效的服务体验。

2. 实时高速缓存机制（Cache）

实时高速缓存机制是一种针对较小文件（如典型的 Web 文档，包括网页和图片，大小通常在几 KB 到几百 KB）的优化技术。其核心原理是利用 CDN 边缘服务器作为缓存服务器，当所需内容不在缓存中时，采用 PULL（拉取）模式从源服务器获取文档并进行新的缓存。

以一个具体的例子来说明，当用户访问某个网页时，如果边缘服务器上没有相应的缓存内容，服务器会从源服务器获取所需文件并将其缓存以备后续请求。这种方法对性能的影响与从源服务器获取初始文档有关，例如，客户端可能会观察到较大的延迟以及源服务器的额外负载。然而，对于中小尺寸的 Web 文档来说，这些影响并不显著。

通过实时高速缓存机制，可以在访问网页时将 WAN 流量降至最低。对于企业内部网络用户，这意味着将内容缓存在本地服务器上，而无须通过专用的 WAN 检索网页。对于互联网用户来说，这意味着将内容存储在其 ISP 的缓存器中，而无须通过 Internet 检索网页。在这两种情况下，用户都能获得更快的响应，同时企业或 ISP 也将因通信成本降低而受益。

3. 事先内容分发与复制（Replica）

事先内容分发与复制是一种面向大文件（如软件下载包和媒体文件）的优化策略，其核心原理为将这些文件事先复制到多个分布在不同地理位置上的边缘服务器，采用 PUSH（推送）模式进行内容分发。这种方式对资源（如存储空间和带宽）的要求较高，因此需要专门的内容分发/复制策略来实现高效分发。

这些专门的内容分发/复制策略包括以下几种。

（1）内容知觉分发：定期分发新增或修改的内容、删除陈旧内容，并保持版本一致性。

（2）可靠地将内容推向副本服务器：自动分发大量内容，节省时间。

（3）任务/策略管理：轻松制定分发任务和规则，跟踪分发过程。

（4）浏览器的图形化管理方式。

（5）加密/压缩分发内容：提高数据安全性和节省带宽。

（6）可定时重复分发工作。

为了解决传统内容分发/复制策略的不足，目前互联网环境下流行的三种 PUSH 方法包括：卫星分发（satellite distribution）、IP 多播分发（IP multicast distribution）与应用层多播分发（application-level multicast distribution）。

以一个实际例子来说明，假设有一部 90min、1Mbit/s 播放质量的流媒体影片，它需要大约 $1 \times 90 \times 60 / 8 = 675$（MB）的存储空间。若要复制到 n 个边缘节点，则至少需要 $n \times 675$MB 的存储空间和至少 1Mbit/s 的下载带宽。在这种情况下，上述内容分发/复制策略能够实现高效分发，提升用户体验。

4. 动态内容加速技术

动态内容加速技术在 CDN 中具有重要作用，它针对实时生成的、随用户请求而改变的数据进行优化和加速，从而确保用户获得更快、更稳定的访问体验。动态内容加速技术主要通过优化网络路径、减少网络延迟和提高数据传输效率实现其目标。

1）动态路由优化

动态内容加速技术通过实时监测网络状况、分析网络拥堵情况，并为用户请求选择最佳的传输路径，从而减小网络延迟并提高数据传输速度。

2）TCP 连接优化

动态内容加速技术还可以优化传输控制协议（transmission control protocol，TCP）连接，例如，通过快速重传、拥塞避免算法等措施，提高网络传输的稳定性和效率。

3）内容压缩与缓存

对于部分可缓存的动态内容，动态内容加速技术可以通过对数据进行压缩或利用边缘服务器进行局部缓存，降低数据传输量，从而提高传输速度。

4）SSL/TLS 加速

动态内容加速技术还可以加速 SSL/TLS（secure sockets layer/transport layer security，安全套接层/传输层安全）的处理过程，例如，通过使用会话复用、采用更高效的加密算法等方法，缩短握手时间，提高传输速度。

以一个在线购物网站为例，当用户浏览商品、进行搜索或查看购物车时，这些操作会涉及动态内容的生成和传输。通过采用动态内容加速技术，可以确保用户在浏览网站时获得更快的响应速度和更好的使用体验，从而提高用户满意度。

5. 安全服务

安全服务在内容分发过程中至关重要，因为它涉及内容在网络中的多次复制和缓存，可能存在安全隐患。为了确保内容的安全传输和使用，需要构建端到端的内容发送安全架构，包括访问控制、网络安全、桌面安全与使用控制等多个紧密联系的层次。

1) 访问控制

访问控制的主要技术和措施包括用户认证和授权、安全发布技术、内容访问规则、企业安全架构整合以及中心控制的配置与管理。

2) 网络安全

网络安全的主要技术和措施包括强加密措施、基于可扩展标记语言（extensible markup language，XML）的安全分布式分发协议（secure distributed data protocol，SDDP）、点到点安全技术、唯一私钥、安全节点以及内容完整性。

3) 桌面安全与使用控制

桌面安全与使用控制的主要技术和措施包括阻止复制与重新发布、加密文件控制以及第三方的数字版权管理支持。

以一个例子来说明，假设一个点播视频（video on demand，VOD）网站需要确保流媒体内容不被非法缓存和复制，同时很多企业的内容发送也要求越来越多的安全措施。针对这些需求，端到端的内容发送安全架构可以确保企业发布的机密财务信息、产品计划、定价信息、技术文档等信息在传输和使用过程中得到充分的保护，防止未经授权的访问和复制。

2.3　CDN 厂商情况概览

前面我们介绍了 CDN 结合 GSLB 与缓存技术的情况，其工作流程如图 2-2 所示。

（1）用户请求服务：用户会向 GSLB 设备（即 CDN 路由）发送访问请求。

（2）GSLB 设备返回缓存节点地址：GSLB 设备告知用户数据内容缓存节点地址。

（3）用户访问内容：用户通过查询内容缓存的代理节点，检查是否有 GSLB 设备提供的数据内容缓存节点地址，并尝试获取所需的访问内容。

（4）缓存未命中：如果用户访问的内容在内容缓存的代理节点中未命中，代理节点会向核心 Web 服务器发送请求，获得所需内容。

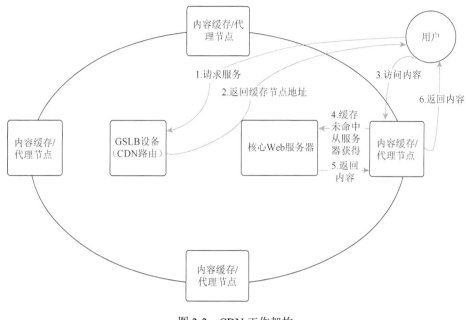

图 2-2　CDN 工作架构

（5）核心 Web 服务器返回内容：核心 Web 服务器返回代理节点请求的内容。

（6）代理节点返回内容：代理节点返回用户请求的内容。

所以我们可以得出 CDN 的关键技术包括内容分发、内容路由、内容缓存和内容管理。终端、边缘和云组成了一个整体，接下来将按照这几种技术分别介绍几个知名的 CDN 厂商。

2.3.1　缓存：Network Appliance[26]

对于 CDN 系统而言，内容缓存主要考虑两个方面的问题：内容源的存储和内容在 Cache 节点的缓存。前者的规模和吞吐量都比较大，通常会采用网络附属存储（network-attached storage，NAS）和存储区域网络（storage area network，SAN）等海量存储架构。而对于在 Cache 节点的缓存，对 Cache 节点的设计要兼顾内容格式、多内容吞吐率、稳定性和可靠性的考虑。

随着用户数据量呈爆炸式的增长、对延迟和数据可靠性等性能要求的提高和对分布式形式的强调，以往的集中式存储形式难以支撑 CDN 的高速发展，一场 CDN 存储的转型迫在眉睫。

1. 技术特色

Network Appliance（简称：NetApp）公司是一家专注于数据管理和存储解决

方案的全球领先企业，全闪存存储技术和混合云存储技术是其最新的存储技术，可以满足企业对于高性能、高可用性和高安全性的需求。

1）全闪存存储

NetApp 凭借其现代化的全闪存阵列引领了存储行业，用全闪存存储打造现代化的基础架构，提高了关键业务中应用程序的速度和响应能力。NetApp 的全闪存阵列除了可以提供强大的数据服务与集成的数据保护外，又保障了无缝的可扩展性和深度的应用程序与云集成。通过跨云数据服务、存储系统和软件提供了一个功能强大的共享存储平台。

NetApp 的全闪存存储技术是一种基于闪存的存储技术，它可以提供比传统磁盘存储技术更高的性能和更低的延迟。它可以支持更多的 I/O 操作、更短的响应时间、更高的可用性、更低的能耗、更大的容量、更高的可靠性和更高的安全性。NetApp 全闪存存储技术可以支持多种应用，包括数据库、虚拟化、云计算、大数据分析等，可以满足企业对于高性能、高可用性和高安全性的需求。

全闪存存储是在存储子系统中用固态硬盘或其他闪存介质来代替传统的扇形硬盘，它具有极高的 IOPS（input/output operation per second，每秒进行读写操作的次数）和极低的读写延迟。通常而言在单一的脚本中，全闪存的阵列可以提供 50 万～100 万不等的 IOPS，而延迟能控制在 1ms 以下。同时，如果在普通的存储阵列中加入一个薄片的闪存，如占总容量 2%～5% 的比例，那么平均 IOPS 值就可以加倍，读延迟可以从 10ms 减少到 3～5ms。

2）混合云存储

混合云存储技术是 NetApp 公司提供的一种新型存储技术，它可以将本地存储和云存储融合在一起，以提供更高的存储性能。混合云存储技术可以提供更高的可用性，可以更快地将数据迁移到云端，从而改善企业的数据备份和存储能力。此外，混合云存储技术还可以支持大规模存储，可以满足企业对大型数据集的存储需求。

2. 产品系列

1）NetApp AFF A 系列

（1）基本介绍。NetApp AFF A 系列产品是一种高性能、可扩展的存储系统，旨在为大型企业提供更灵活、可靠的存储解决方案。NetApp AFF A 系列产品基于 NetApp 的高性能存储架构，采用高效的磁盘阵列和智能的数据处理技术，可以支持大量的数据处理和存储，同时提供行业最高性能、卓越的灵活性和同类最佳数据服务以及云集成功能，帮助用户在混合云中加速提供、管理和保护业务关键数据。

（2）产品特点。NetApp AFF A 系列产品的特点包括：高性能、高可扩展性、高可靠性、易管理性和高可用性。它既可以支持大型企业的数据处理和存储需求，也可以满足中小企业的需求。

（3）目标客户。NetApp AFF A 系列产品的目标客户主要是大型企业、中小企业和数据中心等。

2）NetApp E/EF 系列

（1）基本介绍。NetApp E/EF 系列是 NetApp 提供的高性能存储解决方案，该系列全闪存阵列专为当今巨大的工作负载（以及未来更加严峻的工作负载）而设计，它将令人惊叹的 IOPS、微秒级响应时间和卓越的吞吐能力相结合，并且提供了一系列可扩展的存储架构，可以满足不断变化的企业存储需求。

（2）产品特点。它的产品特点主要有：高性能与高可用性。高性能体现在它利用业内性价比一流的非易失性内存快速通道（non-volatile memory express，NVMe）系统为数据分析和高性能计算（high performance computing，HPC）工作负载提供更强的动力。高可用性体现在其具有高达 99.9999% 的完全冗余模块化企业级组件系统，以及自动故障转移和高级监控功能，最大限度地延长正常运行时间。

（3）目标客户。NetApp E/EF 系列产品主要服务于大型企业、数据中心和云计算服务提供商。

3）NetApp FAS 系列

（1）基本介绍。NetApp FAS 系列是 NetApp 提供的多层次存储解决方案，是目前 NetApp 中排名第一的客户信赖的云优化、统一存储平台。NetApp FAS 系统经过优化，易于部署和操作，可灵活应对未来数据量和存储要求的增长，实现云集成。凭借高度可用的硬件和功能强大的软件，NetApp FAS 系统可经济高效地提供数据保护、安全性和可扩展性，从而保障数据的安全，帮助团队提高效率。

（2）产品特点。它的产品特点主要是：简单。NetApp FAS 可以灵活适应不断变化的业务需求，简化日常管理和运营，让用户能在正常工作时间无须停机即可实现软件升级或维护存储操作。同时为 SAN 和 NAS 使用统一的系统，提供经验证的存储效率。

（3）目标客户。NetApp FAS 系列产品主要服务于企业、数据中心和云计算服务提供商。

4）NetApp SolidFire

（1）基本介绍。NetApp SolidFire 是 NetApp 提供的专用私有云全闪存存储系统，其将公有云的精简性引入内部环境，用户可以创建自助式的私有云，以实现按需提供数据服务。NetApp SolidFire 不仅可任意满足用户将数据保留在内部环境的需求，又能帮助用户达到更接近云中业务的速度和精简性，满足业务对可靠性和可扩展性的要求。

（2）产品特点。它的产品特点主要有：自动化精简性、性能可预测与支持动态扩展三种。自动化精简性体现在它为用户提供基于策略的应用程序自助服务，但又无须用户具备深厚的存储专业知识即可管理他的存储，降低了应用程序开发的成本。性能可预测体现在 NetApp SolidFire 能够保证每个工作负载的性能，并能够实时管理性能，而对其他各卷毫无影响。其通过在一个集群上同时运行成百上千的工作负载，降低成本和复杂性。支持动态扩展体现在它支持通过按需扩展或缩减容量，随时适应不断变化的业务需求，而无须中断或停机的功能，同时它还独立分配和管理性能与容量池，以防止过度配置和资产孤立。

（3）目标客户。NetApp SolidFire 产品主要服务于企业、数据中心和云计算服务提供商。

3. 点评

作为领先存储厂商，NetApp 在内容缓存技术上的转型较为成功，对产品组合的更新（特别是全闪存阵列）推动了其在超融合和混合云等领域的发展，同时也刺激了传统存储行业的变革。公司中的全闪存存储技术和混合云存储技术为企业提供了更高的存储性能，可以更有效地管理和存储数据，提高企业的存储效率，并为企业提供更低的成本和更高的可用性。NetApp 公司的全闪存存储技术和混合云存储技术可以为企业提供更加灵活的存储解决方案，从而改善企业的存储性能，提高企业的存储效率，并为企业提供更低的成本和更高的可用性。

此外，NetApp 和 Cisco 还联合打造了一款共享数据中心解决方案 FlexPod，可提供功能丰富的成熟基础架构，支持各种企业级应用程序，将运营的简便性、灵活性和自动化水平提升到一个新的水平，可以跨混合云管理数据和应用程序。

总之，NetApp 的 CDN 数据存储技术可以提供多种 CDN 产品，可以满足客户不同的需求，提供高可用性、高可靠性和高性能的存储解决方案，以及强大的灾难恢复能力，可以帮助客户更好地管理数据，以及更快地实现存储解决方案。

2.3.2　路由：F5[27]

F5 是一家专业的 CDN 厂商，专注于提供高性能、可靠的网络服务。F5 的技术和产品可以帮助客户提高网络性能，提升用户体验，并且可以提供安全的网络环境。

1. 技术特色

F5 的核心技术是其自主研发的本地流量管理器（local traffic manager，LTM）

技术，可以帮助管理员更好地管理应用程序和网络流量，以达到最佳性能和可用性。它可以帮助管理员实现应用程序的安全性、网络流量控制、负载均衡等功能，以提高应用程序和网络的可用性与性能。LTM 技术是一种高级的应用程序负载均衡技术，它可以帮助管理员管理应用程序流量，通过帮助管理员更好地控制应用程序流量，并有效地分配资源，提高应用程序的可用性和性能。

LTM 技术还可以帮助管理员将应用程序流量路由到不同的服务器，以提高应用程序的可用性和性能。它可以根据应用程序的流量、负载、网络拓扑等因素，将流量路由到最佳的服务器。LTM 还可以检测服务器的可用性，并将流量路由到活动服务器，以确保应用程序的可用性。

同时 LTM 也能帮助管理员实现应用程序的安全性。它可以帮助管理员阻止恶意攻击，保护服务器免受恶意攻击的影响。它还可以实现应用程序的安全性，以确保应用程序的安全。

2. 产品线

1）BIG-IP

F5 的 BIG-IP 是 F5 的核心产品，提供应用程序负载均衡、安全性、可用性和管理功能，可以支持多种环境，包括物理、虚拟和云环境。

（1）基本介绍。F5 的 BIG-IP 产品是一种应用程序交付控制解决方案，它可以帮助企业更好地管理和控制应用程序的可用性、性能和安全性。它使用一种称为"虚拟服务器"的技术，可以将多个应用程序部署在一台服务器上，从而提高服务器的利用率。它还可以提供负载均衡、应用程序安全、应用程序性能管理等功能，以提高应用程序的可用性和性能。

（2）产品特色。提供高可用性：F5 的 BIG-IP 产品可以提供应用程序的高可用性，以确保应用程序可用。提供负载均衡：F5 的 BIG-IP 产品可以智能地将流量分发到多台服务器上，从而提高服务器的利用率。提供应用程序安全服务：F5 的 BIG-IP 产品可以检测和阻止恶意攻击，以确保应用程序的安全。

（3）目标客户。F5 的 BIG-IP 产品主要服务于企业级客户，如企业、政府、教育机构和服务提供商。它可以帮助客户提高应用程序性能，提高应用程序可靠性，同时也可以提供安全和完整的网络解决方案。

2）F5 iWorkflow

F5 iWorkflow 是 F5 公司推出的一个基于云的应用程序管理平台，可以帮助企业更快地部署和管理应用程序，提高用户体验感。它可以帮助用户更快捷地部署应用程序，并可以更好地控制应用程序的可用性，提高网络的安全性。它还可以提供实时可视化的应用程序管理报告，帮助用户更好地了解应用程序的状态和性能。

F5 iWorkflow 适用于企业级客户，可以帮助企业更加高效地管理应用程序。

3）F5 Access Policy Manager

F5 Access Policy Manager 是 F5 公司推出的一个安全访问管理解决方案，可以帮助企业控制和管理用户访问网络资源的权限，使企业管理员更加安全地管理对应用程序的访问。它可以帮助企业管理员更好地控制用户对应用程序的访问，并可以提供安全的认证和授权服务，帮助企业更好地管理访问控制。

F5 Access Policy Manager 适用于企业级客户，可以帮助企业更加安全地管理对应用程序的访问。

4）F5 Silverline

F5 Silverline 是 F5 公司推出的一项安全云服务，可以帮助企业提供安全的应用程序和数据访问。

它可以帮助企业更好地控制云资源的访问，并可以提供安全的认证和授权服务，帮助企业更好地管理云资源。

F5 Silverline 适用于企业级客户，可以帮助企业更加安全地管理其云资源。

5）F5 Networks Application Security Manager

F5 Networks Application Security Manager 是 F5 公司推出的一款应用程序安全解决方案，可以帮助企业检测、阻止和响应网络攻击，帮助企业更加安全地管理应用程序。它可以帮助企业更好地控制应用程序的访问，并可以提供安全的认证和授权服务，帮助企业更好地管理应用程序。

F5 Networks Application Security Manager 适用于企业级客户，可以帮助企业更加安全地管理应用程序。

3. 点评

总的来说，F5 公司拥有一支专业的技术团队，可以提供高效、可靠、安全的 CDN 服务，为客户提供更好的服务；公司拥有强大的计算能力，可以提供更快、更稳定的网络传输速度，从而更好地支持客户的业务；公司还拥有丰富的 CDN 资源，可以提供更多的 CDN 服务，从而满足客户的不同需求。但 F5 的 CDN 服务也存在服务价格较高、可能会影响客户的使用等问题。

2.3.3 运营管理

目前 CDN 运营商的主流分类主要可以分为：传统 CDN 服务提供商、云 CDN 服务提供商、电信运营商、业务专注型新锐 CDN 服务提供商四大类，典型的运营商代表如图 2-3 所示。

图 2-3　CDN 运营商分类

下面将针对上面的四种分类，挑选典型代表厂商分别来介绍一下。

1. 传统 CDN 服务提供商：网宿[28]

1）基本介绍

网宿是一家全球性的 CDN 服务提供商，为客户提供全球范围的高性能、低延迟的内容分发服务。它拥有覆盖全球的超大规模的节点，覆盖超过 100 个国家和地区。网宿作为 CDN 服务提供商还拥有一些关键技术。

（1）节点网络。网宿拥有覆盖全球的节点网络，其节点网络覆盖超过 100 个国家和地区，拥有以太网、光纤、宽带和移动网络等多种连接方式。

（2）内容分发。网宿 CDN 作为拥有全球最大的内容分发网络之一的运营商，它通过节点网络，可以将内容从原始服务器快速分发到用户的设备上，从而提高用户的体验。

（3）节点管理。网宿 CDN 的节点管理系统可以实时监控节点的状态，检测节点之间的连接状态，以及节点之间的数据流量，从而保证节点的稳定性和可用性。

（4）流媒体服务。网宿 CDN 提供的流媒体服务可以帮助用户实现超低延迟的流媒体内容传输，从而提高用户的体验。

2）特色产品：CDN Pro

（1）基本介绍。CDN Pro 是基于边缘云打造的新一代内容交付平台，也是网宿从 CDN 向边缘计算衍化的重要成果之一。它是一个边缘分布式 Serverless Nginx 平台，可以为用户提供可编程式 CDN 交互服务，具备低时延、高可用、云中立、个性化、敏捷迭代能力，同时为客户提供轻量级边缘函数计算能力。

（2）产品优势。可编程交付：支持定制需求，基于 Nginx 的可编程开发环境和多达上百个变量、指令，构建定制化业务逻辑。安全可靠：CDN Pro 边缘节点架构本身就是天然的安全防护屏障，可抵御针对内容提供商的基础 4 层攻击和 7 层攻击。高性价比：将节点划分成不同等级资源池，支持不同的价格，用户可按需求自行取舍；算力资源按实际中央处理器（central processing unit，CPU）消耗计费，清楚透明，不被其他用户所"代表"。性能卓越：基于实时探测的精准智能调度系统，以及自主研发的私有高速回源协议，全面提升边缘访问及回源连接性能。

（3）案例简介：电商平台是典型的动静态混合的业务，且存在多终端和跨网环境，导致用户访问体验差、安全问题频发、源站压力大。它追求个性化购物体验，给源站带来较大的计算消耗，并且难以给用户带来低时延的体验。CDN Pro 可帮助客户实现个性化业务的敏捷迭代和算力下沉。下面介绍一下 CDN Pro 给电商行业带来的好处：缓解大促压力；解决跨网和多终端访问瓶颈，提升浏览、搜索、下单等业务的访问体验。响应降级：可结合用户 VIP（very important person）等级等属性，自定义流量等候、响应降级策略、自定义错误页面、离线模式等方案，将有限的源站能力用于高价值的事务处理，同时保持普通用户的访问。支持个性化购物体验：可自定义个性化业务逻辑，如在不同区域开展不同的营销广告、推广和折扣活动，以及提供千人千面的个性化内容响应，创建有针对性的购物体验，提高转化率。

3）点评

简而言之，网宿 CDN 的运营特色是提供全球性的高性能、低延迟的内容分发服务。网宿作为拥有全球最大的内容分发网络之一的 CDN 运营商，其服务覆盖几乎所有的主流网络互联网路线，这使它能够快速有效地为用户提供高质量的服务。另外，它经过了国家的严格监管，从而提供可靠和安全的服务。同样网宿也存在一些技术支持方面的劣势：部分地区，如海南、新疆等地区由于技术支持力量薄弱，维护速度较慢。

2. 传统 CDN 服务提供商：Akamai[29]

1）基本介绍

Akamai 是一家全球最大的 CDN 运营商，拥有大量的服务器、节点和路由网络，在 120 多个国家拥有超过 2300 个数据中心。它的技术广泛应用在零售、金融、媒体、游戏、教育等领域，并为客户提供内容分发服务、内容加速服务、安全保护服务等多元化的产品与服务。

Akamai 采用了分布式架构和标准化 TCP 网络、ExtraHop 网络跟踪技术、半双工以太网（half duplex Ethernet，HDX）网络结构和多种安全保护等技术，在全球范围内提供了全面、优质的网站分发服务，以达到为客户提供更高效、可靠、安全、经济的服务的目的。

2）CDN 服务

Akamai 提供的 CDN 服务包括网站内容分发服务（content delivery service，CDS）、流媒体服务（streaming media service，SMS）、动态数据服务（dynamic data service，DDS）、安全服务（security service，SS）等。

网站内容分发服务是 Akamai 提供的一种内容分发服务，该服务主要负责网站内容的更新分发，其能有效地缩短从 Web 服务器到用户的传输时间，提高网络性能，同时也能保护网站免受拒绝服务（denial-of-service，DoS）攻击的侵害。它通过大量的数据中心在全球范围内缓存客户站点上的静态内容，既可以极大地提升客户网站的访问速度，又可以提高可靠性。

流媒体服务是 Akamai 提供的针对流媒体内容传输的服务，能够有效地将用户请求传输至最近的 CDN 节点，降低传输时延，并支持多种音频/视频格式的传输，帮助用户轻松实现多媒体内容的自动化管理。

动态数据服务是 Akamai 提供的用于动态网络数据分发的可靠性和可扩展性的服务，采用基于代理的分布式网络架构，可以有效地将数据内容在网络中传输，支持大量的用户访问。

安全服务是 Akamai 提供的专为网站安全而设计的服务，可以提供安全网站认证、DoS 攻击防护、Web 应用安全和加密传输等功能，有效地帮助企业保护网站的安全。

3）点评

Akamai 是全球最大的 CDN 运营商，提供高效、可靠、安全的全球网站分发服务。其作为 CDN 运营商有着许多得天独厚的优势，其中包括较快的内容分发速度、适用性广泛的解决方案、高效的多媒体内容传输以及强大的安全特性等。此外，Akamai 还重视新技术的研发，其解决方案不断优化。

但是 Akamai 也存在一些劣势，如成本较高、价格竞争压力大等。鉴于 Akamai 在 CDN 市场上的领先地位，其价格也非常昂贵。另外，由于没有一个统一的支持平台，不同的服务都需要单独购买，成本会比较高。

3. 云 CDN 服务提供商：阿里云[30]

1）基本介绍

阿里云是阿里巴巴旗下的云计算服务提供商。其 CDN 服务使用的是全球计算技术，拥有一体化的数据中心和安全服务，可以快速、可靠地将网站和应用的内容分发到世界各地。此外，阿里云 CDN 服务还可以根据客户的不同业务场景提供定制化的服务，以满足客户的各类业务要求。

2）特色技术：可编程 CDN

阿里云 CDN 服务中最突出的竞争力就是产品竞争力。产品除了具有广泛的节点覆盖和丰富的产品功能外，还具有灵活的可编程 CDN 配置，支持定制边缘程序。

阿里云 CDN 是一个可编程 CDN，该技术基于阿里云的分布式节点系统来实现性能优化和有安全保障的内容分发功能。它的核心原理是建立由控制节点和代理节点组成的分布式网络：控制节点主要负责路由算法的调度，而代理节点则负责为客户端提供实时反应。

也就是说，阿里云 CDN 除了支持简单的一站式配置，还允许用户通过 EdgeScript（边缘脚本，简称 ES）实现自定义的配置。当标准配置无法满足用户的业务需求时，用户可通过 ES 编写简单脚本来快速实现定制化业务需求，以此来解决定制化需求发布周期长、业务变更不敏捷等问题。

通过阿里云的可编程 CDN 技术，客户可以实时监控、自定义路径、支持多样化的应用程序，并且有可能实现最佳的性能、稳定性和可靠性。

该技术主要面向的群体是：网站、多媒体、企业、游戏以及其他从事网络内容分发活动的用户，这些用户都需要快速、安全、稳定的内容分发服务，该技术可以根据不同场景提供客户定制化的内容分发服务，以满足客户的业务需求。

3）点评

从发展来看，阿里云 CDN 作为 CDN 运营商具有较好的性价比，其拥有全球多个节点，能较好地实现网站和应用的快速分发，提供安全保障水平高、不间断的服务。但由于阿里云的 CDN 服务在不同地区的优势有所不同，因此其发展仍面临着投入量、服务能力和服务范围的不确定性。

4. 电信运营商：中国电信[31]

1）基本介绍

中国电信 CDN 是由中国电信集团旗下全资子公司中国电信股份有限公司提供的全球 CDN 服务。它拥有覆盖全球的超大规模服务网络，可以满足客户的多种需求，提供高效、稳定、安全的服务。它可以提供高速、低延迟的内容传递服务，可以为客户提供高质量的用户体验，同时也可以提升客户的业务效率。它的服务网络覆盖全球 200 多个国家和地区，拥有超过 500 个节点，可以满足客户的多种需求，提供高效、稳定、安全的服务。

2）发展情况

中国电信 CDN 作为中国电信提供的一项服务，相对于其他 CDN 服务提供商来说，发展优劣并存。

（1）优势。用户优势：中国家庭用户 50%以上使用的是中国电信宽带，中国电信承载着中国约 60% 的互联网流量。营销优势：中国电信专业客户经理众多，基本能做到每个客户都有一对一的客户经理提供相关服务，因此能比较方便地推销新业务，如 CDN 服务。生态优势：中国电信是当前很多 CDN 厂商的合作伙伴，作为一个运营商，它是 CDN 基础资源的提供者。与其他 CDN 厂商互相之间存在较大竞争关系的场面不同，中国电信能很容易地和 CDN 厂商建立起合作关系，并初步形成一个 CDN 行业联盟，联盟中各厂商可以将自己的优质服务和产品加载进来，为大众提供更多、更好的服务，实现双赢。

（2）劣势。安全问题：中国电信 CDN 服务的安全性较低，可能会受到外部攻击，从而影响服务质量。专业问题：中国电信作为老牌宽带提供商，拥有最根本的基础网络业务能力，但却缺乏专业的互联网基因，缺乏专业的服务研发团队，这是其开展 CDN 业务的核心阻碍。价格问题：中国电信虽然为大型 CDN 运营商提供宽带资源，但对于小型企业和个人来说，相比于其他专业的 CDN 运营商，中国电信的 CDN 服务价格可能不太经济。

3）点评

总的来说，中国电信作为中国宽带流量的直接出口之一，它拥有着最根本的基础网络业务能力，倘若 CDN 业务变成中国电信的基础业务能力之一，那么电信运营商无疑会变成宽带成本最低的 CDN 服务提供商。但事实上，如果没有较大的革新，像中国电信这种老牌宽带运营商想要在 CDN 行业异军突起的胜算微乎其微。

5. 业务专注型新锐 CDN 服务提供商：云帆加速[32]

1）基本介绍

CDN 运营商云帆加速是一家全球网络加速服务提供商，专注于提供网站、应用程序和内容加速服务。云帆加速拥有三十多个数据中心，能够将智能内容分发网络技术应用到全球范围，使网站和应用快速、安全地实现全球访问。

2）特色产品

（1）CDN-P2P。CDN 运营商云帆加速的 P2P 加速服务是一种基于 P2P 技术的视频流媒体加速服务，它对应的 CDN-P2P 技术是一种将分布视频/媒体/应用内容从传统的单台服务器转移到用户流量最多的地区的分布式内容传输系统。当客户端请求某个文件时，CDN-P2P 将从其他客户端同步文件，无须再从原始服务器拉取，这样就可以为传输文件的客户端提供更快的下载速度，有效地改善视频流媒体的传输效率，以及提高视频流媒体的质量和可靠性。P2P 加速服务将每个用户的视频流分发到多个节点，而不是仅仅将它们发送到一个中心服务器，这样就可以减轻网络流量的压力。每个节点都会接收到视频流的一部分，然后将它们转发给下一个节点。这样，就可以利用每个节点之间的短距离连接，有效地缩短传输时间、提高网络效率，大大提高用户的体验，同时也能帮助客户降低 CDN 使用成本。云帆加速的 P2P 加速服务还支持多种优化技术，如负载均衡、节点复制、缓存等，以更好地提升网络传输效率，并降低延迟。此外，它还支持多种安全措施，以保护用户的隐私，并防止恶意攻击。CDN-P2P 的服务人群主要是对高质量、低延迟、可扩展性好等特点有要求的独立内容提供商、新闻媒体、学习机构和企业内容提供商等。该技术主要适用于大型客户端集群，如几十万用户及以上，客户端用户分布在全球多个地区。

（2）超级 CDN。云帆加速的超级 CDN 是一个利用多播技术和点对点技术，将视频/媒体/应用内容从传统服务器转移到互联网上用户流量最多的地区的分布式内容传输系统。这样可以在全球范围内快速传输内容，并提供可靠的性能和安全性。超级 CDN 的服务人群主要是大型企业、数字媒体公司、流媒体平台、社交平台、互联网游戏等，对安全性、可靠性、流畅度等有较高的要求。此外，超级 CDN 也适用于大型客户群，即几十万用户及以上，客户端用户分布在全球多个地区。

3）点评

云帆加速作为新兴的业务专注型 CDN 运营商，其坚持技术创新突破商业模式，在细分的视频领域，运用 P2P 与 CDN 结合的新技术，挑战传统 CDN 的通用模式，取得了不错的成就。云帆加速通过将分布视频/媒体/应用内容从传统的单台服务器转移到用户流量最多的地区，以在全球范围内快速传输内容。但云帆加速也存在一些劣势，作为新兴的 CDN 运营商，云帆加速在部分地区普及率较低，灵活性不够高，服务扩展和优化能力较弱。

总的来说，随着 5G 诸多应用带来的流量爆炸，万物互联带来的终端爆发，云帆加速作为国内首家拥有边缘计算 CDN 专利证书并具备成熟商业化产品的企业，在未来也具有巨大的发展前景。

第3章 多媒体网络与系统通信主要协议

3.1 多媒体网络与 CDN

3.1.1 CDN 解决多媒体网络带宽问题

万维网（world wide web，WWW）是互联网中最流行的应用程序。WWW 最初的想法是传递文本、图像等信息。随着语音、视频等多媒体的普及，多媒体内容成为互联网上的主要信息。在多媒体网络中，带宽需求是服务提供商面临的挑战。当客户端下载多媒体文件或服务器串行传输多媒体文件时，带宽被这些多媒体文件占用。此外，下载或流式传输过程需要大量时间，在此期间会占用带宽。如果客户端到服务器的路由路径太远，就会占用这条路径的带宽。另一个挑战是服务器的可用性。当很多客户端连接到同一个服务器时，服务器无法提供服务，必须考虑服务的可用性。

因此多个科技公司先后研发了 CDN 架构来解决这些问题。在多媒体 CDN 架构中，多媒体内容被复制到多个服务器，称为副本服务器，以减少带宽的使用并提高服务的可用性。因为副本服务器可以放置在互联网的任何位置，客户端请求将被重定向到最近的副本服务器。在这种情况下，从客户端到副本服务器的路由路径比从客户端到源服务器的路由路径更短。CDN 架构下，应用可以降低整体带宽使用量。此外，源服务器的负载由这些副本服务器共享，这可以提高服务的可用性[33]。

3.1.2 CDN 架构与重要子系统

一些商业服务提供商也采用了 CDN 架构。例如，Akamai、Exodus 和 Digital Island。YouTube 是最受欢迎的多媒体内容提供商，客户可以在其上按需观看多媒体内容。YouTube 成立于 2005 年 2 月，是在线多媒体服务的领导者。它可以在网站上共享多媒体内容。在 YouTube 网站注册后，用户可以将文件大小不超过 100MB、时长不超过 10min 的多媒体文件上传到网络服务器。上传文件的格式可以多种多样，如 MOV、WMV、MPG 等。文件推荐格式为运动图像专家组（Moving Picture Experts Group，MPEG）设定的标准 MPEG4，推荐分辨率为 640 像素×480

像素。当用户上传完多媒体文件后，多媒体文件会在 YouTube 网站自动转换为 Flash 格式。YouTube 可以通过网站、博客或电子邮件共享多媒体文件[34]。YouTube 于 2006 年 11 月与谷歌公司合并，现在已集成到谷歌产品中。检索多媒体内容的步骤顺序如图 3-1 所示。当客户端向 YouTube 请求多媒体内容时，客户端会向 YouTube 的前端发出请求。YouTube 前端将插件和内容服务器名称发送到客户端。然后客户端查询内容服务器的 IP 地址。最后，客户端直接连接到内容服务器以检索多媒体内容。

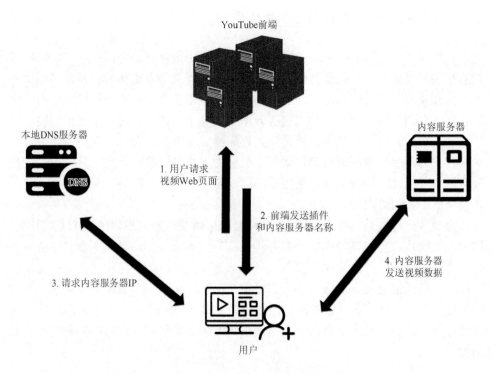

图 3-1　检索多媒体内容的步骤顺序[33]

在 CDN 架构中，有两个重要的子系统会影响性能，它们是请求路由子系统和内容放置子系统。请求路由子系统专注于将客户端请求重定向到最合适的副本服务器。该子系统包括两个过程。第一个过程是在多个副本服务器中找出最合适的副本服务器。第二个过程是将客户端请求重定向到这个适当的副本服务器。内容放置子系统专注于选择将多媒体内容放置到哪个副本服务器上。在理想情况下，所有多媒体内容都被复制到每个副本服务器。客户端可以检索任何副本服务器中的任何多媒体内容。所有客户端需要做的就是找到最近的副本服务器，因为最近的副本已经具有所需的多媒体内容。内容放置子系统的过程是将多媒体内容放置到最合适的副本服务器上[33]。

特别的是，本书的其他章节会继续介绍 CDN 的相关知识，因此本章接下来的内容将会从另外一个角度，即多媒体网络与系统的主要通信协议的角度进行介绍。

3.2　RTP

3.2.1　RTP 概述

实时传输协议（real-time transport protocol，RTP）是用于网络上针对多媒体数据流的一种传输协议，其被定义为在一对一或一对多的传输情况下工作，其目的是提供时间信息和实现流同步。RTP 定义在 RFC 1889 中（RFC 的全称是 request for comments，即请求评论，是网络主要技术开发和标准制定机构的系列出版物），被广泛应用在单目标广播和多目标广播网络中实时传输多媒体数据，其孪生协议为实时传输控制协议（real-time transport control protocol，RTCP）。

RTP 通常使用用户数据报协议（user datagram protocol，UDP）来传送数据，但 RTP 也可以在 TCP 或异步传输模式（asynchronous transfer mode，ATM）等其他协议之上工作。当应用程序开始一个 RTP 会话时将使用两个端口：一个给 RTP，一个给 RTCP。RTP 本身并不能为按顺序传送数据包提供可靠的传送机制，也不提供流量控制或拥塞控制，它依靠 RTCP 提供这些服务。通常 RTP 算法并不作为一个独立的网络层来实现，而是作为应用程序代码的一部分。

从开发者的角度，RTP 是应用层的一部分。在发送端，开发人员必须把执行 RTP 的程序写入创建 RTP 信息包的应用程序中，然后应用程序把 RTP 信息包发送到 UDP 的套接接口（socket interface）。RTP 也可以看成传输层的子层。由多媒体应用程序生成的音频和视频数据块被封装在 RTP 信息包中，每个 RTP 信息包被封装在 UDP 消息段中，然后再封装在 IP 数据包中。

3.2.2　RTP 的头部格式

RTP 的头部格式如图 3-2 所示。

对于其中的每一部分说明如下。

（1）V：版本。V = 2，用于识别 RTP 版本。

（2）P：填充位（padding）。设置时，数据包包含一个或多个附加间隙位组，这部分不属于有效载荷。图 3-2 中的填充即为这里的附加间隙位组的内容。

（3）X：扩展位。设置时，在固定头后面，根据指定格式设置一个扩展头。

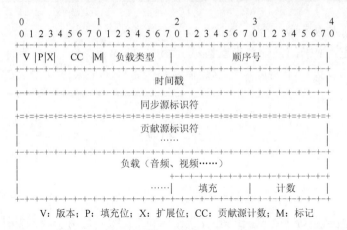

V：版本；P：填充位；X：扩展位；CC：贡献源计数；M：标记

图 3-2　RTP 的头部格式

（4）CC：CSRC count，指贡献源计数——包含贡献源（contributing source，CSRC）标识符（在固定头后）的编号。可以有 0～15 项，每项 32bit。最多只能标志出 15 个。

（5）M：标记。标记由 Profile 文件定义，允许重要事件如帧边界在数据包流中进行标记。

（6）负载类型：识别 RTP 有效载荷的格式，并通过应用程序决定其解释。概述文件规定了从负载编码到负载格式的缺省静态映射。另外的负载类型编码可能通过非 RTP 方法实现动态定义。图 3-3 中列出了音频、视频媒体的 RTP 载荷类型，其中"推荐的时钟"是在 RTP 中用于描述特定载荷类型数据的时钟速率。不同的媒体编码和格式在传输时都有自己的时间基准，图 3-3 中以帧率表示，如8000 帧/s，以便接收端能够正确地解析、同步和播放媒体数据。负载类型对应了图 3-2 中的负载（音频、视频……），该部分是数据包中真正传输的内容。

类型数字	媒体类型	视频/音频	推荐的时钟
4	G723	音频	8000
8	PCMA	音频	8000
9	G722	音频	8000
15	G728	音频	8000
16	DVI4	音频	11025
17	DVI4	音频	22050
18	G729	音频	8000
26	JPEG	视频	90000
31	H261	视频	90000
34	H264	视频	90000
dyn	H263-1998	视频	90000

图 3-3　音频、视频媒体的 RTP 载荷类型

（7）顺序号：每发送一个 RTP 数据包，序列号增加 1。接收方可以依次检测数据包的丢失并恢复数据包序列。

（8）时间戳：反映 RTP 数据包中的第一个八位组的采样时间。采样时间必须通过时钟及时提供线性无变化增量获取，以支持同步和抖动计算。

（9）同步源标识符：该标识符随机选择，旨在确保在同一个 RTP 会话中两个同步源具有相同的同步源（synchronization source，SSRC）标识符。同步源是 RTP 数据包流的来源，用 RTP 报头中 32 位数值的 SSRC 标识符进行标识，使其不依赖于网络地址。一个同步源的所有包构成了相同计时和序列号空间的一部分，这样接收方就可以把一个同步源的包放在一起，来进行重放。举些同步源的例子，像来自同一信号源的包流的发送方，如麦克风、摄影机、RTP 混频器就是同步源。一个同步源可能随着时间变化而改变其数据格式，如音频编码。SSRC 标识符是一个随机选取的值，它在特定的 RTP 会话中是全局唯一（globally unique）的。参与者并不需要在一个多媒体会议的所有 RTP 会话中使用相同的 SSRC 标识符；SSRC 标识符的绑定通过 RTCP。如果参与者在一个 RTP 会话中生成了多个流，例如，来自多个摄影机，则每个摄影机都必须标识成单独的同步源。

（10）贡献源标识符：识别该数据包中的有效载荷的贡献源。若一个 RTP 包流的源，对由 RTP 混频器生成的组合流起了作用，则它就是一个作用源。对于特定数据包的生成有贡献作用的源，其 SSRC 标识符组成的列表，被混频器插入包的 RTP 报头中，这个列表叫作 CSRC 表。相关应用的例子如在音频会议中，混频器向所有的说话人（talker）指出，谁的话语（speech）被组合到即将发出的包中，即使所有的包都包含在同一个（混频器的）SSRC 标识符中，也可让听者（接收者）清楚谁是当前说话人。

（11）计数：指在通信协议中使用的计数器。这些计数器用于跟踪数据包、负载等的数量或序号。

3.2.3　混合器和转换器

RTP 是利用混合器和转换器完成实时数据的传输的。

1. 混合器

混合器（mixer）接收来自一个或多个发送方的 RTP 包，并把它们组合成一个新的 RTP 包继续转发。这种组合数据块将有一个新的 SSRC 标识符，具有新标识符的特别发送方作为特别信源被加入 RTP 数据块中。因为来自不同特别发送方的数据块可能非同步到达，所以混合器就对这些输入源进行时间判断，然后形成混合流自己的时间。

混合器是一个中间的系统，它从一个或多个源接收 RTP 包，有可能要改变数据格式，将这些包以某种方式组合，然后转发一个新的 RTP 包，因为在多个输入源之间的定时一般是不同步的，混合器要对各个流之间的定时加以调整，并为这个组合的流产生它自己的定时。因此，从一个混合器出来的所有数据包要用混合器作为它们的同步源来识别。

当与会者能接收的音频编码格式不一样时，如有一个与会者通过一条低速链路接入高速会议，这时就要使用混合器。在进入音频数据格式需要变化的网络前，混合器将来自一个源或多个源的音频包进行重构，并把重构后的多个音频合并，采用另一种音频编码格式进行编码后，再转发这个新的 RTP 包。从一个混合器出来的所有数据包要用混合器作为它们的同步源来识别，可以通过贡献源列表确认谈话者。

2. 转换器

转换器（translator）只改变数据块内容，而并不把媒体流组合在一起。转换器只是对单个媒体流进行操作，可能进行编码转换或者协议翻译。典型的例子是多媒体会议中不同端系统之间的视频编解码转换器，以及在多媒体应用跨越内部网防火墙时的过滤器。转换器是形成 RTP 包完整同步源定义符的中间系统。转换器十分简单，顾名思义，它只是将某种净荷格式"转换"成另一种格式。图 3-4 给出了利用转换器的网络。在该例中，个人计算机（personal computer，PC）希望参加工作站群的视频会议。不巧，工作站群使用高质量的视频编码格式（video

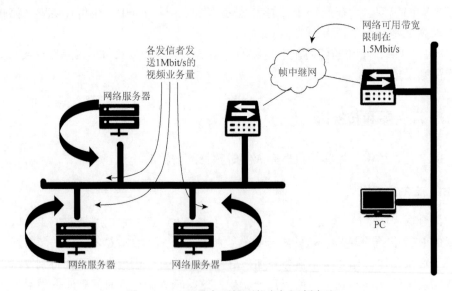

图 3-4　PC 因带宽不够不能参加视频会议

format）占用很大的带宽，PC 因接入帧中继网，没有足够的带宽可用，为了让 PC
参加视频会议，可以考虑让工作站使用带宽较小的其他的视频编码格式，但这样
一来，各个工作站的用户就不得不忍受低质量的视频信号。

为了避免这种情况，可以为 PC 配置转换器，利用它接收来自各工作站的视
频流，并将其变换成另一种格式。新格式承载质量较低的视频信息，对各个信源
只要求 256Kbit/s 的数据量。于是就能通过帧中继网传送会议的实况，使 PC 也能
参加会议。图 3-5 给出了会议中转换器的作用。混合器虽然也提供与转换器类似
的服务，但实际上它们差别很大。混合器并不是将来自信源的数据逐个变换成另
一种格式，而是在存储信源格式的数据的同时将来自多个信源的数据流合成为一
个流。这种方法对语音数据尤为有效。

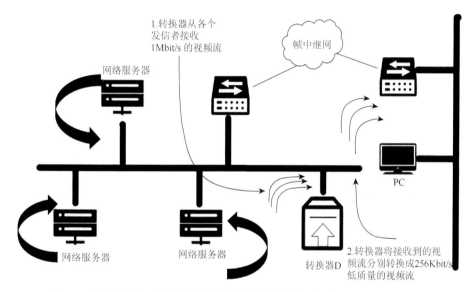

图 3-5　转换器将来自各发信者的高质量视频转换成低质量视频流后发出去

如果将图 3-5 中的应用改为电话会议，在该例中仍然是 PC 希望参加会议，
中间链路的带宽不足以传送来自各工作站的话音业务量。但若在会议中加入混
合器，PC 即可参加会议。混合器并不降低各个语音流的质量，而是将来自工作
站的三个流综合成一个流。假设语音编码格式是简单的脉冲编码调制（pulse code
modulation，PCM）数据，混合器对各信源发来的数值进行算术统计，合成为一
个数据流即可。

总之，混合器就好像将分设在三个讲话人前的三个话筒变换成设在一个虚拟
房间内的一个话筒，而这三个人同在该房间内。其结果是流出的 64Kbit/s 的业务
量既保持了与源语音流相同的业务质量，又形成了一个语音流。其所需带宽变小，

能够通过综合业务数字网（integrated services digital network，ISDN）链路送到 PC。当然，并非所有的应用都能利用混合器的功能。例如，通常做不到将多个视频源合成一个流。但这种方法对拥有众多参会者的电话会议是非常有效的。

3.3　RTCP

3.3.1　RTCP 概述

RTCP 是 RTP 的孪生协议，主要功能是和 RTP 一起提供流量控制和拥塞控制服务，为应用程序提供会话质量或者广播性能质量的信息。

在 RTP 会话期间，各参与者周期性地传送 RTCP 信息包。每个 RTCP 信息包不封装音频数据或者视频数据，而是封装发送端和/或者接收端的统计报表。这些信息包括发送的信息包数目、丢失的信息包数目和信息包的抖动等。因此，服务器可以利用这些信息动态地改变传输速率，甚至改变有效载荷类型。RTCP 没有指定应用程序应该使用这个反馈信息做什么，这完全取决于应用程序开发人员。

RTP 和 RTCP 配合使用，它们能以有效的反馈和最小的开销使传输效率最佳化，因而特别适合传送网上的实时数据。当应用程序开始一个 RTP 会话时将使用两个端口：一个给 RTP，一个给 RTCP。RTP 会话期间，每个参与者周期性地向所有其他参与者发送 RTCP 控制信息包，如图 3-6 所示。

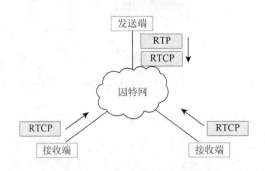

图 3-6　RTP 与 RTCP 工作流程

3.3.2　RTCP 控制分组

RTCP 的功能是由不同的 RTCP 控制分组决定的，RTCP 规范定义了五种不同类型的 RTCP 控制分组。

1. SR 控制分组

SR（sender report，发送端报告）控制分组，其包结构如图 3-7 所示。

1	2	3	分组类型：200	长度
发信者的同步信源标志				
NTP时戳				
RTP时戳				
发送分组数				
发送字节数				
第1个信源的同步信源标志				
丢失率			累计丢失分组数	
接收到的最大序列号				
到达间隔抖动				
最后的发信者报告分组的时间				
从收到最后的发信者报告分组到生成本分组的时间				
第2个信源的同步信源标志				
丢失率			累计丢失分组数	
接收到的最大序列号				
到达间隔抖动				
最后的发信者报告分组的时间				
从收到最后的发信者报告分组到生成本分组的时间				
最后的信源的同步信源标志				
丢失率			累计丢失分组数	
接收到的最大序列号				
到达间隔抖动				
最后的发信者报告分组的时间				
从收到最后的发信者报告分组到生成本分组的时间				
应用本身的信号				

1：版本；2：有无填充；3：接收者块数

图 3-7　SR 控制分组包结构

SR 控制分组主要由四部分构成。

1）头部

（1）头部分别包括以下信息：版本（2bit）、是否填充（1bit）、接收者块数（5bit）、分组类型（8bit）、去除 32bit 的头部剩余的双字（32bit）数，即长度（16bit）。

（2）发送端 SSRC：指示该分组来自哪个媒体源。

2）发送端信息

（1）网络时间协议（network time protocol，NTP）时间戳/RTP 时间戳/发送端发出的分组数/有效数据字节数。

（2）第 1 个域中用和 NTP 相同的格式指示绝对时间。此格式以秒为单位，从世界标准时的 1990 年 1 月 1 日起的秒数来设定时刻。与 RTP 时间戳不同，此域中指示的是实际的时间。

（3）第 2 个域是 RTP 时间戳，它与发信者的 RTP 数据分组的时间戳具有相同的格式。接收者根据其与来自发信者的 RTP 分组的关系，寻找适当的时间对发信者报告分组进行定位。

（4）接下来的两个域分别表示该发信者已发送的 RTP 分组数和 RTP 数据的字节数。此字节数不包括头标和填充字节数。

（5）下面的段（section）组是接收者块（block）。利用此段组既能报告已发送的数据，又可报告收到的 RTP 数据。在该分组内，对本身之外的每个信源可各使用 1 个块来描述。如图 3-7 所示，接收者块指出，该信源发送了最后的报告分组后其发送分组的丢失率（值 255 表示 100%）及丢失分组的总数。

（6）接收者块还指示收到该信源发来的最大序列号。由于 RTP 的序列号只有 16bit，而此域长度为 32bit。多余的 2B 被用来指示当 16bit 的序列号因为十六进制如果是 FFFF 会返回 0 时应该增加的数值。

（7）接收者块的到达间隔抖动（interarrival jitter）域表示来自该信源的分组的到达时间间隔离散的推算值。抖动为 0 的值表示分组定时到达，其值越大表示到达间隔存在的离散性越大。

（8）最后两个域用来通知来自此信源的最后的报告分组何时送达。第 1 个域的值是该信源发来的最后的报告分组中 NTP 时间戳的最后 2B。第 2 个域的值中以 1/65536s 为单位表示从接收该报告分组到此分组的生成之间的时延。

3）0 个到多个接收端报告块

该部分主要反映应用程序接收媒体数据流的服务质量统计信息，不同的报告块由不同数据源的 SSRC 标识符来区别，参数包括累计丢失分组数、到达间隔抖动等。

4）特定协议框架扩展部分

该部分为协议实现者提供了发挥的空间。

2. RR 控制分组

RR（receiver report，接收端报告）控制分组。假定某个参会者自己不发送数据，就没有必要生成发信者报告分组。作为一种替代，它可以用 RTCP 定时发送 RR 控制分组。RR 控制分组在公共的 RTCP 头标后只含有一连串的接收者块。段组格式与发信者报告分组中的接收者块相同，并且携带相同的信息。其报文结构如图 3-8 所示。

版本	1	2	分组类型: 201	长度
发信者的同步信源标志				
第1个信源的同步信源标志				
丢失率				累计丢失分组数
接收到的最大序列号				
到达间隔抖动				
最后的发信者报告分组的时间				
从收到最后的发信者报告分组到生成本分组的时间				
第2个信源的同步信源标志				
丢失率				累计丢失分组数
接收到的最大序列号				
到达间隔抖动				
最后的发信者报告分组的时间				
从收到最后的发信者报告分组到生成本分组的时间				
最后的信源的同步信源标志				
丢失率				累计丢失分组数
接收到的最大序列号				
到达间隔抖动				
最后的发信者报告分组的时间				
从收到最后的发信者报告分组到生成本分组的时间				
应用本身的信息				

1: 有无填充; 2: 接收者块数

图 3-8　RTCP 接收者报告分组

3. SDES 控制分组

SDES（source description，资源描述）控制分组，用于保存一些文本形式的信息，例如，会议参与者的全局唯一标识符、用户名称、E-mail 地址、电话号码、应用信息和警告信息等。其通用结构如图 3-9 所示。

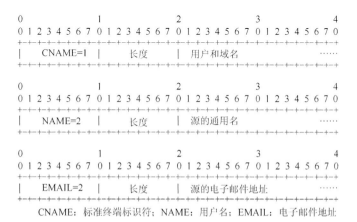

CNAME: 标准终端标识符; NAME: 用户名; EMAIL: 电子邮件地址

图 3-9　SDES 分组通用结构

　　SDES 控制分组是一个三层结构的分组，它由一个头和 0 个或多个块组成，其每个组成部分都由在块内标识的描述源的项组成。其主要组成部分如下。

　　1）版本（V）、填充（P）、长度

　　这三个字段和 SR 控制分组中具有相同的意义。

　　2）分组类型（PT）：8bit

　　RTCP SDES 分组用常数 202 来标识。

　　3）源计数（SC）：5bit

　　指示这个 SDES 控制分组中包含的 SSRC/CSRC 块的数目。

　　4）SDES 块

　　每一个块包含一个 SSRC/CSRC 标识符及其后的一个有 0 个或多个项的列表，它包含了 SSRC/CSRC 的相关信息。每一个块开始于一个 32bit 的边界。每一个项由一个 8bit 的类型字段、1B 的描述文本长度的计数（不包括类型字段和计数字段这两字节）和文本内容组成。注意文本长度不能超过 255B，这和限制 RTCP 带宽的需求一致。这些 SDES 包括：标准终端标识符（CNAME）、用户名（NAME）、电子邮件地址（EMAIL）、电话号码（PHONE）、用户地理位置（LOC）、应用程序或工具名（TOOL）、通告/注释（NOTE）以及专用扩展（PRJV）。其中只有 CNAME 项是必须有的。一些项可能只对特定的层面有用。

　　4. BYE 控制分组

　　BYE（goodbye）控制分组的结构如图 3-10 所示。

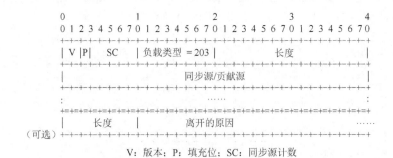

V：版本；P：填充位；SC：同步源计数

图 3-10　BYE 控制分组的结构

　　如果混合器接收到一个 BYE 控制分组，它应该不改变 SSRC/CSRC 标识符而转发 BYE 控制分组。如果混合器关闭，它应该首先发送一个列出所有掌控的贡献源的 BYE 控制分组（也包括它自己的 SSRC 标识符）。后面的"长度"字段和"离开的原因"字段是可选的。"离开的原因"字段是 32bit 对齐的。

5. APP 控制分组

APP（application-defined）控制分组，即应用层定义控制分组，其分组结构如图 3-11 所示。

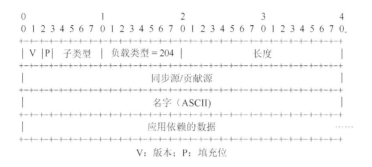

图 3-11　APP 控制分组结构

3.3.3　RTCP 的其他特性

1. 报告的间隔

发信者报告分组及接收者报告分组为实时会议的所有参加者提供重要的反馈。但若不加以注意，这些报文可能占用大部分的网络带宽。最坏的情况下，RTCP报告分组给网络加载负荷过大，以至于不能按时发送 RTP 数据分组。

在 RTCP 中为了避免出现这种崩溃状态，对应用以何等频度来发送报告分组做出了严格的规定（最新的草案中包含了用 C 语言编写的计算报告分组发送间隔的源代码）。该规定中采用了两个重要的原理：第一是与该会议有多少参与者无关，而是使 RTCP 分组占用的总业务量近似保持为一定值。因所有的 RTCP分组以组播方式发送，各系统能够记录其他系统发送的报告分组数；随着系统总数的增加，各个系统的报告分组的生成频度递减。管理报告分组生成的第二个原理是随机性。假定所有的系统以计划的时间间隔生成了报告分组，相互间易发生冲突，由于冲突网络峰值时的负荷变大，为了避免这种情况，RTCP 要求各个发信者将计划的间隔随机化。各发信者可在规定时间的 0.5～1.5 倍选取时间间隔。

2. RTCP 的一个关键作用

RTCP 的一个关键作用就是能让接收者同步多个 RTP 流。例如，当音频与视频一起传输的时候，由于编码的不同，RTP 使用两个流分别进行传输，这样两个流的时间戳以不同的速率运行，接收者必须同步两个流，以保证声音与影像一致。为了能进行流同步，RTCP 要求发信者给每个传输的数据源传送一个唯一的标识数据源的规范名（canonical name），尽管由一个数据源发出的不同的流具有不同的同步源标识，但具有相同的规范名，这样接收者就知道哪些流是有关联的。

而发信者报告报文所包含的信息可被接收者用于协调两个流中的时间戳值。发信者报告中含有一个以 NTP 格式表示的绝对时间值，接着 RTCP 报告中给出一个 RTP 时间戳值，产生该值的时钟就是产生 RTP 分组中的时间戳字段的那个时钟。由于发信者发出的所有流和发信者报告都使用同一个绝对时钟，接收者就可以比较来自同一数据源的两个流的绝对时间，从而确定如何将一个流中的时间戳值映射为另一个流中的时间戳值。

3. RTCP 报文的复合

因各个 RTCP 报文具有确定的长度指示，所以可以将多个 RTCP 报文组合并置入 1 个 UDP 数据报中。RTP 规范推荐当生成这种复合分组（compound packet）时，遵循以下规定。

（1）RTCP 报文都应以复合分组来传送，复合分组中至少包含两个不同的报文。

（2）因需要尽可能多地发送统计信息，所以复合分组应从发送者报告报文或接收者报告报文开始。

（3）当一个报告报文中没有接收者块时，应接着写入其他接收者报告报文。

（4）复合分组中至少应包括具有标准名称的信源说明报文。此外，还可根据需要置入标准名称以外的项。

（5）退席报文是指某信源的最后的报文。

3.4　RSVP

3.4.1　RSVP 概述

资源预订协议（resource reserve protocol，RSVP）是网络上预留资源的协议，它允许网络多媒体应用在带宽有限、可用带宽不可预测的情况下获得具有特殊 QoS 的流传输服务，其功能是在非连接的 IP 上实现带宽预留，确保端对端间的传输带宽，尽量减少实时多媒体通信中的传输延迟和数据到达时间间隔的抖动，并提供一定程度的服务质量控制。图 3-12 展示了 RSVP 的工作流程。

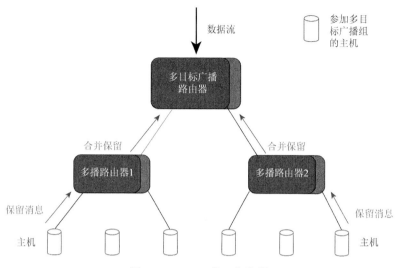

图 3-12　RSVP 的工作流程

RSVP 属于 OSI 七层协议栈中的传输层，是非路由协议；它和路由协议协同工作，当一个主机请求获得具有特殊 QoS 的数据流传输的时候，RSVP 就会对沿着数据流传输路径的每一个路由器发送此请求，并且使路由器和主机都保持各自的状态以便提供所需的服务。RSVP 带着此请求经过传输路径上每一个节点，在各个节点上，RSVP 都试着为数据流传输保留资源。

为了在某个节点上保留资源，RSVP 使用了两个控制：容许控制（admission control）和策略控制（policy control），前者决定此节点是否有足够的资源提供，后者决定使用者是否得到了节点管理者的允许以便可以保留资源。如果两项都得到了允许，RSVP 就在包分类器（packet classifier）和包顺序器（packet scheduler）上设置参数，以获得需要的 QoS。

3.4.2　RSVP 的特征与不足

1. RSVP 的特征

（1）可伸缩性（scalability）。资源预留请求是面向接收者的，当它们在树状节点集上传输时会合并，这就导致了 RSVP 的一个基本特征：可伸缩性，使 RSVP 不但适用于点对点传输，也同样适用于大规模的多点传输的网络。

（2）RSVP 可以区分接收者和发送者。对于一条连接，RSVP 只在一个方向上为数据流保留资源。因此尽管同一个应用程序可能既是发送者又是接收者，但在逻辑上发送者和接收者是分开的。

（3）为了获得动态的适应性和鲁棒性，RSVP 在路由器上保持可变的"软状态"。唯一固定的"硬状态"是在终端系统上保持的。终端系统周期性地发送 RSVP 控制消息来刷新路由器的状态。在刷新报文丢失的情况下，路由器上的 RSVP 状态会因超时而被删掉。

（4）RSVP 不是一个路由协议，它没有自己的路由算法，而是使用底层的路由算法。

2. RSVP 的不足

RSVP 虽然是一个高效的协议，但它也存在一些不足。

（1）RSVP 依靠在路由器间周期性地刷新来保持资源保留状态。这种方法在有拥塞的网络中会产生问题，导致延迟和保留的资源不会从路由器上被释放。

（2）可伸缩性是 RSVP 的一个优点，同时又是 RSVP 的一个缺点。因为在骨干网上，为了传输 RSVP 控制信息所消耗的带宽太大。在骨干路由器上，支持大量的数据流资源预留信息需要的存储空间也十分庞大。

（3）复杂度（complexity）：大量的 RSVP 信息会在终端系统和路由器上导致巨大的处理开销，以及在网络边缘使防火墙的处理效率降低。

3.5　视频会议协议 H.323

为了能在不保证 QoS 的分组交换网络上展开多媒体会议，国际电信联盟电信标准化部门（ITU Telecommunication Standardization Sector，ITU-T）于 1996 年通过 H.323 建议的第一版，并在 1998 年提出了 H.323 的第二版。

H.323 制定了无 QoS 保证的分组网络（packet based network，PBN）上的多媒体通信系统标准，因此，H.323 标准为局域网（local area network，LAN）、广域网（wide area network，WAN）、互联网、因特网上的多媒体通信应用提供了技术基础和保障。H.323 是国际电信联盟（International Telecommunication Union，ITU）多媒体通信系列标准 H.32x 的一部分，该系列标准使得在现有通信网络上进行视频会议成为可能。

（1）H.320 是在窄带综合业务数字网（narrowband integrated services digital network，N-ISDN）上进行多媒体通信的标准。

（2）H.321 是在宽带综合业务数字网（broadband integrated services digital network，B-ISDN）上进行多媒体通信的标准。

（3）H.322 是在有服务质量保证的 LAN 上进行多媒体通信的标准。

（4）H.324 是在全球交换电话网（global switched telephone network，GSTN）和无线网络上进行多媒体通信的标准。

（5）H.323 为现有的分组网络（如 IP 网络）提供多媒体通信标准。若和其他的 IP 技术如国际互联网工程任务组（The Internet Engineering Task Force，IETF）的 RSVP 相结合，就可以实现 IP 网络的多媒体通信。

3.5.1　H.323 体系结构

从整体上来说，H.323 是一个框架性建设，它涉及终端设备、视频、音频和数据传输、通信控制、网络接口方面的内容，还包括了组成多点会议的多点控制单元（multipoint control unit，MCU）、多点控制器（multipoint controller，MC）、多点处理器（multipoint processor，MP）、网关（gateway，GW）以及关守（gatekeeper，GK）等设备，如图 3-13 所示。

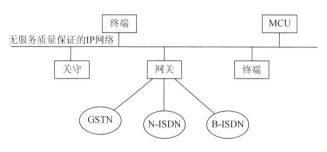

图 3-13　H.323 体系核心结构

H.323 体系的基本组成单元是"域"，在 H.323 系统中，域是指一个由关守管理的网关、MCU、MC、MP 和所有终端组成的集合。一个域最少包含一个终端，而且必须有且只有一个关守。H.323 系统中各个逻辑组成部分称为 H.323 的实体（其种类有终端、网关、MCU、MC、MP）。其中终端、网关、MCU 是 H.323 中的终端设备，是网络中的逻辑单元，如图 3-14 所示（图中的 H.321、H.310、V.70、H.324、H.320、H.322 等均为协议名）。

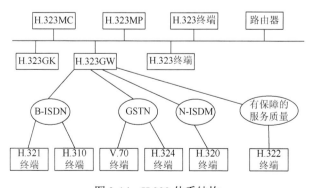

图 3-14　H.323 体系结构

3.5.2　H.323 组件

H.323 为基于网络的通信系统定义了四个主要的组件：终端、网关、关守、多点控制单元。

1. 终端

（1）终端是分组网络中能提供实时、双向通信的节点设备，也是一种终端用户设备，可以和网关、多点接入控制单元通信。

（2）所有终端都必须支持语音通信、视频和数据通信可选。H.323 规定了不同的音频、视频或数据终端协同工作所需的操作模式。

（3）H.323 协议是因特网电话、音频会议终端和视频会议技术的重要标准。

（4）所有的 H.323 终端须支持 H.245 标准，H.245 标准用于控制信道使用情况和信道性能。在 H.323 终端中的其他可选组件是图像编解码器、T.120 数据会议协议以及 MCU。

2. 网关

网关也是 H.323 会议系统的一个可选组件。网关提供很多服务，其中包含以下几种。

（1）H.323 会议节点设备与其他 ITU 标准相兼容的终端之间的转换功能。这种功能包括传输格式（如 H.250.0 到 H.221）和通信规程的转换（如 H.245 到 H.242）。

（2）在分组网络端和电路交换网络端之间，网关还执行语音和图像编解码器转换工作，以及呼叫建立和拆除工作。

（3）终端使用 H.245 和 H.225.0 协议与网关进行通信。采用适当的解码器，H.323 网关可支持符合 H.310、H.321、H.322 以及 V.70 标准的终端。

3. 关守

关守是 H.323 系统的一个可选组件，其功能是为 H.323 节点提供呼叫控制服务。

（1）当系统中存在 H.323 关守时，其必须提供以下四种服务：地址翻译、带宽控制、许可控制与区域管理。

（2）带宽管理、呼叫鉴权、呼叫控制信令和呼叫管理等为关守的可选功能。

（3）虽然从逻辑上，关守和 H.323 节点设备是分离的，但是生产商可以将关守的功能融入 H.323 终端、网关和多点控制单元等物理设备中。

（4）由单一关守管理的所有终端、网关和多点控制单元的集合称为 H.323 域。

4. 多点控制单元

多点控制单元支持三个以上节点设备的会议，在 H.323 系统中，一个多点控制单元由一个 MC 和几个 MP 组成，但可以不包含 MP。

MC 处理端点间的 H.245 控制信息，从而决定它对视频和音频的通常处理能力。在必要的情况下，MC 还可以通过判断哪些视频流和音频流需要多播来控制会议资源。MC 并不直接处理任何媒体信息流，而将它留给 MP 处理。

MP 对音频、视频或数据信息进行混合、切换和处理。MC 和 MP 可能存在于一台专用设备中或作为其他的 H.323 组件的一部分。

3.5.3　H.323 协议栈

1. 概述

H.323 是国际电信联盟的一个标准协议栈，该协议栈是一个有机的整体，根据功能可以将其分为四类协议；该协议对系统的总体框架（H.323）、视频编解码（H.263）、音频编解码（G.723.1）、系统控制（H.245）、数据流的复用（H.225）等各方面做了比较详细的规定，并为网络电话和可视电话会议系统的进一步发展和系统的兼容性提供了良好的条件。

其中系统控制协议包括 H.323、H.245 和 H.225.0。

（1）Q.931（为 ISDN 提供两设备间关于逻辑网络连接的呼叫建立、维护和终止等操作）和 RTP/RTCP 是 H.225.0 的主要组成部分。

（2）系统控制是 H.323 终端的核心。整个系统控制由 H.245 控制信道、H.225.0 呼叫信令信道和注册许可状态（registration admission status，RAS）协议信道提供。

（3）音频编解码协议包括 G.711（语音压缩编码，必选）、G.722（用于 16kHz 采样率的宽带语音编码）、G.723.1、G.728（编码压缩标准）、G.729（语音压缩编码）等。编码器使用的音频标准必须由 H.245 协议协商确定。H.323 终端应根据本身所具有的音频编解码能力进行非对称操作。例如，以 G.711 发送，以 G.729 接收。

（4）视频编解码协议主要包括 H.261 协议（影片编解码，必选）和 H.263 协议。H.323 系统中视频功能是可选的。

（5）数据会议功能也是可选的，其标准是多媒体会议数据协议 T.120。

2. H.323 终端的组成

H.323 终端的组成如图 3-15（其中数据应用以数据会议协议 T.120 为例）所示。

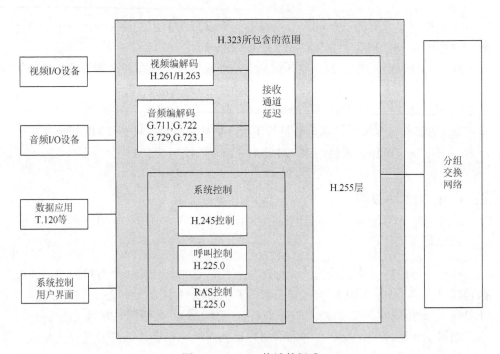

图 3-15　H.323 终端的组成

终端包含的各个功能单元及其标准设备或协议分别如下。

（1）视频编解码（H.263/H.261）：完成对视频码流的冗余压缩编码。

（2）音频编解码（G.723.1 等）：完成语音信号的编解码，并在接收端可选择地加入缓冲延迟以保证语音的连续性。

（3）各种数据应用：包括电子白板、静止图像传输、文件交换、数据库共存、数据会议、远程设备控制等，可用的标准为 T.120、T.84、T.434 等。

（4）控制单元（H.245）：提供端到端信令，以保证 H.323 终端的正常通信。所采用的协议为 H.245（多媒体通信控制协议），它定义了请求、应答、信令和指示四种信息，通过各种终端间进行通信能力协商，打开/关闭逻辑信道，发送命令或指示等，完成对通信的控制。

（5）H.225 层：将视频、音频、控制等数据格式化并发送，同时从网络接收数据。另外，还负责处理一些逻辑分帧、加序列号、错误检测等操作。

（6）音频编码器对从麦克风输入的音频信息进行编码传输，在接收端进行解码以便输出到扬声器，音频信号包含数字化且压缩的语音。H.323 支持的压缩算法符合 ITU 标准。为了进行语音压缩，H.323 终端必须支持 G.711 语音标准，传送和接收 A 律和 μ 律。其他音频编解码器标准如 G.722、G.723.1、G.729.A、MPEG-1 音频则可选择支持。

（7）编码器使用的音频算法必须由 H.245 来确定。H.323 终端应能对本身所具有的音频编解码能力进行非对称操作，如以 G.711 发送，以 G.728 接收。

（8）视频编解码器在视频源处将视频信息进行解码传输，在接收端进行解码显示。虽然视频功能可选，但任何具有视频功能的 H.323 终端必须支持 H.261 的 QCIF 格式，同时也必须支持 H.261 的其他格式以及可选支持 H.263 标准。

（9）数据会议 T.120 是可选功能。当支持数据会议时，数据会议可出现协同工作，如白板、应用共享、文件传输、静态图像传输、数据库访问、音频图像会议等。

（10）H.225、H.245 等协议在 H.323 系统中的通信可以看成视频、音频、控制信息的混合。

（11）系统控制功能是 H.323 终端的核心，它提供了 H.323 终端正确操作的信令。这些功能包括呼叫控制（建立与拆除）、通力切换、使用命令和指示信令以及用于开放和描述逻辑信道内容的报文等。

（12）整个系统的控制由 H.245 控制信道、H.225.0 呼叫信令信道以及 RAS 信道提供。

（13）H.225.0 标准描述了无 QoS 保证的 LAN 上媒体流的打包分组与同步传输机制。

（14）H.225.0 也对传输的控制流进行格式化，以便输出到网络接口，同时从网络接口输入报文中检索出接收到的控制流。另外，它还完成了逻辑帧、顺序编号、纠错与检错功能。

3.6　SIP

3.6.1　SIP 概述

SIP 是 session initiation protocol 的缩写，国内文献多译为会话启动协议或会话初始协议。SIP 的概念最早出现在 1996 年互联网的应用中，并由 IETF 的多方多媒体会话控制组首先提出。2002 年 6 月，IETF 的 SIP 工作组又发布了更新版的 SIP 基本骨架和机理并记录在标准 RFC 3261 建议中，目前的应用基本上都是以这个建议为基础的。SIP 标准定义了多媒体通信及会议信令机制，并借用超文本传输协议（hypertext transfer protocol，HTTP）、会话描述协议（session description protocol，SDP）、多用途网际邮件扩展标准（multipurpose internet mail extensions，MIME）、RTP、RTCP 等 IETF 的协议。

按逻辑功能区分，SIP 系统由 4 种元素组成，即用户代理、SIP 注册服务器、SIP 代理服务器、重定向服务器。通常 SIP 终端同时包括用户代理客户端（user agent client，UAC）和用户代理服务端（user agent server，UAS）。UAC 用于发起请求，UAS 用于处理请求。SIP 终端的注册和定位可用的网络资源有注册服务器、代理服务器和重定向服务器。SIP 的终端名称和地址解析可采用的网络资源有定向服务器、动态主机配置协议（dynamic host configuration protocol，DHCP）、电话号码映射（E.164 number URI mapping，ENUM）和域名系统（domain name system，DNS）的服务器。严格地讲，SIP 标准是一个实现实时多媒体应用的信令标准，SIP 的建立主要借鉴了两个有关于网页浏览和电子邮件的协议：HTTP 和简单邮件传输协议（simple mail transfer protocol，SMTP），采用了基于文本的编码方式，使它在应用上，特别是点到点的应用环境中，具有很好的灵活性、扩充性以及跨平台使用的兼容性[35]。

3.6.2 SIP 的功能和特点

SIP 是一种应用层控制协议，它的设计目标是作为会话建立和释放的通用操作协议，它主要研究的是多媒体对话控制，发布、管理和协调多个对话，并且是多个用户之间的多种媒体（如语音、影像和合作的应用）的对话。它一般用来创建、修改或终止多媒体会话，支持五种建立和终止多媒体通信的功能。

（1）用户定位：用于进行通信的终端系统的位置判断，在 SIP 中采用 SIPURI（其中 URI 指统一资源标识符（uniform resource identifier））的方法进行定位，服务器会根据终端注册时所提供的信息来进行定位。SIP 本身含有向注册服务器注册的功能，也可以利用其他定位服务器如 DNS、轻量目录访问协议（lightweight directory access protocol，LDAP）等提供的定位服务器来增强其定位功能。

（2）用户有效性：即被呼叫方参与通信的积极性的判断，就是判断被呼叫方是否愿意参加会话的功能，可以通过 SIP 来查看被呼叫方的状态，如正在忙或者无人应答。

（3）用户能力：对要使用的媒体及其参数的判断，即媒体协商能力，SIP 可以通过使用 SDP 来进行会话双方所使用的媒体的判断，同时 SIP 对所使用的媒体没有限制，只要双方都支持并且协商成功就可以使用。

（4）会话建立："接通会话"，即被呼叫和呼叫双方的会话参数的建立，这是 SIP 的主要功能，负责会话所需参数的确立、会话双方参数的传递、对会话建立所需要做出的响应的确立。

（5）会话管理：包括会话的传送和终止、修改会话参数，以及启动服务，可以在会话期间进行会话的管理和控制、改变会话状态等操作[36]。

3.6.3　SIP 呼叫流程

1. 使用代理服务器的 SIP 呼叫的典型流程

例如，Joe Smith 的地址是 jsmith@sip.org，希望联系 Joe Smith 的人就可以对这个地址发起一个 SIP 呼叫。代理服务器就会根据 jsmith 用户的注册信息决定把呼叫发送到什么地方。SIP 的"请求建立"的消息就被发送到"jsmith"已设定的地址。当被叫方回应代理服务器的时候，代理服务器也把这个回应转发给主叫方。随后在主叫方和被叫方之间直接建立一个 RTP 对话。根据需要，代理服务器还会继续参与呼叫控制消息的处理或者退出消息处理。整体流程如图 3-16 所示（图中的 POTS 是指普通老式电话业务（plain old telephone service））。

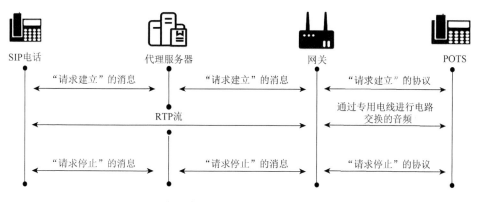

图 3-16　使用代理服务器的 SIP 呼叫的典型流程

2. 使用重定向服务器的 SIP 呼叫的典型流程

除使用代理服务器外，还可以使用重定向服务器进行 SIP 呼叫，其流程如图 3-17 所示。

3.6.4　SIP 应用

早在 2001 年，业界的领先供应商就已开始推出基于 SIP 的服务。如今，人们对该协议的热情不断高涨。美国 Vonage 是针对小企业用户的服务提供商，它使用 SIP 向用户提供 20000 多条数字市话、长话及语音邮件线路；Denwa Communications

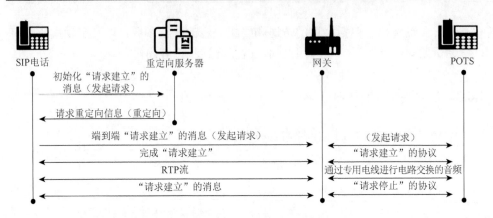

图 3-17　使用重定向服务器的 SIP 呼叫的典型流程

在全球范围内批发语音服务，它使用 SIP 提供 PC 至 PC 及电话至 PC 的主叫号码识别、语音邮件，以及电话会议、统一通信、客户管理、自配置和基于 Web 的个性化服务；3G 界已经选择 SIP 作为下一代移动网络的会话控制机制；Microsoft 选择 SIP 作为其实时通信策略并在 Microsoft XP、Pocket PC 和 MSN Messenger 中进行了部署；Sun Microsystems 的 Java Community Process 等组织正在使用通用的 Java 编程语言定义应用编程接口，以便开发商能够为服务提供商和企业构建 SIP 组件和应用程序。SIP 正在成为自 HTTP 和 SMTP 以来最为重要的协议之一[37]。

　　MSN Messenger 协议是一个复杂协议（每个会话使用多个协议或端口）。MSN Messenger 和 Windows Messenger 提供了这些功能：即时消息、通过 IP 通信的音频或视频、应用程序共享、白板共享、文件传输、远程协助。

　　新冠疫情以来，线上视频会议应用得到了极大的发展，其中腾讯会议得到了绝大多数国内视频会议的青睐。2009 年腾讯 QQ 的视频流采用了 SIP，2011 年腾讯开始自研音频引擎，腾讯在国内召集了一批音频及通信领域的从业者开发了第一代引擎：腾讯实时音频引擎（Tencent realtime audio engine，TRAE），并且同年腾讯把自研的 TRAE 上线，TRAE 正式作为 QQ 音频引擎，为几亿 QQ 用户服务。2014 年腾讯"新一代语音视频通信引擎 Sharp 系统"获得公司技术突破金奖。2015 年腾讯"音视频融合通讯项目"获得公司技术突破金奖，腾讯从 2016 年开始向外界提供 OpenSDK 能力，对内对外服务了众多音视频通话类的产品，其中2017 年获得腾讯内部产品最高奖——名品堂的"全民 K 歌"也是使用了 OpenSDK 的基础音视频处理及通信能力，这种互联互通的能力为后来的发展奠定了坚实的基础。

　　腾讯的音视频引擎又可以分为三个小代际。第一代就是 QQ 用的 2011 年的 TRAE，第二代是 2016 年开始向外界开放的 OpenSDK 引擎，到 2017 年腾讯开发了 XCast 引擎，这算作第三代，在最新的 XCast 引擎之上，诞生了今天的"腾讯会议"[38]。

2019 年 12 月 25 日，腾讯会议上线，2020 年 3 月 6 日，腾讯会议已经登顶应用商店免费软件下载榜，3 月份日活达一千万。2020 年累计召开线上会议超过 3 亿场，60 岁以上用户召开会议超过 1000 万场。这些数据无一不证明[39]，在新冠疫情之后，腾讯会议等衍生于 SIP 的互联网语音通信协议（voice over internet protocol，VoIP）类应用正在改变我们的生活。

3.6.5　SIP 和 H.323 比较

SIP 和 H.323 两者的设计风格截然不同，这是由于其推出的两大阵营（电信领域与互联网领域）都想沿袭自己的传统。H.323 是由国际电信联盟提出来的，它企图把 IP 电话当作众所周知的传统电话，只是传输方式由电路交换变成了分组交换，就如同模拟传输变成数字传输、同轴电缆传输变成了光纤传输。而 SIP 侧重于将 IP 电话作为互联网上的一个应用，较其他应用（如文件传输、电子邮件等）增加了信令和 QoS 的要求。

H.323 推出较早，协议发展得比较成熟；由于其采用的是传统的实现电话信令的模式，便于与现有的电话网互通，但相对复杂得多。

首先，SIP 是基于文本的协议，而 H.323 采用基于 ASN.1（一种标准接口描述语言）和压缩编码规则的二进制方法表示其消息，因此，SIP 对以文本形式表示的消息的词法和语法分析比较简单。

其次，SIP 会话请求过程和媒体协商过程等是一起进行的，因此呼叫建立时间短，而在 H.323 中呼叫建立过程和进行媒体参数等协商的信令控制过程是分开进行的。

再次，H.323 为实现补充业务定义了专门的协议，如 H.450.1、H.450.2 和 H.450.3 等，而 SIP 只要充分利用已定义的头域，必要时对头域进行简单扩展就能很方便地支持补充业务或智能业务。

最后，H.323 进行集中、层次式控制。集中控制便于管理，如便于计费和带宽管理等。而 SIP 类似于其他的互联网协议，设计上就为分布式的呼叫模型服务，具有分布式的组播功能。

第 4 章 流媒体系统

4.1 流媒体技术概述

4.1.1 流媒体定义

狭义上的流媒体是相对于传统的下载-回放（download-playback）方式而言的一种媒体格式，它能从互联网上获取音频和视频等连续的多媒体流，客户端可以边接收边播放，使时延大大减少，而不用等到完全下载完毕再播放。广义上的流媒体是使音频和视频形成稳定和连续的传输流和回放流的一系列技术、方法、协议和软件的总称，我们习惯上称它为流媒体系统。

流放技术就是把连续的视频和声音等多媒体信息经过压缩处理后放置在特定的服务器上，让用户一边下载一边观看、收听，而不需要等整个压缩文件下载到自己的机器后才可以观看的网络传输技术。该技术首先在用户端的计算机上创造一个缓冲区，播放前预先下载一段资料作为缓冲，当网络实际连线速度小于播放所耗用资料的速度时，播放程序就会取用这一小段缓冲区内的资料，避免播放的中断，也使播放品质得以维持。

目前在这个领域中，竞争的公司主要有四个：Microsoft、RealNetworks、Adobe Systems、Apple，而相应的产品是 Microsoft Media、Real Media、Flash Media、QuickTime。

平常我们一般使用的视频文件，有可能是 ASF 格式、WMV 格式——使用 MediaPlayer 进行播放，也有可能是 RM 格式——用 RealPlayer 播放。但是问题在于，格式不同就需要选择不同的播放器，对于本地计算机没有安装相应播放器的用户来说，这些视频根本无法收看。并且，还由于这些文件的容量过大，下载慢，查看也不是很流畅。

表 4-1 列出了流媒体文件格式扩展（视频/音频）媒体类型与名称。

为了解决播放器和容量的问题，有个方法是运用 Flash，即将各类视频文件转换成 Flash 视频文件。播放器有嵌入在浏览器中的 Flash 播放器，这对于大部分用户来说都有，解决了其他一般视频文件需要挑选播放器的问题，当然这也就是 Flash 的优势。容量方面，从 FlashMX2004Pro 起就支持转换 Flash 视频的功能，经过相关设置后，可缩小原有视频的容量，最终转换的文件扩展名是 FLV。

表 4-1　流媒体文件格式扩展的类型与名称

格式类型	格式类型对应的全称（开发的机构）
ASF	advanced streaming format（Microsoft）
MKV	Matroska video 文件（Matroska 组织）
RMVB	realmedia variable bitrate（RealNetworks）
WebM	WebM media file（Google System）
TS	MPEG-2 transport stream（MPEG 组织）
AVI	audio video interleave（Microsoft）
FLV	Flash video（Adobe Systems）
MOV	QuickTime Movie（Apple）
F4V	Flash MP4 video 文件（Adobe Systems）
WMV	Windows media video.（Microsoft）

　　FLV 文件体积小巧，清晰的 FLV 视频 1min 内存在 1MB 左右，一部电影在 100MB 左右，是普通视频文件体积的 1/3。FLV 流媒体格式是一种新的视频格式，它形成的文件极小、加载速度极快，使网络观看视频文件成为可能，它的出现有效地解决了视频文件导入 Flash 后，导出的.swf 文件体积庞大，不能在网络上很好地使用等缺点。很多在线视频网站都采用了这种视频格式，如新浪播客、56、土豆、酷 6、YouTube 等。FLV 已经成为当前视频文件的主流格式。

　　FLV 是随着 FlashMX 的推出发展而来的视频格式，目前被众多新一代视频分享网站采用，是目前发展最快、最为广泛的视频传播格式。它是在 Sorenson 公司的压缩算法的基础上开发出来的。FLV 格式不仅可以轻松导入 Flash 中，速度极快，并且能起到保护版权的作用，可以不通过本地的微软或者 Real 播放器播放视频。

4.1.2　流媒体的优势

　　网络环境中，利用流放技术传播多媒体文件有以下优点。

　　（1）实时传输和实时播放。流放多媒体使用户可以立即播放音频和视频信号，无须等待文件传输结束，这对获取存储在服务器上的流化音频、视频文件和现场回访音频和视频流都具有十分重要的意义。

　　（2）节省存储空间。采用流技术，可以节省客户端的大量存储空间，预先构造的流文件或用实时编码器对现场信息进行编码。

（3）信息数据量较小。现场流都比原始信息的数据量要小，并且用户不必将所有下载的数据都同时存储在本地存储器上，可以边下载边回放，从而节省了大量的磁盘空间。

4.1.3　流媒体与 CDN 结合的优势

流媒体技术与 CDN 相结合有以下优点。

（1）提高稳定性与用户体验：流媒体技术需要高带宽和低延迟的网络环境才能流畅地播放，而 CDN 能够将媒体内容缓存在离用户最近的服务器上，减少数据传输的延迟和丢包，提高了稳定性，进一步改善了用户的观看体验。

（2）提高可扩展性与可靠性：随着用户数量的增加，单一服务器的负载可能会变得不稳定。而 CDN 能够将请求分散到不同的服务器上，减轻原始服务器的压力，提高可扩展性。即使某节点发生故障也可以通过其他节点提供服务，提高了可靠性。

（3）减少成本：通过使用 CDN，流媒体提供商可以将媒体内容缓存到 CDN 的边缘节点上，从而减少了数据传输的成本和流量费用，同时可以加快加载的速度。

（4）改善网络拓扑：流媒体技术需要高质量的网络连接，而 CDN 通常会在各个地理位置设置服务器节点，这样可以改善网络拓扑，减少跨越地理位置的数据传输，减少数据传输的延迟和丢包。这样也有利于覆盖更多的用户，扩大用户基础。

（5）支持多种设备和格式：流媒体技术需要支持多种设备和格式，而 CDN 通常会支持多种流媒体协议和格式，从而提高兼容性和可用性。

（6）更好的可定制性：流媒体提供商可以根据需要自定义 CDN 的设置，包括缓存时间、内容分发策略、安全性等方面，从而实现更好的可定制性，满足不同用户的需求。

（7）更好的数据分析：CDN 可以提供流量统计和用户行为分析等服务，使流媒体提供商能够更好地了解用户的需求和喜好，从而优化流媒体内容和服务。

4.1.4　流媒体系统简介

1. 技术

技术部分包括压缩技术、流格式编码技术、媒体发布技术、多媒体传输技术、缓存技术等。

2. 协议

协议部分包括 RTP、RTCP、RSVP、实时流协议（real time streaming protocol，RTSP）、微软多媒体服务（Microsoft media service，MMS）协议等。

3. 软件

软件部分包括编码工具、流媒体服务器、播放器、Web 服务器/浏览器。

4. 流式传输基本原理

流式传输的基本原理如图 4-1 所示。

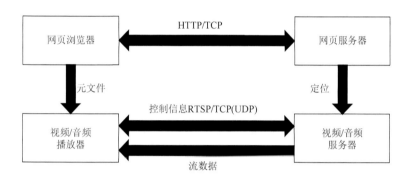

图 4-1　流式传输的基本原理

4.1.5　流媒体技术的典型应用

流媒体应用可以粗略地根据传输模式、实时性、交互性分为多种类型。传输模式主要是指流媒体传输是点到点的模式还是点到多点的模式。点到点的模式一般用单播传输来实现。点到多点的模式一般采用组播传输来实现，在网络不支持组播的时候，也可以用多个单播传输来实现。实时性是指视频内容源是否实时产生、采集和播放，实时内容主要包括实况内容、视频会议节目内容等，而非实时内容指预先制作并存储好的媒体内容。交互性是指应用是否需要交互，即流媒体的传输是单向的还是双向的。

依据这个分类方式，流媒体应用主要包括视频点播、视频广播、视频监控、视频会议、远程教学、电视上网、音乐播放、在线电台等。

流媒体技术可以用于娱乐、培训和在线教育等方面，其主要表现为：带图片的广播（illustrated audio）、流视频播出（streaming video）、远程教学（remote seminar）、提供收费电视（pay by view）。而流媒体技术在企业中的应用主要有行政演讲、业务通信、培训研讨会/电子学习、会议/视频存档和产品推广等。目前比较流行的流媒体技术是美国 Real Network 公司的 Real Player 产品和微软公司近年来推出的 Windows Media 技术。

4.2　Windows Media Service 系统

4.2.1　Windows Media Service 简介

Windows Media Service 是一个能适应多种网络带宽条件的流式多媒体信息的发布平台，包括了流媒体的制作、发布、播放和管理的一整套解决方案。另外，还提供了软件开发工具包（software development kit，SDK）供二次开发使用。

1. Windows Media Service 的格式

1）ASF 格式

Windows Media Service 的核心是 ASF。ASF 格式的英文全称为 advanced streaming format，它是微软为了和现在的 Real Player（美国 RealNetworks 公司推出的一个跨平台播放器）竞争而推出的一种视频格式，用户可以直接使用 Windows 自带的 Windows Media Player（Windows 的多媒体播放器）对其进行播放，它使用了 MPEG-4 的压缩算法。

ASF 是一种数据格式，音频、视频、图像以及控制命令脚本等多媒体信息通过这种格式，以网络数据包的形式传输，实现流式多媒体内容发布。其中，在网络上传输的内容就称为 ASF Stream。ASF 支持任意的压缩/解压缩编码方式，并可以使用任何一种底层网络传输协议，具有很大的灵活性。

2）WMV 格式

WMV 格式的英文全称为 Windows media video，也是微软推出的一种采用独立编码方式并且可以直接在网上实时观看视频节目的文件压缩格式，它也使用了 MPEG-4 的压缩算法。

WMV 格式的主要优点包括：本地或网络回放、可扩充的媒体类型、部件下载、可伸缩的媒体类型、流的优先级化、多语言支持、环境独立性、丰富的流间关系以及扩展性等。

和 ASF 格式相比，WMV 是前者的升级版本，WMV 格式的体积非常小，因此很适合在网上播放和传输。在文件质量相同的情况下，WMV 格式的视频文件比 ASF 拥有更小的体积。从 WMV7 开始，微软的视频方面开始脱离 MPEG 组织，并且与 MPEG-4 不兼容，成为独立的一个编解码系统。但是，有些 ASF 与 WMV 采用的编解码器有些混乱，所以两种文件的界限也有些模糊。

2. Windows Media Service 系统构成

Windows Media Service 系统由三部分构成，分别对应制作、发布和播放三个基本过程。其通信流程如图 4-2 所示（由于图片无法很好地展示，部分内容使用了英文，其中前文出现的内容不再赘述。PowerPoint 是微软推出的办公软件。DCOM（distributed component object model）是微软的 COM 规格的网络化版本。MSBD 为流媒体广播协议，全称为 media streaming broadcast distribution。多媒体短信服务（multimedia messaging service，MMS），结合 UDP 和 TCP 分别被称为 MMSU（MMS UDP）与 MMST（MMS TCP），它们是用来访问并流式接收 Windows Media 服务器中 ASF 文件的方法。DOOM 是一种网络组件，用于通信）。

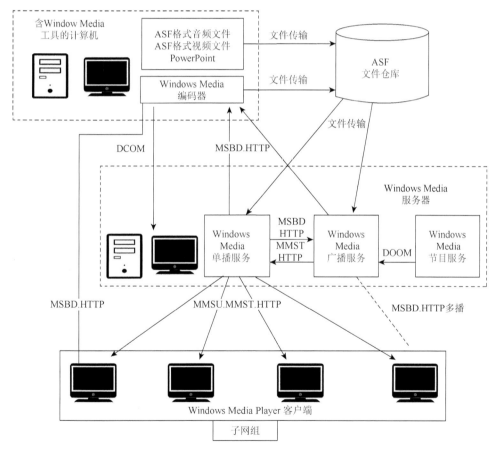

图 4-2　Windows Media Service 系统组件间通过协议通信

1）媒体服务器

媒体服务器（Windows Media Server）对外提供 ASF 流媒体的网络发布服务，

包括两大基本服务模块：单播服务（unicast service）和多播服务（station service）。

Windows Media Service 系统还提供了一套主页形式的管理工具，可以方便地对服务器进行远程管理，完成服务器配置，监控运行时的各种事件、流量、控制客户访问的日志记录等。

2）媒体文件制作工具

媒体文件制作工具包括媒体编码器（Windows Media Encoder）、ASF 文件制作工具（Media Authoring）和 ASF 文件管理工具（Media ASF Indexer）。

媒体编码器（Windows Media Encoder）的主要任务是对输入的音频、视频信号进行编码产生 ASF 文件或 ASF 数据流。编码后形成的音、视频流既可以保存到本地计算机上，也可以用 MSBD 发送给媒体服务器。

ASF 流媒体文件制作工具用于将录制好的音视频信息、图片、PowerPoint 制作的幻灯片（电子教案）、各种 Word 文档、描述（script）等各种信息合成到一起，形成单一的 ASF 流媒体文件；Media ASF Indexer 对 ASF 添加标记（marker）和描述（script）。

3）媒体播放器

媒体播放器（Windows Media Player）用来从媒体服务器接收 ASF 流并解压播放。目前使用比较广泛的媒体播放器是 Windows Media Player 和 Real Player。

媒体播放器用来播放声音或者视频文件，一般具有下述功能。

（1）解压缩：几乎所有的声音和视频都是经过压缩之后存放在存储器中的，因此无论播放来自存储器还是来自网络的声音和视频都需要解压缩。

（2）去抖动：在媒体播放器中使用缓存技术限制抖动，把声音或者视频图像数据先存放在缓冲存储器中，经过一段延迟之后再播放。

（3）错误处理：由于在因特网上往往会出现让人不能接收的网络通信交通拥挤，信息包流中的部分信息包在传输过程中就可能会丢失。如果连续丢失的信息包太多，用户接收的声音和视频图像质量就不能容忍，采取的办法往往是重传。

（4）用户控制接口：用户直接控制媒体播放器播放媒体的实际接口。媒体播放器为用户提供的控制功能通常包括声音的音量大小、暂停/重新开始和跳转等。

4.2.2　流媒体服务的应用方式

Windows Media Service 系统能用于多种网络环境，基本的应用方式有以下几种。

1. 点播服务

点播是用户从媒体服务器接收流信息的一种方式。点播连接是客户端与服务器之间的主动连接。在点播连接中,用户通过选择内容项目来初始化客户端连接。内容以 ASF 流从服务器传到客户端。点播服务方式下,用户相互之间互不干扰,可以对点播内容的播放进行控制,最为灵活,但是占用服务器、网络资源多。其工作方式如图 4-3 所示。

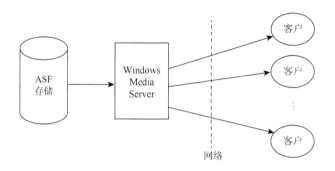

图 4-3　点播服务工作方式

2. 单点或多点广播服务

广播指的是用户被动接收流。在广播过程中,客户端接收流,但不能控制流。共有两类广播:单播和多播,两种方式都是被动的。

广播服务下,用户只观看播放的内容,不能进行控制。实时的多媒体音视频内容采集发送最适合使用广播服务方式,也可以使用 ASF 文件作为媒体内容的来源。图 4-4 为单点或多点广播服务方式。

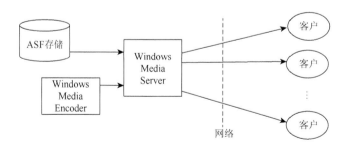

图 4-4　单点或多点广播服务方式

Windows Media Server 管理员必须创建三个项目以支持多播:广播站、节目和流。"广播站"充当客户连接流的引用点,"节目"组织将要通过广播站广播的内容,"流"是实际内容。

　　这三个项目都建立后，Windows Media 管理器会创建一个.asx 文件，链接客户到正确的广播站的 IP 地址；此文件称为一个"通知"。Web 网页链接到该通知文件，并将其放置到网络上的公共共享点，或通过电子邮件将其发送给客户。

　　3. 服务器扩展

　　通过服务器扩展方式可以把一个 Windows Media Server 输出的 ASF 流输出到另外一个 Windows Media Server，再为用户提供服务。其工作方式如图 4-5 所示（S_n 指第 n 个服务器）。一种应用是通过服务器扩展进行发布服务器的扩展，为更多的用户服务。另一种应用是通过服务器扩展使 Windows Media Server 跨越非广播的网络，提供广播服务。另外，Windows Media Service 还支持 HTTP Stream 方式。使用通用的 HTTP 可以更好地工作在互联网上，如跨越防火墙进行媒体内容的传输。图 4-5 为服务器扩展工作方式。

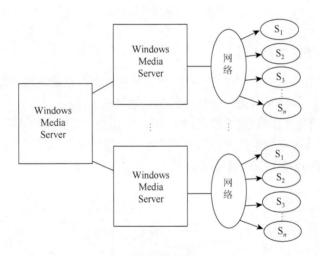

图 4-5　服务器扩展工作方式

4.2.3　理解 Windows Media Service 协议

　　Windows Media Service 系统各组件之间是通过协议进行通信的，主要协议包含以下几种。

　　1. MMS 协议概述

　　MMS 协议是一种串流媒体传送协议，用来访问并流式接收 Windows Media Server 中 ASF 文件的一种协议。MMS 协议用于访问媒体发布点上的单播内容，

MMS 是连接媒体单播服务的默认方法。若用户在媒体播放器中键入一个统一资源定位器（uniform resource locator，URL）以连接内容，而不是通过超级链接访问内容，则必须使用 MMS 协议引用该流。

当使用 MMS 协议连接到发布点时，使用协议翻转以获得最佳连接。"协议翻转"试图通过 MMSU 连接客户端，MMSU 是指 MMS 协议结合 UDP 进行数据传送。如果 MMSU 连接不成功，则服务器试图使用 MMST，MMST 则是指 MMS 协议结合 TCP 进行数据传送。

如果连接到编入索引的 ASF 文件，想要快进、后退、暂停、开始和停止流，则必须使用 MMS，不能用 URL 路径快进或后退。

若从独立的媒体播放器连接到发布点，则必须指定单播内容的 URL。若内容在主发布点点播发布，则 URL 由服务器名和 ASF 文件名组成。例如，mms://windows_media_server/sample.asf。其中，windows_media_server 是媒体服务器名，sample.asf 是想要使之转化为流的 ASF 文件名。

若有实时内容要通过广播单播发布，则该 URL 由服务器名和发布点别名组成。例如，mms://windows_media_server/LiveEvents。

2. MSBD 协议概述

MSBD 全称为 media stream broadcast distribution，即媒体流广播分发。MSBD 用于在媒体编码器和媒体服务器组件之间分发流，同时也被用来引用 Windows Media Encoder，Windows Media Encoder 是流的源。

MSBD 协议也用于在服务器间传递流，MSBD 在当流从 "Windows Media 广播站" 服务器向内容存储服务器流动时使用，或用于其他服务器到服务器的分发。不要通过防火墙使用 MSBD 协议。

MSBD 是面向连接的协议，对流媒体最佳。MSBD 对于测试客户端、服务器连接和 ASF 内容品质很有用处，但不能作为接收 ASF 内容的主要方法。媒体编码器最多可支持 15 个 MSBD 客户端；而一个媒体服务器最多可支持 5 个 MSBD 客户端。图 4-6 所示为 MSBD 协议的应用（图中的 WMS 是微软多媒体服务器，HQ 网络是指高质量网络，传输高质量多媒体数据。VPN 是虚拟专用网络，全称为 virtual private network）。

3. HTTP 概述

各组件之间的通信也可以配置媒体服务器使用 HTTP 将内容转化为流。使用 HTTP 流可以帮助克服防火墙障碍，因为大多数防火墙允许 HTTP 通过。HTTP 流可用来由媒体编码器通过防火墙到媒体服务器，并可用于连接被防火墙隔离的媒体服务器。

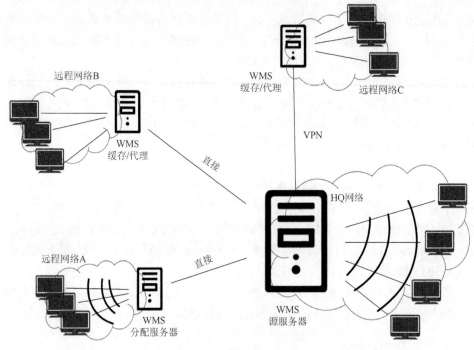

图 4-6　MSBD 协议的应用

这使得若同一个计算机既作为 Web 服务器又运行媒体服务，如 Microsoft Internet 信息服务（internet information server，IIS），能够确保在端口号 80 无冲突。

4.2.4　使用媒体播放器播放流媒体文件

1. 从独立媒体播放器访问内容

使用媒体播放器访问内容：执行"文件"菜单中的"打开"命令，然后在"打开"对话框中键入相应指令。

1）播放存储的 ASF 文件

（1）在"打开"对话框中键入：mms://server/file.asf。

（2）如果媒体服务器配置为使用 HTTP 传送流媒体内容，则应键入：http://server/file.asf。

（3）服务器从 ASF 内容文件夹（例如，systemdrive\ASFRoot）发送流媒体文件。

（4）当媒体服务器启用了 HTTP 流时，服务器仍然使用 ASF 内容文件夹作为它的主目录；服务器不使用 HTTP 虚拟根目录（也就是 systemdrive\wwwroot）作为主目录。

2）通过 ASX 文件播放内容

使用高级流重定向器（advanced stream redirector，ASX）文件从媒体服务器、广播单播发布点或多播广播站访问 ASF 文件。ASX 文件是指到 ASF 内容的指针。若要通过独立的播放器使用 ASX 文件，必须知道到 ASX 文件的路径。可在"打开"对话框中键入文件的路径。例如，若要访问一个共享文件夹，请键入：\\server\share\file.asx。

或者，想要访问一个 Web 站点，请键入：http://server/file.asx。

3）从 HTML 创建的网页播放内容

若要使用媒体播放器访问 Web 页，请在"打开"对话框中键入：http://webserver/page.htm。

媒体播放器将 URL 传递到本地浏览器以打开并找到 Web 页。一旦加载超文本标记语言（hypertext markup language，HTML）页，嵌入的媒体播放器就出现并开始显示与它相关的 ASF 内容。

2. 从链接启动媒体播放器

有以下两种方法可以从一个 Web 页或 Web 应用程序的链接启动 Microsoft 媒体播放器并接收来自媒体服务器的内容。

（1）可以启用 HTTP 流并直接使用 ASF 内容的 HTTP 链接。必须使用 HTTP 流以通过防火墙发送内容。

（2）可以使用 HTTP 链接到.asx 文件，它包含了媒体播放器用以访问 ASF 内容的指导。但是.asx 文件必须驻留在 HTTP 服务器上，如 IIS，并在一个用户可以访问的目录中。

若要使用.asx 源文件从 Web 页或 Web 应用程序的链接中启动媒体播放器，请使用与下面示例类似的 HTML 代码创建一个 URL：<A HREF = http://server/file.asx>。

这个链接将客户端发送到.asx 文件，该文件会将播放器导向客户想要访问的内容的访问点。

3. 嵌入媒体播放器 ActiveX 控件

可以将 Microsoft 媒体播放器 ActiveX 控件嵌入一个 Web 页或支持 ActiveX 的其他应用程序容器中，这样媒体播放器就不会作为一个单独的应用程序启动。

当用户访问嵌入控件的页时，会出现一个标识控件发布者的证书。该证书提示用户或者同意下载控件，或者继续显示页而不下载控件。如果没有安装控件，将不会传送内容。

可以通过 HTML 的<OBJECT>标记设置控件的属性，以定义打开哪个 ASF 文件、发布点或广播站，以及如何播放。也可使用 Microsoft Visual Basic 编制脚本来定义控件的属性，例如，显示哪些按钮。图 4-7 中 HTML 的<OBJECT>标记显示媒体播放器的类 ID 和它的一些属性的控件。

```
<OBJECT CLASSID = "clsid：22d6f312-b0f6-11d0-94ab-0080c74c7e95F"
HEIGHT = 240
WIDTH = 320
NAME = Msshow1
ID = Msshow1>
<PARAM NAME = "File Name"
VALUE = "mms：//MSserver/Msshow1.asf ">
</OBJECT>
```

图 4-7　HTML<OBJECT>标记文件示例

如何设置属性决定了媒体播放器如何工作。File Name 参数标识播放的 ASF 文件。如果准备通过媒体播放器"文件"菜单上的"打开"选项播放 ASF 文件，请将这个参数的值设置为一个 URL。

4.3　RealMedia 系统

4.3.1　RTSP

1. RTSP 概述

RTSP 是由 RealNetworks 和 Netscape 两个公司共同提出的，该协议定义了一对多应用程序如何有效地通过 IP 网络传送多媒体数据。RTSP 的设计目的是和 RTP/RTCP、RSVP、HTTP 等协议协同工作，形成一个强大的协议体系，以实现 IP 上多媒体流的高效传输。

RTSP 工作在 RTP/RTCP、TCP、IP、IP 多播上层，以实现对实时内容的传输和控制。由于工作在这些工业标准的上层，它可以很好地利用人们对现有工业标准所做的改善和提高（如新出现的 RTP 包头压缩标准等），而不需要厂商做很多额外的工作。另外，RTSP 还可以和 RSVP 用在一起来建立和管理流会话与带宽资源预留。

RTSP 的应用流程如图 4-8 所示（HTTP GET 是 HTTP 的一种方法）。

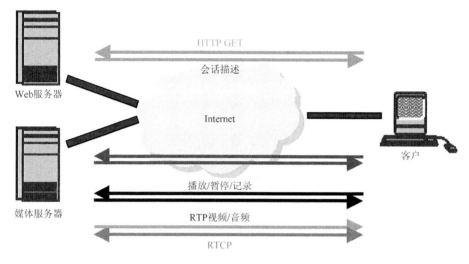

图 4-8　RTSP 的应用流程

RTSP 以客户机/服务器模式工作，是一个多媒体播放控制协议，用来使用户在播放从因特网下载的实时数据时能够进行控制（像在影碟机上那样控制），如暂停/继续、后退、前进等。要实现 RTSP 的控制功能，不仅要有协议，而且要有专门的媒体播放器和媒体服务器。

RTSP 提供了一个可扩展的框架使实时数据（如音视频）的传输可以得到有效控制。它既支持单目传输又支持多目传输。RTSP 基于客户机/服务器模式，支持客户机和服务器间的相互操作。它提供控制机制和处理更高层的问题，如会话建立和注册。它和 RTP 协同工作使用户由单目传输向多目传输的过渡更为顺利。

RTSP 已经被 IETF 作为互联网多媒体流传输的标准，RTSP 成为 IETF 的多方多媒体会话控制工作组（Multiparty Multimedia Session Control Work Group，MMUSIC）开发的协议，属于应用级协议，控制实时数据的交付。因此 RTSP 将会允许不同厂家之间的客户机/服务器产品的互操作性，这给了用户极大的灵活性和可选择性。

RTSP 在语法和操作上都效仿 HTTP，但在以下几个重要方面存在差别。

（1）HTTP 传送 HTML，而 RTSP 传送的是多媒体数据。

（2）HTTP 请求由客户机发出，服务器做出响应；使用 RTSP 时，客户机和服务器都可以发出请求，即 RTSP 可以是双向的。

（3）RTSP 服务器通常要保持连接的状态，而 HTTP 是无状态的。

（4）RTSP 使用国际标准化组织（International Organization for Standardization，ISO）10646（UTF-8）字符集而不是 ISO 8859-1。RTSP 使用绝对路径的统一资源标识符（uniform resource identifier，URI）。

2. RTSP 的特性

（1）可扩展性：新方法和参数很容易加入 RTSP。

（2）易解析：RTSP 可由标准 HTTP 或多用途互联网邮件扩展（multipurpose internet mail extensions，MIME）解释器解析。

（3）安全：RTSP 使用网页安全机制。

（4）独立于传输：可使用不可靠数据报协议、可靠数据报协议。

（5）多服务器支持：每个流可放在不同服务器上，用户端自动与不同服务器建立几个并发控制连接，媒体同步在传输层执行。

（6）记录设备控制：协议可控制记录和回放设备。

（7）流控与会议初始化分离：如可以用 H.323 等协议邀请服务器加入会议。

（8）适合专业应用：通过 SMPTE 时间戳（一种广泛用于设备间驱动的时间同步的时间戳），RTSP 支持帧级精度，允许远程数字编辑。

（9）演示（presentation）描述中立：协议没有强加特殊演示或元文件格式，可传送所用格式类型。

（10）代理与防火墙友好：协议可由应用和传输层防火墙处理。

（11）适当的服务器控制：如用户启动一个流，他必须也可以停止一个流。

（12）传输协调：实际处理连续媒体流前，用户可协调传输方法。

（13）性能协调：若基本特征无效，必须有一些清理机制让用户决定哪种方法没生效，这允许用户提出适合的用户界面。

3. RTSP 的操作模式

RTSP 有以下几种操作模式。

（1）单点播送：以用户选择的端口号将媒体发送到 RTSP 请求源。

（2）服务器选择地址的多点播送：媒体服务器选择多点播送地址和端口，这是现场直播或准点播常用的方式。

（3）用户选择地址的多点播送：如服务器加入正在进行的多点播送会议，多点播送地址、端口和密钥由会议描述给出。

4. RTSP 状态和方法

RTSP 控制通过独立协议发送的流，与控制通道无关。例如，RTSP 控制可通过 TCP 连接，而数据流通过 UDP。因此，即使媒体服务器没有收到请求，数据也会继续发送。

在连接生命期（即连接存续的时间内），单个媒体流可通过不同 TCP 连接顺序发出请求来控制。所以，服务器需要能够维持联系流与 RTSP 请求的连接的状态。

状态机包含 5 种状态。

（1）Init：不存在会话（session）的初始状态。

（2）Ready-nm：准备好但没有任何媒体的状态。

（3）Ready：会话已准备开始播放或录制的状态。

（4）Play：会话正在播放，即服务器正在向客户发送媒体流数据。

（5）Record：会话正在录制，即客户正在向服务器发送媒体流数据。

4.3.2　RealSystem

1. RealServer

RealSystem 是一套网络流式多媒体实时播放系统软件，它包括服务器 RealServer、制作工具 RealProducer、播放器 RealPlayer 和开发工具 RealSDK，如图 4-9 所示。

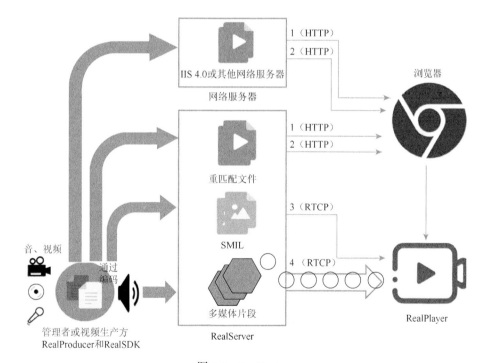

图 4-9　RealSystem

RealServer 是服务器软件，既能够传输普通的 HTML 格式的文件，也能传输同步多媒体集成语言（the synchronized multimedia integration language，SMIL）格式的文件，为了更灵活，一般采用 IIS 4.0 的 Web 服务器和 RealServer 服务器分别承担页面控制和多媒体片段。

Web 服务器主要存放管理页面、点播页面，RealServer 服务器存放多媒体片段和 SMIL 文件，采用 IIS 4.0 的目的是在页面控制方面更灵活和方便。

2. 流式媒体制作工具 RealProducer

RealProducer 是一个将标准的音频（audio）和视频（video）格式转换到流式媒体（streaming media）格式的工具。它具有简单易用的制作向导（wizards），既适合普通用户，也适合高级用户，既可以转换标准的音频和视频文件，又可以直接从媒体设备上录制，也可以进行实时广播。它具有以下特点：一次录制适合多种连接形式的听众；生成的 RealMedia 内容在网络冲突时可以自动转到低的带宽流量；兼容旧的播放器（RealPlayer 5.0）；可以转换 MPEG1 和 QuickTime 文件；30 帧/s 的视频流实时录制；更自由、实用的界面；在录制时，可以监控进度状态；可以发布实时的多媒体信息。

3. Real 的主要文件格式

RealAudio、RealVideo 和 RealFlash 是标准的 RealSystem 的文件类型。其中 RealAudio 用来传输接近 CD 音质的音频数据；RealVideo 用来传输不间断的视频数据；RealFlash 则是 RealNetworks 公司与 Macromedia 公司新近联合推出的一种高压缩比的动画格式；RealMedia 文件格式的引入，使 RealSystem 可以通过各种网络传送高质量的多媒体内容。第三方开发者可以通过 RealNetworks 公司提供的 SDK 将它们的媒体格式转换成 RealMedia 文件格式。RealSystem 的 RealText 和 RealPix 技术能够使其可以传输文本流，产生具有渐隐、渐显、缩放效果的幻灯片。RealPlayer 除了能够播放 Real 格式的媒体流，而且能显示联合图像专家组（Joint Potographic Experts Group，JPEG）推出的 JPEG 格式和图形交互格式（graphics interchange format，GIF）的图像。开放的可插拔结构能够使播放器播放更多的新格式的媒体片段。

SureStream 技术使一个多媒体片段（clip）具有多个带宽播放能力。使用 RealSytem 的 SureStream 技术，能够将视频或音频流编辑到最多适合六种带宽的媒体流，例如，可以编辑一个音频流适合 28.8Kbit/s 调制解调器，或是 56Kbit/s 调制解调器，或是 112Kbit/s 双 ISDN 连接方式。当一个听众点击这个音频流链接时，RealPlayer 和 RealServer 确定客户的可能连接方式，并且 RealPlayer 和 RealServer 还具有自动调节功能，如果网络出现拥挤现象，能够自动降低媒体流的带宽，等网络拥塞清除后，即恢复正常的媒体流带宽流量。

关于 RM 格式：RealNetworks 公司所制定的音视频压缩规范称为 RealMedia，用户可以使用 RealPlayer 或 RealOne Player 对符合 RealMedia 技术规范的网络音频/视频资源进行实况转播并且 RealMedia 可以根据不同的网络传输速率制定出不同的压缩比率，从而实现在低速率的网络上进行影像数据实时传送和播放。RM 作为目前主流的网络视频格式，它还可以通过其 RealServer 将其他格式的视频转换成 RM 视频并由 RealServer 负责对外发布和播放。RM 和 ASF 格式可以说各有千秋，通常 RM 视频更柔和一些，而 ASF 视频则相对清晰一些。

关于 RMVB 格式：这是一种由 RM 视频格式升级延伸出的新视频格式，它的先进之处在于 RMVB 视频格式打破了原先 RM 格式那种平均压缩采样的方式，在保证平均压缩比的基础上合理利用比特率资源，就是说静止和动作场面少的画面场景采用较低的编码速率，这样可以留出更多的带宽空间，而这些带宽会在出现快速运动的画面场景时被利用。这样在保证了静止画面质量的前提下，大幅提高了运动图像的画面质量，从而图像质量和文件大小之间就达到了微妙的平衡。另外，相对于 DVDrip 格式，RMVB 视频也有着较明显的优势，一部大小为 700MB 左右的 DVD 影片，如果将其转录成同样视听品质的 RMVB 格式，其最多也就 400MB 左右。不仅如此，这种视频格式还具有内置字幕和无须外挂插件支持等独特的优点。要想播放这种视频格式，可以使用 RealOne Player 2.0 或 RealPlayer 8.0 或者 RealVideo 9.0 以上版本的解码器进行播放。

4. Real 的其他组件

1）SMIL 文件

SMIL 文件是一个类似 HTML 格式的 RealSystem 文件，它可以更方便地展示多媒体片段，实现多媒体片段的同步和时间控制，还能实现多媒体播放带宽的自适应、插播广告等。

创建、编辑、修改 SMIL 文件可以使用任何的文本编辑器，SMIL 文件的扩展名为.smi 或.smil，并且文件名不能包含空格，执行时由 RealPlayer 解释执行。

它支持的多媒体片段类型如下。

（1）Animation：动画片段，如在 ReadFlash 中使用的 Shockwave Flash 文件。

（2）Audio：音频片段，如 RealAudio。

（3）Img：JPEG 或 GIF 图片。

（4）Ref：RealPix 文件。

（5）Text：静态文本。

（6）Textstream：流式文本，RealText 分片。

（7）Video：连续的视频片段 RealVideo。

SMIL 为万维网联盟（World Wide Web，W3C）开发并推荐的一种类似 HTML 的语言。其全称中的同步（synchronized）意味着 SMIL 涉及定时（timing）等；多媒体（multimedia）说明不仅仅是图像或文本等；集成（integration）要求组合

Web 的多种资源；语言（language）意味着基于 XML 句法。

SMIL 能够简化交互式音视频表现的创作过程，容易学习。SMIL 表现可以用简单的文本编辑器写成，其媒体元素是被引用而不是被包括在 SMIL 程序中。从本质上说，SMIL 是 XML：用 XML 的文档类型定义（document type definition，DTD）来定义，可以手工创作，是说明性语言，具有属性及属性值。SMIL 还和 W3C 的其他语言有关，如层叠样式表（cascading style sheets，CSS）、HTML、可扩展的超文本标记语言（extensible hypertext markup language，XHTML）等。

SMIL 与 HTML 有两个区别：SMIL 是大小写敏感的，所有标签都必须小写；SMIL 是基于 XML 的，标签必须有终结。

2）SMIL 2.0

SMIL 2.0 是一种元语言（meta-language），由轮廓（profile）、基本 SMIL、XHTML + SMIL 集以及其他可能的子集组成。它集成其他基于 XML 的功能，其策略则基于模块化（modularization）和轮廓化（profiling）的概念。它模块化、轮廓化地使用 XML 的可扩展的特性及其相关的技术（如 XML 名字空间和 XML 方案）。

4.3.3　高清 RealMedia

高清 RealMedia 是一项创新技术，可为消费者在互联世界中的媒体消费提供卓越的用户体验。RealNetworks 的 RMVB 视频编解码器的后继产品高清 RealMedia 为移动设备上的高清（分辨率高达 8K 像素）体验提供卓越的图像质量——让观众在他们选择的设备上通过网络获得高质量的视频。与 H.264 相比，高清 RealMedia 技术将压缩效率提高了 30%～45%，以释放设备存储空间，同时提供高清图像、提高传输效率并降低数据成本。

用于流媒体视频服务的高清 RealMedia 产品套件的优势为：显著节省带宽成本；轻松与其他播放器或应用程序集成；RealMedia SDK 适用于 Windows 计算机、安卓和苹果设备；流媒体服务提供商受益于软件解码而没有硬件碎片的麻烦；与 H.265 相比，消费者体验到 CPU 使用率和电池消耗的显著降低。

具体来说，高清 RealMedia 带来了以下显著优势。

（1）对芯片组供应商来说：高度可扩展的技术——高清 RealMedia 很容易扩展以利用加速的硬件发展；前向兼容性——集成后，芯片组可以支持高清 RealMedia 的未来升级；使用现有硬件可显著节省带宽成本。

（2）对流媒体服务提供商来说：显著节省带宽成本；更短的编码时间使流媒体供应商能够比竞争对手更快地发布内容；与播放器和应用程序轻松集成；与 H.265 相比，CPU 使用率和电池消耗更低；减少硬件碎片问题——集成高清 RealMedia Player SDK 的设备可以通过软件解码播放高清 RealMedia 视频。

（3）对原始设备制造商来说：向后兼容性——通过集成高清 RealMedia Player SDK，用户可以在他们的设备上播放现有的 RMVB 内容；与播放器和应用程序轻松集成；与 H.265 相比，CPU 使用率和电池消耗更低；集成高清 RealMedia Player SDK 的设备可以通过软件解码播放高清 RealMedia 视频。

（4）对消费者来说：与 H.264 相比，缓存和下载时间更短，数据成本更低，图像质量更高，存储需求更低；与 H.265 相比，电池消耗更低，观看时间更长[40]。

4.4　HTTP 流技术

4.4.1　HTTP 流技术概述

流被描述为一种在网络上以稳定和连续的流的形式传输数据的方法，允许在接收后续数据的同时进行回放。HTTP 流是指使用 HTTP 对媒体数据进行基本传输的流服务，流媒体服务可以同时接收和呈现流媒体内容。为了减少由于 TCP 导致的大数据包丢失，流媒体可以被分割成许多块。其中基于 HTTP 的渐进下载是 HTTP 流的一种特殊情况。

HTTP 流技术热门起来的原因有以下几项。

（1）"使用 HTTP"的主要动机是需要传输网络的流媒体和多屏幕视频。

（2）通过多屏幕视频支持，可以在个人计算机、电视、智能手机、平板电脑和汽车上提供共同的用户体验。

（3）由于几乎所有的客户端都有浏览器支持，使用 HTTP 流来支持多屏幕视频传递显然是一个很好的选择。

HTTP 在这方面的性能被认为是优于 RTP 的，这是因为在当今的互联网中，托管网络已被 CDN 所取代，其中许多网络不支持 RTP 流。此外，RTP 包通常不允许通过防火墙。最后，RTP 流要求服务器为每个客户机管理单独的流会话，这使大规模部署成为资源密集型。随着互联网带宽的增加和万维网的飞速发展，以小包形式传送音频或视频数据的价值已经降低了。现在可以使用 HTTP 以更大的段有效地传递多媒体内容。

HTTP 流技术有两个优点：首先，互联网基础设施已经发展到能够有效地支持 HTTP。例如，CDN 提供了本地化的边缘缓存，从而减少了长途通信。此外，HTTP 是防火墙友好的，因为几乎所有的防火墙都配置为支持其发起向外的连接。HTTP 服务器技术是一种商品，因此为数百万用户支持 HTTP 流是具有成本效益的。其次，使用 HTTP 流，客户端可以管理流，而不必在服务器上维护会话状态。因此，提供大量的流媒体客户端不会在标准 Web HTTP 使用之外对服务器资源施加任何额外的成本，并且可以由 CDN 使用标准 HTTP 优化技术进行管理。

从最流行的视频网站来看，HTTP 流媒体 + CDN 是一种方式，让 YouTube 可以进行视频分享，让 Hulu（美国葫芦网）可以免费在线观看高品质视频。从一些统计报告中我们也可以看到总体情况：根据 Atlas 互联网的一份观察报告，流媒体、CDN 和直接下载量正在增长，取代 P2P 成为视频分享/分发的主导机制。根据另一份来自 Allot Communications 的关于全球移动宽带流量的报告，HTTP 流是增长最快的应用程序，仅在 2009 年就增长了 50%以上。而现在 HTTP 流技术被各种视频网络平台大量应用，成为我们现在可以随时随地使用手机等看各种视频的重要依托。

4.4.2　现有的工作或组件

W3C、第三代合作伙伴计划（The Third Generation Partnership Project，3GPP）、IETF 等国际标准工作组织都对 HTTP 流技术做出了贡献。例如，W3C 设计的媒体片段 URI、HTML5 视频回放元素、WebSocket API 等技术。3GPP 设计的包括微软客户端和服务器清单、苹果的 M3U（一种播放多媒体列表的档案格式）播放列表、Adobe 中的 F4F（一种文件格式）清单等的媒体展示说明与流式文件格式。还有 IETF 设计的 WebSocket 协议等。接下来将介绍一些具体的工作。

1. 基于拉的客户端和消息流

媒体被分割成一系列的数据块。如果有多个比特率可用，客户端可以在不同大小或比特率的不同块之间进行选择。客户端首先从流服务器获取包含每个媒体块引用（如 URI）的清单文件，然后通过形成 HTTP 请求消息序列向服务器请求媒体块。流程如图 4-10 所示。对应的信息流如图 4-11 所示，详细解释参考图中的标注。

2. 3GPP：自适应 HTTP 流（adaptive HTTP streaming，AHS）

3GPP 定义媒体呈现描述（media presentation description，MPD）来描述媒体呈现的结构和特征。MPD 的一些重要元素包括：多个"周期"元素；多个"表示"元素；"表示"中的"带宽"属性；"表示"中的"质量评级"属性；"表示"中的"技巧模式"元素；"分片信息"元素；"分片信息"中的"持续时间"元素；"URL 模板"元素或者"分片信息"中的"URL"元素。对应的交互流程图如图 4-12 所示，由服务器发送 MPD（第二次之后是更新的 MPD）到客户端，客户端接收后发送分片请求作为反馈，服务器接下来返回客户端需求的分片，然后进入下一个循环。

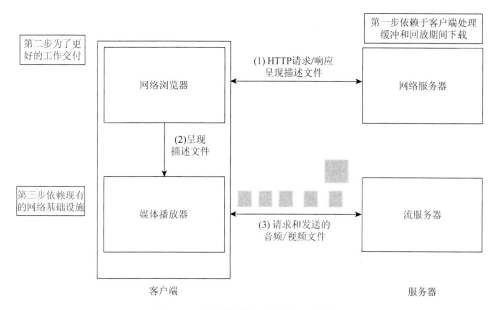

图 4-10 基于拉的客户端处理流程图

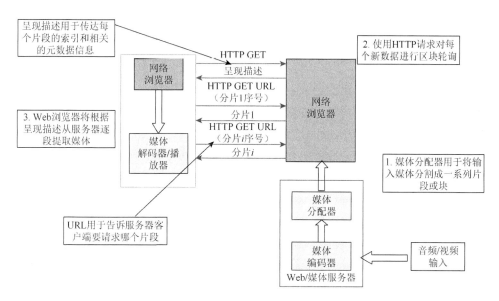

图 4-11 信息流传输流程图

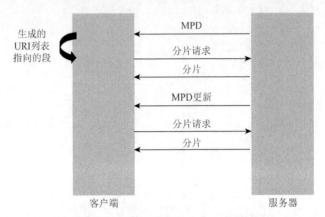

图 4-12　自适应 HTTP 流交互流程图

3. 开放 IPTV 论坛（open IPTV forum，OIPF）：HTTP 自适应流媒体

这部分相关的技术规范已经发布，其中包括"HTTP 自适应流"，以 3GPP AHS 为基础，增加了对 MPEG-2 传输流的支持。具体描述见上文中的 AHS。

4. W3C：视频相关工作

W3C 专注于内置在浏览器中的客户端实现，例如，视频回放支持使用脚本和 HTML；使用 API 支持推送通知；视频支持使用媒体片段 URI；视频支持使用网络套接字 API 等。

5. 微软：流畅的流媒体

微软将每个块定义为 MPEG-4 片段框，并将其存储在一个连续的 MP4 文件中，以便于随机访问。MP4 文件分为两种：一种是 *.ismv 文件，包含视频和音频；另一种是 *.isma 文件，只包含音频。另外，服务器清单文件（*.ism）描述了媒体轨道、比特率和磁盘上文件之间的关系。客户端清单文件（*.ismc）描述了客户端可用的流：使用的编解码器、编码的比特率、视频分辨率、标记、标题等。客户端通过 URL 请求片段，包括质量级别和片段偏移量。服务器查找 MP4 文件并找出对应请求偏移量的片段框。服务器提取片段框，并通过网络将其发送到客户端。

6. Adobe：动态 HTTP 流

文件打包器按需将媒体文件或通过实时消息传递协议（real time messaging protocol，RTMP）摄取的实时流转换为片段并将片段写入 Flash 视频片段（Flash video fragment，F4F）文件。另外，还定义了 Flash 媒体清单（Flash media manifest，F4M）文件格式，其包含的信息包括编解码器、分辨率和以多种比特率编码的文件的可用性。图 4-13 所示为动态 HTTP 流的示意图。

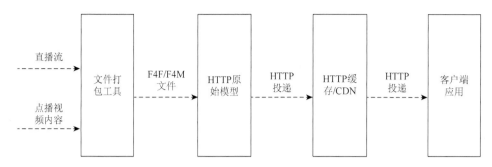

图 4-13　动态 HTTP 流的示意图

7. Apple：HTTP 直播流

流分段器从本地网络读取传输流，将其分成一系列小的媒体文件（.ts 文件），并创建一个索引文件，其中包含媒体文件的播放列表以及元数据信息。索引文件的格式为.m3u8。图 4-14 所示为 HTTP 直播流的示意图。

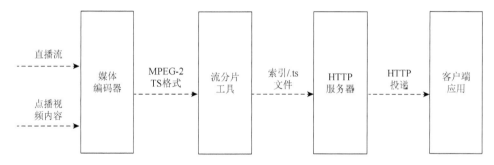

图 4-14　HTTP 直播流的示意图

现有工作综合的流程图如图 4-15 所示，但是当前 HTTP 流设计中的所有智能都驻留在服务器和客户端软件上，而不是网络传输，因此该部分性能还有待提升。差距分析如表 4-2 所示，基于该差距列表，我们可以进一步讨论 IETF 中改进 HTTP 流系统传输部分的潜在工作范围（表中 QoE 指体验质量，全称为 quality of experience）。

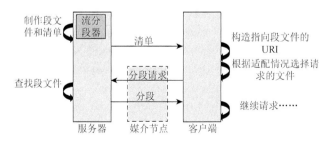

图 4-15　现有工作综合的流程图

表 4-2　生成复合 RTCP 分组时的规定

特征	是否对现有工作满意
自适应码率选择	是
重放控制	是
使用现有的缓存、CDN	是
客户端拉模型	是
服务器推模型	否
网络可靠传输	是
网络实时支持	否
QoE 改善（如启动）	否
体验质量监控	否
更多的中间节点支持	否
多播支持可伸缩性	否

　　每个 HTTP 流实现使用不同的清单和段格式，因此，要从每个服务器接收内容，设备必须支持其相应的专有客户端协议。多媒体内容的 HTTP 流的标准允许基于标准的客户端流来自任何基于标准的服务器的内容，从而支持不同供应商的服务器和客户端之间的互操作。基于对市场前景和行业需求的观察，MPEG 在 2009 年 4 月就已经发布了一份 HTTP 流媒体标准的提案。

4.4.3　DASH 概述

　　MPEG 组织自 2009 年起就致力于基于 HTTP 的流媒体传输协议的标准研究。

　　经过两年多的工作，MPEG 组织综合了十几种提交的标准草案，参考了其他标准组织的意见和研究成果，最终与 3GPP 联合提出了 MPEG-DASH（MPEG dynamic adaptive streaming over HTTP)协议，该协议于 2011 年底正式被批准为 ISO 标准，即 ISO/IEC 23009-1。DASH 技术使用 HTTP 作为流传送标准的基础，应用动态自适应流技术，实现多媒体内容的无缝传送和播放。该协议综合了现有主流移动流媒体协议的基本架构，为所有平台提供了良好的兼容性。

　　基于 HTTP 自适应流的技术有两个成分：编码的音视频流；为播放器标识流和包含其 URL 地址的清单文件。

　　1. DASH 标准的主要内容

　　多媒体文件被分成若干个段（segment），并使用 HTTP 进行传送。段可以采用任意格式的媒体数据，但 DASH 标准限定了段只能采用特定的两种格式：
MPEG-4 格式或 MPEG-2 传输流（MPEG-2 transport stream，MPEG-2 TS）格式。

DASH 采用 MPD 文件描述段的信息，包括时序、URL、媒体特征等内容。

2. DASH 的基本架构

图 4-16 所示为 DASH 的基本架构，实线框表示标准中提及的具体设备；虚线
框是概念性的或者不具体的。

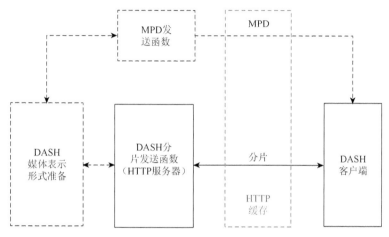

图 4-16 DASH 的基本架构

在流媒体播放过程中，DASH 客户端首先下载服务器上的 MPD 文件，经过
解析器解析后得到多媒体内容的时间长度、媒体种类、分辨率、最小/最大带宽等
信息，同时也取得媒体元素在网络中的位置等信息。基于这些信息，客户端向服
务器请求合适的多媒体切片。

经过起始时的适当缓冲后，客户端会一边播放当前切片一边继续请求后面的
切片，同时监控网络带宽的变动，必要时调整切片的码率，保证视频的流畅播放。

3. DASH 客户端与服务器的交互流程

图 4-17 展示了 DASH 客户端与服务器交互的流程。

4. DASH 客户端模型

图 4-18 指出了一个概念性的 DASH 客户端模型的逻辑组件。总的来说，客户
端通过接入引擎接收 MPD 文件，构建和管理请求以及接收媒体分片内容。接入
引擎的输出信息包括 ISO 基本媒体文件格式、MPEG-2 TS 文件格式的媒体内容和
定时信息。同时，客户端通过媒体引擎实现解码等功能，输出媒体内容。

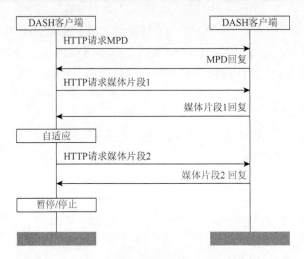

图 4-17　DASH 客户端与服务器交互的流程

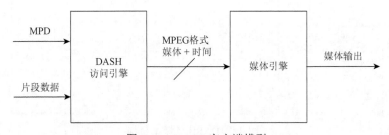

图 4-18　DASH 客户端模型

5. DASH 数据端模型

图 4-19 展示了 MPD 文件（图中的省略号表示省略重复的结构）。

MPEG-DASH 协议提出了一个层次化的文件组织结构，用于存储服务器上的音视频切片文件（segments）。

首先，MPEG-DASH 协议将一组包含不同比特率音视频的多媒体资源定义为一个媒体呈现。

每一个媒体呈现的分层结构如下。

（1）每个媒体呈现划分为一系列时间连续且不重叠的媒体时段（period）。

（2）每个时段包含同一段多媒体内容的一个或多个自适应集合，其中包含视觉上同一段内容的多个多媒体资源，例如，不同视角的视频或不同音轨的音频等；同时，每个时段都有一个参数用来标识该音视频切片的起始时间和持续时间。

（3）每个自适应集合包含一个或多个媒体文件表示，这是同一时段媒体内容的最小集合。每个媒体文件表示定义了一个视频质量描述文件，其中包含了多个参数，包括带宽、编码、分辨率等。

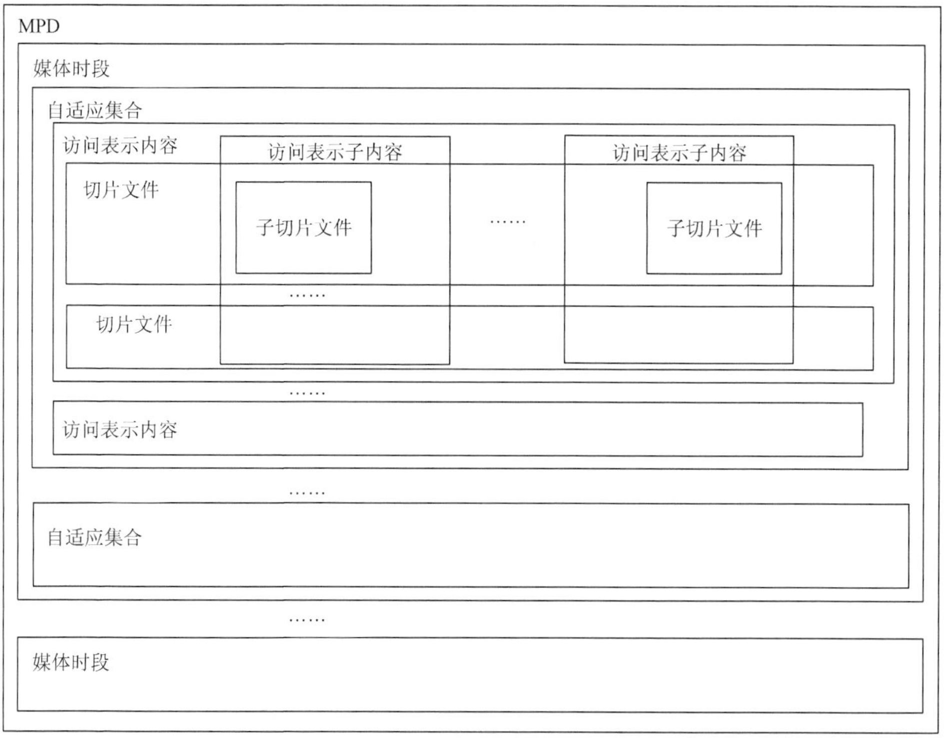

图 4-19　MPD 文件

（4）每个媒体文件描述包括一个或多个切片及它们的 URL 等信息，其中每个切片可以按时间顺序划分为数个彼此连续且不重叠的子切片。

（5）每个切片或子切片就是实际的音视频的切片文件，可以通过 URL 用 HTTP GET 请求直接下载。

其中，段格式指定了与 MPD 标识的 HTTP-URLs 相关联的资源的句法和语义。初始段包含访问表示（representation）的初始信息；媒体段包含编码媒体内容组件；索引段主要包含索引媒体段的信息；比特流交换段包含从一个媒体文件表示转换到它所指定的媒体文件表示所必要的数据。媒体段格式遵守容器格式（ISO基本媒体文件格式（base media file format，BMFF）和 MPEG-2 TS）。

4.5　实例：同步教学系统

4.5.1　总体执行情况

本节主要展示流媒体技术应用下的实例——同步教学系统。图 4-20 所示为同步教学系统功能示意图（图中的 DSS 全称为 Darwin streaming server，是苹果公司提供的开源实时流媒体播放服务器程序）。

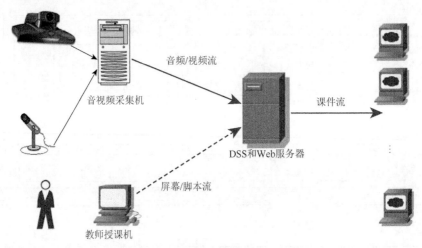

图 4-20　同步教学系统功能示意图

完成的子系统包括：音视频采集工具、电子文档采集工具、同步教学支持平台等。

（1）音视频采集工具负责采集压缩授课现场的音视频信号，并发送到同步教学支持平台。

（2）电子文档采集工具负责实时采集教师授课的屏幕数据，压缩成 Web 图片并发送到同步教学支持平台。

（3）同步教学支持平台接收音视频授课现场和教师授课屏幕数据，进行音视频数据和屏幕数据三种媒体的同步组织，进行流化后向同步课件浏览工具进行直播服务，并提供点播服务。

4.5.2　技术架构

同步教学系统的技术架构如图 4-21 所示（图中的 Socket 同步指套接字同步，是常见的 TCP 通信的基本要求；Apache Web 服务器（简称 Apache）是 Apache 软件基金会的一个开放源码的网页服务器，可以在大多数计算机操作系统中运行，由于其跨平台和安全性被广泛使用，是最流行的 Web 服务器端软件之一）。

4.5.3　模块开发

1. 音视频采集压缩功能的技术实现

音视频采集机负责实时采集压缩授课现场的音视频数据，直播时发送到 DSS，

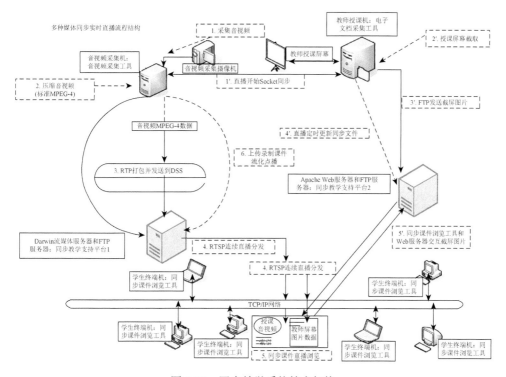

图 4-21　同步教学系统技术架构

由 DSS 进行数据分发；直播结束时，对 MPEG-4 格式的文件进行流化，最后上传到服务器供学生进行点播。

音视频信号的捕捉采用 Video4linux2 驱动程序自动探测并驱动 bt878 芯片视频采集卡采集视频数据，并将 YUYV（YUV2）格式数据转换为 RGB 可输出静态图片，用开放声音系统（open sound system，OSS）驱动通过声卡采集音频，简单直接的多媒体层（simple direct media layer，SDL）库实现视频动态输出。

采用 mp4live 进行音视频压缩，压缩成 MPEG-4 格式（视频编码采用快进 MPEG（fast forword MPEG，FFmpeg），音频编码采用免费软件高级音频编解码器（freeware advanced audio codec，FAAC）），并实时传送到 DSS。

2. 音视频采集压缩后的流化发布和课件录制功能的技术实现

音视频流到 DSS 的传输采用 RTP，RTP 中的音视频同步采用了绝对时间戳法。在 RTP 打包过程中添加了一道时间脚本流（文本流），直播过程中定时发送，用于音视频数据和屏幕数据定时同步。

在直播过程中，音视频流通过 DSS 后使用 RTSP 打包后连续分发到客户端课件浏览器进行播放。同时直播过程中实时进行课件录制，在直播完成后，上传课件，为了使录制的课件可以进行流式点播，必须先将其流化。按照 RTSP/RTP 标准对文件传送协议（file transfer protocol，FTP）上传的 MP4 进行分割打包，形成流媒体文件，成为 DSS 点播课件资源。

3. 教师授课屏幕数据的采集和上传功能的技术实现

教师机采用套接字方式和音视频采集端通信，进行时间校准、服务器设置、启动或停止直播等；采用截屏（screenshot）进行屏幕数据采集，压缩成 PNG、JPG 等网络图片格式；同时采用 XML 标准描述格式，记录截屏与音视频三种媒体同步关系的信息，livingsyn.xml 为直播服务（仅保存直播最后的 300 帧数据），syn.xml 为点播服务（保存全部的截屏数据信息），source.xml 为课件编辑服务（记录所有可以编辑的数据信息）；采用 FTP 连接方式实时上传屏幕数据。

4. Linux 学生终端同步媒体课件播放工具的实现

我们在 Linux 平台上使用 GTK + Glib/GObject/Pango/ATK/GdkPixbuf/GDK/GTK 和 SDL 开发技术实现了 Linux 学生终端同步媒体课件播放工具，直播和点播均达到了较好的用户体验和教学效果。

我们在火狐浏览器（Mozilla FireFox）中开发了相应的插件，激活本地的客户端浏览程序；采用 GMP4Player 进行音视频数据的解码和播放。

浏览工具对同步文件（livingsyn.xml 或 syn.xml）解析后，同时读取相应的时间戳位置，根据同步文件中对应时间戳的音视频和教师屏幕数据的对应关系，采用 HTTP GET 方式从 Web 服务器实时获取同步的教师屏幕数据，与授课音视频数据同步播放；采用双缓冲方式显示屏幕数据，防止闪屏现象。

4.5.4　技术指标与特色

目前系统的音视频全同步数据传输率达到 40～120Mbit/(路·h)，是同质量的 MPEG-1 或运动 JPEG（motion JPEG，MJPEG）格式的课件的 1/10；支持每 100ms 发送相应的时间流数据，保证同步偏差为 100～500ms；支持对音视频数据压缩格式、尺寸、码流等指标进行设置；支持直播开始时上传 SDP 文件，直播结束时上传 MP4 文件。

目前系统的课件流在网络传输时占用的带宽是同质量的 MPEG-1 和 MJEPG 的 1/10；在 256～512Kbit/s 的带宽上，图像均达到通用中间分辨图像格式（common intermediate format，CIF）分辨率（352×288 像素），且能达到实时（25 帧/s）的传输效果。

系统对目前教学网络的传输要求较低，受传输误码和丢包影响小，当网络误码率达到 1%时，只会有轻微的边缘模糊；当网络传输有瞬间丢包现象时，只需要 1～3s 恢复。

系统通过添加用于多种媒体同步合成的时间脚本流和同步描述文件，实现了实时校准，可以有效地防止抖动和漂移，性能测试后得到的音视频和教师屏幕数据的同步误差小于 0.5s。

支持将屏幕数据压缩到最低为原数据质量的 30%；支持每秒 1 帧到每秒 3 帧的数据采集、压缩、上传性能；支持定时生成点播同步文件 syn.xml，防止意外情况导致的数据损失。

同步教学系统是流媒体技术实际落地与教育结合的产物，体现了流媒体技术实时传输和实时播放的优势，除了以上提到的系统完成的技术指标，该系统还具有许多非常实用的特色技术。其主要特色技术包括以下几种。

特色技术 1：基于 MPEG-4 技术的音视频压缩技术。

特色技术 2：音视频媒体、屏幕数据的实时同步校准技术。

特色技术 3：Mozilla 浏览器上的同步教学显示工具自动激活功能。

特色技术 4：课件播放器的双缓冲屏幕数据显示技术。

特色技术 5：基于 XML 标准的直播课件自动录制技术。

特色技术 6：直播列表 XML 和可扩展样式语言（extensible stylesheet language，XSLT）分离技术。

第 5 章　P2P 与 CDN 的结合与发展

5.1　P2P 技术介绍

P2P 网络属于覆盖网络技术，覆盖网络（overlay network）是指运行于现有物理网络之上的逻辑网络，在该逻辑网络中，通过定义有别于底层网络节点间路由连通关系的逻辑邻域关系来形成自己的网络拓扑。逻辑邻域关系信息一般包括节点自身信息、邻居节点信息、节点拥有资源信息、邻居节点拥有资源信息等。由于覆盖网络建立在网络层和传输层之上，因此也称为应用层网络（application layer network，ALN）。

5.1.1　P2P 技术的特点

P2P 技术作为得到广泛应用的网络技术，主要利用了系统中所有客户端用户的可用资源，如计算能力和上传带宽，而不是像客户端/服务端模式那样把负载全部集中到服务器上。P2P 网络的使用大大减少了系统对服务器的依赖。在 P2P 网络环境下，客户端在下载数据的同时，还要充当服务器的角色上传数据。使用这种数据下载方式，用户数越多，系统的可用资源也越多。其缺点是该应用对网络带宽消耗很大。图 5-1 是 P2P 网络的结构，网络中的所有用户既是服务的提供者，又是服务的享受者。当然一般 P2P 网络中会有若干服务器来协调多个对等节点的工作。

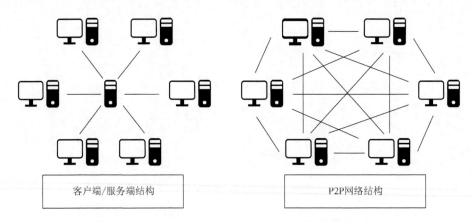

图 5-1　P2P 网络结构与传统客户端/服务端网络结构对比

　　P2P 技术具备分散化的特点。P2P 系统可以利用网络中所有节点的资源。在该环境下，信息的传输和服务的实现都直接在节点之间进行，从而避免了对服务器的过分依赖，减轻了服务器的负担，避免了可能的瓶颈和单点失效问题。即使在混合 P2P 中，查找资源、定位服务或安全检验等环节也需要集中式服务器的参与，但主要的数据传递和信息交换依然在对等节点上完成。这样就大大降低了对服务器资源和性能的要求。分散化是 P2P 最基本的特点，它使网络中的所有节点能力都能得到有效利用。

　　P2P 技术具备良好的可扩展性。在传统的客户端/服务器模型当中，系统能够承受的用户数量和提供服务的能力主要受服务器能力的限制。然而随着互联网的快速发展，网络用户量日益增加，使用传统的模式就需要在服务器端使用大量高性能的计算机并铺设大带宽的网络通道。正因如此，机群、CDN、簇等技术纷纷出现并得到应用。这些技术虽然在一定程度上起到了缓解作用，但是集中式服务器之间的同步、协同等处理产生了大量的开销。并且，组建这样的系统价格非常昂贵，限制了系统规模的进一步扩展。而在 P2P 网络中，随着用户的加入，虽然服务的需求增加了，但是系统整体的资源数量也在同步增加，只要加入的节点能力不太差，系统始终能保持较好的性能。即使在 Napster[2]等混合型架构中，由于大部分处理直接在对等节点上进行，大大减少了对服务器的依赖，因而能够方便地扩展到数百万以上个用户。对于纯 P2P 来说，整个体系是全分布的，不存在单点失效问题。理论上其可扩展性几乎可以认为是无限的。P2P 可扩展性好这一优点已经在一些应用中得到了证明。

　　同时，P2P 网络也具有良好的鲁棒性。网络中时常出现一些异常情况，如网络中断、网络拥塞、节点失效等，它们都会严重影响到系统的稳定性和服务性能。在早些年的集中式服务模式中，集中式服务器成为整个系统的瓶颈，如果服务器出现宕机或者故障，就会影响到所有的客户端。而 P2P 架构则天生具有鲁棒性好的优点。由于服务被均匀分配给了网络中的各个节点，部分节点中途退出或网络遭到破坏对系统的总体性能影响很小。而且 P2P 网络能够在部分节点退出时自动调整拓扑结构，保持节点的连通性。P2P 网络通常都是以自组织的方式建立起来的，它本身就具有适应对等节点临时加入和退出的功能。目前有些 P2P 系统甚至能够结合网络带宽、节点数、负载等因素动态调整系统的拓扑结构。

　　性价比优势是 P2P 被广泛关注的一个重要原因。随着硬件技术的发展，个人计算机的计算和存储能力以及网络带宽等性能依照摩尔定理高速增长。而在传统意义的互联网上，这些普通用户只是以客户机的形式连接到互联网中。他们仅仅作为信息和服务的消费者，游离于互联网的边缘。真正承担服务任务的还是网络中为数不多的服务器。这样客户端节点的能力就无法得到利用，存在极大的浪费。采用 P2P 架构可以有效地利用网络中散布的大量普通节点，将计算和上传任务交给这些节点。设计者利用这些节点空闲的上传带宽和计算能力，达到高计算性能和高上传带宽的目的。这与当前高性能计算机中普遍采用的分布式计算的思想异曲同工。P2P 技术通过利用网络中的大量空闲资源，可以用更低的成本提供更高的计算和存储能力。这样就摆脱了传统模式中节点对中心服务器的依赖，负载被均匀地分散到了网络中的各个边缘节点上。

P2P 系统对隐私可以起到保护的作用。随着互联网的普及和计算，用户的存储能力飞速增长，收集隐私信息正在变得越来越容易。隐私的保护作为网络安全性的一部分已经成为大家关注的焦点之一。目前的网络通用协议不能隐藏通信端地址。攻击者可以通过监控用户的流量特征，获得用户的网络地址。在 P2P 网络中，由于信息的传输分散在各节点之间进行而无须经过某个服务器，用户的隐私信息被窃听和泄露的可能性大大减小。此外，目前解决网络环境下隐私问题主要采用中继转发的技术方法，从而将通信的参与者隐藏在众多的网络实体之中。在传统的一些匿名通信系统中，实现这一机制依赖于某些中继服务器节点。而在 P2P 网络中，所有参与者都可以提供中继转发的功能，因而在降低成本的同时，大大提高了匿名通信的灵活性和可靠性，能够为用户提供更好的隐私保护。

5.1.2　P2P 技术的应用场景

P2P 是一种在多个领域得到广泛应用的技术。庞大的终端资源在 P2P 网络当中都能够得到充分的应用，这使 P2P 技术在多个领域都备受青睐。

在文件共享领域，P2P 技术能够有效组织复杂网络当中的空闲资源，大幅度提高共享文件的下载和上传速率。例如，著名的 BitTorrent 网络协议[41]，该协议是 P2P 应用机制的一个典型。它的工作流程很好地反映了 P2P 技术的可扩展性。它的工作原理如下：客户端向索引服务器发送一个超文本传输协议 GET 请求，并在 GET 参数中放入自己的私人信息和下载文件的哈希值；索引服务器根据请求的哈希值查找内部数据字典，并返回一组正在下载文件的随机节点，客户端连接到这些节点并下载想要的文件片段，BitTorrent 协议也在不断变化，能够通过 UDP 和分布式哈希表（distributed hash table，DHT）方法获得可用传输节点的信息，而不仅仅是原来的 HTTP，这使 BitTorrent 应用更加灵活，改善了 BitTorrent 用户的下载体验。

此外，广为人知的迅雷软件也是 P2P 技术的应用场景之一[42]。迅雷是一款基于多资源多线程技术的新型下载软件，迅雷的下载速度比目前用户常用的下载软件快 7～10 倍。迅雷的技术分为两部分，一部分是对现有互联网下载资源的搜索和整合，对现有的互联网下载资源进行检查，并对检查值相同的统一资源位置信息进行聚合。当用户点击下载链接时，迅雷服务器根据一定的策略返回聚合的

URL 信息的子集，并将该用户的信息返回给迅雷服务器。另一部分是迅雷客户端通过多个资源和多个线程下载它所需要的文件，以提高下载速度。迅雷实现高速稳定下载的根本原因是同时整合多个稳定的服务器资源，实现多资源多线程的数据传输。多资源多线程技术使迅雷能够在不降低用户体验的前提下平衡服务器资源，有效降低服务器负载。每个用户下载的文件都记录在迅雷的服务器中。如果有其他用户下载了相同的文件，迅雷的服务器会在其数据库中搜索下载过这些文件的用户，服务器会连接这些用户，根据他们下载的文件中的记录来判断该文件的存在情况。如果该文件仍然存在于用户下载的文件中（如果文件被重新命名或改变，则无效），用户将在不知不觉中扮演下载中介服务的角色，并上传该文件。

在科学计算领域，P2P 技术可以将许多终端的 CPU 资源联合起来，为一个共同的计算服务。这类计算一般是科学计算，计算量巨大，数据量极大，耗时较长。在每次计算过程中，任务（包括逻辑和数据等）被分成多个片段，分配给参与科学计算的 P2P 节点机器。在不影响原有计算机使用的情况下，人们利用分散的 CPU 资源完成计算任务，并将结果返回给一个或多个服务器，整合众多结果，得到最终结果。

在即时通信领域，许多著名的即时通信软件都采用了 P2P 技术的加速功能。其中，比较有名的一款软件是微软公司旗下的 Skype，该软件脱胎于早期的 P2P 通信平台 KaZaA。与 KaZaA 一样，Skype 本身是一个基于覆盖的 P2P 网络，其中有两种类型的节点：普通节点和超级节点。普通节点是一个可以传输语音和信息的功能实体；超级节点就像普通节点的网络网关，所有普通节点必须连接到超级节点，并在 Skype 的登录服务器上注册，以加入 Skype 网络，Skype 的登录服务器持有用户名和密码，并授权特定用户加入 Skype 网络。

P2P 流媒体直播是一种网络流媒体的传播方式，它把 P2P 技术融入了播放网络，从而达到节省服务端带宽、减轻服务端处理压力的目的。采用该技术可以使流媒体服务器能轻松负荷起成千上万的用户同时在线观看节目，并且随着用户数量的增加不必投入太多的成本。不管在线用户数是多少，服务端的带宽消耗基本是一样的，因为它充分利用了流媒体直播系统内所有节点的上传带宽。一般来说，服务端需要流媒体的源，也就是一个数据源服务器，其次需要 P2P 的服务端软件来控制和转发流数据。客户端则需要 P2P 的客户端来接收媒体流。由于系统对服务器端资源消耗并不多，采用一般的性能好一点的计算机作为服务器就可以建立流媒体直播系统。P2P 直播系统对服务器的上传带宽消耗是比较小的。假设设计者使用 6 个流作为种子，那么当在线用户少于 6 个的时候，这些用户都直接从服务器端读取码流。当在线用户数超过 6 个以后，用户之间通过 P2P 协议相互交换信息，多出的用户不再直接从服务端读取码流，而是从一个叫索引器的服务器上拿到邻居节点列表并与它们建立连接，之后所有的数据从自己的邻居节点上获取。这样服务器端的带宽消耗仍然不变。当然还需要一些交换寻址信息以及缓冲信息所需的流量，但这些开销与流媒体本身的码流大小相比是微不足道的。P2P流媒体直播和以往 P2P 在文件共享系统中的应用最大的不同在于播放的实时性。它必须保证播放点附近的数据块要优先下载，这样才能保证播放的流畅性。而以往的文件系统并没有这种要求，所以，只有在把整个文件下载完成以后才能使用相应的文件。P2P 流媒体直播在用户数量上按理论是没有限制的。在线用户越多，网络越顺畅，原因是网络中可用的共享资源如上传带宽和计算能力增加了。然而加入系统的节点的自身能力对系统性能的影响是很大的，如果系统中的节点上传带宽都比较大，那么系统的播放质量就很好，反之就很差。一般来说，如果一个节点的上传带宽大于播放码流，系统认为该节点负载能力较强，原因是它从系统中得到的服务流量小于其对系统贡献的流量。P2P 流媒体直播系统不同于 VOD，用户不可以选择播放的内容，只能按时间点来观看节目，也就是说用户无法随意选择播放时间点。因此 P2P 直播形式上更像网络上的电视，用户只能在频道之间进行切换选择，而不是进度上的选择。P2P 流媒体直播是有播放时延的，由于需要建立缓冲来进行 P2P 交换，各个用户收到的数据块一般都来自其他对等节点，因此会带来半分钟左右的时延。播放时延的大小也是评估系统好坏的一个有效指标。另外，在节目开始播放之前也需要几十秒的下载缓冲时间，这是为了保证之后的观看过程能够顺畅进行。一般称其为启动时延，该时延长度是非常重要的。启动时间太短，会因为缓冲区内的视频块太少而造成后续播放质量的下降；如果启动时间太长，有可能使用户感觉不耐烦。因此，如何既能保证视频后续顺畅播放，又能保证启动时延不至于太长，是设计者关注的重点之一。P2P 直播需要客户端软件的支持。虽然流媒体本身的内容可以用一些电脑商安装的通用播放器来播放，但是用户还是需要安装相应的软件来接收和交换流媒体的内容。一大批商业化的 P2P 流媒体直播系统已经出现，如 PPLive[43]就是一款成熟的软件。大多数系统采用的是一种数据驱动的网状 P2P 流媒体直播协议[44-46]。一些 P2P 流媒体运营商宣称他们的系统可同时接受一百万个用户同时观看他们的视频。

从这些例子当中不难看出，得益于良好的鲁棒性、可扩展性与多样性，P2P技术在文件共享、科学计算、即时通信领域都获得了广泛的发挥空间，这使 P2P技术成为互联网发展进程中的里程碑。

5.1.3　P2P 技术的未来

首先，P2P 技术在未来流媒体领域的发展空间是非常宽广的。作为网络音视频传播的一种形式，P2P 流媒体电视平台在经历了技术创新、内容规范和资本吸纳之后，最终将形成一个具有核心竞争力的精英平台。这个平台的基本功能，一方面是利用 P2P 流媒体技术建立专门的网络电视网站，提供播客、Web 3.0 等新的服务形式；另一方面是利用 P2P 流媒体客户端，通过技术创新提供频道和视频搜索、流量透明、节目报道等功能。

其次，P2P 和众多技术都能够得到很好的融合发展。P2P 技术是区块链技术发展的基石，它为区块链技术的发展提供了原动力。区块链系统之所以选择 P2P 作为其组网模型，就是因为两者的出发点都是去中心化，可以说具有高度的契合性。中本聪在白皮书中提过，在电子现金系统中，第三方系统是多余的，没有价值，意思就是整个系统不需要依赖任何特殊的第三方来完成自身系统的运转。P2P 网络的优势就是全网平等、无特殊节点，两者的思想高度契合，P2P 技术也已发展成熟，所以对于区块链来说是一大利器。并且如果实现真正意义上点对点式的交易，那么无疑是一个突破性的技术，普通人可以省下一大笔之前被中介拿走的"中间费"，在安全性能方面也将更加可靠。由于对等网络中全网无特殊节点，每个节点都可以提供全网所需的全部服务，没有中心节点把控全网发号施令，保证了数据的自由流通，保证了区块链系统在底层通信信道上的平等性。

目前的区块链系统设计借鉴了 P2P 技术的思考方式，吸取了中心化结构和全分布式非结构化拓扑的优点，选择性能较好（处理、存储、带宽等方面性能）的节点作为超级节点，在各个超级节点上存储了系统中其他部分节点的信息，发现算法仅在超级节点之间转发，超级节点再将查询请求转发给适当的叶子节点。如今的比特币采用了该网络结构。通俗点说：一个新的普通节点加入，先选择一个超级节点进行通信，该超级节点再推送其他超级节点列表给新加入的节点，新加入节点再根据列表中的超级节点状态决定选择哪个具体的超级节点作为父节点。这种结构的泛洪广播仅发生在超级节点之间，就避免了大规模泛洪存在的问题。

此外，可伸缩的 P2P 应用系统得到了广泛的关注。P2P 系统的进一步应用发展需要 P2P 系统具有强大的可扩展性，在保证服务质量的前提下，有效支持不同规模的用户。无论小规模还是超大规模的用户，P2P 应用系统都能合理有效地分配系统资源，指导对等节点覆盖网络建设和数据传输调度，保证系统对用户的服务质量。

P2P 和流媒体的结合也具有广阔的应用前景。对于 P2P 流媒体分发系统，终端用户的多方参与和合作真正决定了该系统的运营成效和被用户接受的程度。因此，需要采用适当的激励机制来鼓励终端用户的参与和合作。鼓励参与的客户能最大化地共享其边缘带宽和存储空间。客户提供的资源和服务越多，得到的回报也就越大。通过激励机制，系统吸引客户踊跃地共享他们的资源，并为其他客户提供服务，从而极大地提高了系统的吞吐量。激励机制的推行必然涉及收费抵消核算机制。计费服务是非常重要的，没有计费就没有内容价值链的运转和循环。课题系统能够根据用户的资源配置和客户端能力高低合理分配相应比例的参与分发量，同时有效采集用户参与 P2P 分发的流媒体数据的流量，将用户参与流量的大小作为激励模型的输入，并启动了与激励模型相结合的计费管理模型。该模型能够将用户激励机制与用户使用内容和网络的计费相结合，从而进行相应比例的费用抵消，达到了可操作的运营模式。

可管理、可运营的 P2P 内容分发模式无疑将充分带动宽带业务模式的全面发展，但是这个过程也是相当复杂的。要满足这些要求，不仅会涉及以上所述的各个层次的关键技术，还需要持续研发，才能提供完整的解决方案，这一模式的大面积推广不是一个单纯的技术问题，还需要运营商各种管理措施的配套，需要支撑宽带业务运作的各种策略、管理机制、运营模式的转变。综合考虑流媒体应用的广阔前景，除了支持大规模 P2P 流媒体服务的应用成果能够为广大认证客户提供更多更高质量的定制内容服务外，通用的可管理、可运营的 P2P 内容分发管理模式，在新一代宽带网络环境中，对于量大面广的内容服务应用领域，具有很好的参考价值和推广前景。

整个社会对数字内容的需求才是下一代网络发展的一个主要动力。这其中，尤以网络电视领域、网络媒体领域、娱乐领域、网络教育领域的需求为最。以此项研究为基础开发的应用产品，完全能够满足以上领域的应用需求。本书研发产生的成果能直接应用于各种 CDN 的建设，帮助用户以现有的硬件基础设施和更小的投入支撑更大规模的用户，并提供服务质量保障。完成后示范系统经过产品化和产业化推广后，计划年销售额将超过千万元，具有良好的经济效益。

最后，P2P 系统和 CDN 系统的结合将在未来得到更加广泛的应用。本书将在下文进行详细的介绍。

5.2　P2P 和 CDN 的结合

下一代互联网中，随着宽带的发展，互联网应用正在从单纯的 Web 浏览转向以丰富的内容为中心的综合应用，丰富媒体内容的分发服务将占据越来越大的比重，流媒体、交互式网络电视（internet protocol television，IPTV）、大文件下载、高清视频等应用逐渐成为宽带应用的主流。这些应用所固有的高带宽、高访问量和高服务质量要求对以尽力而为为核心的互联网提出了巨大的挑战，如何实现快速的、有服务质量保证的内容分发传递成为核心问题。特别是随着网络融合的趋势，不同的终端将通过不同的网络来获取内容和服务，构建一个 IP 之上的、应用无关的、可运营的电信级通用内容承载平台具有重要的意义。

5.2.1　P2P 和 CDN 的优缺点

在这种情况下，CDN 和 P2P 先后应运而生，以不同的方式解决了内容承载问题。CDN 是目前采用比较普遍、技术成熟度比较高的一种内容分发平台，它是一种分布式媒体服务技术平台。CDN 通过在现有的 Internet 之上增加一层新的特殊的网络架构，专门用于通过互联网高效传递丰富的多媒体内容。其主要机制是通过在网络多个边缘如 ISP 接入处，布置多个层次的缓存服务器节点，通过智能化策略，将中心服务器丰富媒体的内容分发到这些距离用户最近、服务质量最好的节点，同时通过后台服务自动地将用户引导到相应的节点，使用户可以就近取得所需的内容，提高用户访问丰富媒体服务的响应速度。

CDN 技术虽然可以在一定程度上加速丰富媒体内容分发，实现下载、直播和点播，与传统的中心式内容发布模式相比显示出了很大的优势，但是随着 IP 网上用户规模和丰富媒体数据的飞速增长，用户对丰富媒体内容的需求同样在大规模增长，包括大文件下载、较好质量的音视频直播和点播等，面对这种增长，CDN 在发送体系、发送模型、发送机制等各方面还是显示出很多不足之处，对 CDN 应用发展提出了较大挑战。其主要的问题表现为以下几个方面。

CDN 技术的扩展性差、扩展费用昂贵。CDN 在本质上是一种客户端/服务器的计算模型，尽管 CDN 将服务能力和服务内容在网络上进行了分布，CDN 在性能上具有客户端/服务器模式的基本特征：在 CDN 分发中，客户的请求被 CDN 总调度服务器引导到就近提供较好服务的缓存服务器上，全局调度，服务稳定，具有可靠的服务能力、较高的服务质量保证，但 CDN 总体上提供的服务总量是有限的，由于静态配置，系统的扩展必须以服务能力的不断部署为基础。这个特点导致 CDN 要提供大规模服务的成本非常高，随着服务能力的扩展，需要不断地投资。传统的 CDN 造价昂贵，缓存服务器的进一步大规模扩展需要很大的硬件投入，其核心仍然是基于集中服务器的结构，与地域化管制紧密相连，很难降低其扩展的成本。

同时，边缘的客户节点无法参与分发。缓存服务器虽然在网络各个边缘布置，但主要还是利用了主干网和城域网带宽，而宽带接入网的边缘带宽被大量闲置浪费；接入网中的客户机永远处于接受者的地位，只能请求内容而不能作为微型缓存服务器为其他客户通过 P2P 对等方式提供内容服务。

一般的视频点播行为不会有突发性的大规模流量，未来几年越来越多的重大事件如赛事的视频直播和点播是实时的事件驱动，会产生巨大的突发性流量。在这种情况下，网站的基础设施或者内容提供商和 CDN 服务商的服务器数量的部署，以及资源的调配和负载都将面临巨大的挑战。传统 CDN 技术在高峰时期对突发流量的适应性、资源的动态调度等方面仍然存在一定的缺陷，无法支持大规模并发的服务容量，同时 CDN 目前也无法支持未来不断增多的高清视频服务（20～80Mbit/s）。

同时，传统 CDN 技术服务器间是静态关系：在传统的 CDN 中，边缘缓存服务器是固定的，服务器之间的关系是静态的，无法动态地组成对等组织来联合提供服务，缺乏服务的灵活性和层次性。

CDN 发展中遇到障碍，主要原因是 CDN 技术本身扩展昂贵，无法扩展利用边缘网络和客户端的资源。专家指出，CDN 在广域网范围内的进一步发展需要新一代可扩展的、高效的、灵活的应用层网络平台的支持，P2P 的兴起正是代表了下一代应用层网络平台技术的主流。

P2P 技术发展迅猛，迅速改变了整个互联网的传统秩序。"去中性化"符合对等计算技术潮流。从简单的文件共享应用到流媒体音视频分发领域，从近年来 P2P 文件共享系统的使用状况可以看到，P2P 技术充分利用了"草根"资源（普通节点的主机资源和上行带宽），非常有效地缓解了中心节点的压力，由于采用伙伴节点间对等计算的模式，大大提高了资源共享的利用率，能在较低的成本下，充分利用空闲时间分发数据，避免拥塞，为内容分发服务开辟了一条崭新的道路。CDN 通过在网络上部署大量节点并把服务和内容"推"向网络的"边缘"，从而减轻服务器和网络的负载，但其昂贵的费用使一般的 ICP 难以承担。P2P 通过利用普通节点的资源为其他节点提供服务，在不改变现有网络配置的前提下具有良好的性价比，是一种具有广泛应用前景的丰富媒体内容分发方法。

然而，目前单纯的 P2P 内容分发应用也存在一些问题，主要有以下几个方面。

首先，P2P 业务的盛行没有考虑 ISP 和主干网等电信运营商的流量管理，对 ISP 没有友好特性，大量跨域的访问和数据交换会带来网络流量风暴。

其次，P2P 过于强调"对等"，每个节点之间的交换完全是无序的。一个北京的用户，既可能和广州的用户进行文件片段的交换，也可能和远在美国的某用户进行交换。显然，无序的交换导致了无谓的跨地区甚至跨国的"流量旅行"，这耗费了宝贵的国内和国际带宽资源，代价巨大。CDN 的中心调度和优化引导可以在一定程度上克服 P2P 节点跨 ISP 的流量问题。

此外，P2P 内容分发可靠性低，有很大的动态性和不稳定性。P2P 的自身特点使 P2P 天然具有规模可扩展性，在 P2P 分发中，充分利用了客户端参与分发的能力，使服务总量大大扩展，参与的客户越多，提供服务的机会越多。然而，P2P 系统也存在明显的缺点，首先就是可用性问题，尽管从整个系统而言，P2P 是可靠的，但是对于单个内容或者单个任务而言，P2P 是不稳定的，每个伙伴节点可以随时终止服务，甚至退出系统；交换的内容随时可能被删除或者被终止共享。因此，由于每个伙伴节点端离开网络的随意性和动态性，保持服务的可靠性和稳定性是一个需要重点解决的问题，对服务总量的扩展也不能很好地控制，CDN 的可靠和稳定服务可以克服 P2P 节点动态和随意进出的弱点。

除此以外，P2P 分发内容监管缺失，内容版权管理真空，盗版盛行；可能导致用户滥用资源，对电信运营商以及产业链造成损害。目前 P2P 采用免费、匿名的内容分发和交换模式，虽然受到了欢迎，但下一代互联网将发展为诚信安全的网络社会，P2P 在带给人们诸多便利的同时，其开放性和共享性也带来了安全方面的副作用。由于 P2P 系统的分布式特性，传统的中心认证服务模式不再适用。同时 P2P 网络中出现了盗版内容盛行、不健康内容流传、节点滥用资源、内容污染等问题。随着宽带价值链的逐步成熟，宽带用户、网络电视、手机电视等宽带业务服务的对象更多的是经过了认证和授权的"实名制"用户，用户在通过认证授权后可以得到更多、更好、更安全的内容，而内容和服务运营者需要从价值链中获得利润并持续发展，这就需要可控和可信的内容分发服务模型、平台和相关技术。

层出不穷的 P2P 产品采用的拓扑结构、算法模型不尽相同，缺乏标准体系，应用模式也不清晰。这些问题都阻碍了 P2P 技术进一步发展成为运营商级别的可靠内容分发技术平台。

CDN 与 P2P 具体的优劣势分析如表 5-1 所示。

表 5-1　CDN 与 P2P 具体的优劣势分析

CDN 和 P2P 对比的项目	CDN 内容分发	P2P 内容分发
服务能力和可扩展性	服务能力有限额，扩展成本较高	服务能力随着伙伴节点增多可不断增加，可以低成本扩展
可靠性和稳定性	可靠性高，稳定性好	可靠性低，动态性大，稳定性不好
网络友好性和流量有序性	对网络友好，流量控制在各个区域	对网络不很友好，流量无序，在全网跨 ISP 扩张
内容来源监管	可监管	不可监管
用户管理有效性	可实现用户的有效管理	无法进行有效的用户管理
QoS 保障	可保障服务	不可控
内容版权和安全	可控可管理	不可控，无管理，可能出现内容污染
服务节点身份认证	中心认证	分布认证或无认证

CDN 和 P2P 是当前互联网上实现内容分发传递的两种主流技术。但是受计算模型的制约，二者各有优势，也都存在一些根本的缺点：CDN 的高成本和高复杂性制约了其规模扩展的能力，P2P 则在网络友好性、可靠性和可管理性上有较大的问题。通过表 5-1 的详细对比分析可以看到，在服务能力和可扩展性、可靠性和稳定性、网络友好性和流量有序性、内容来源监管、用户管理有效性、QoS 保障、内容版权和安全、服务节点身份认证等多个方面，CDN 和 P2P 技术各有所长，基本上是可以互补的。如果将两种技术融合起来构建统一的内容承载平台的方案，将会有可能实现流媒体直播、大型文件下载等高带宽占有率业务的进一步普及，通过 P2P 扩展 CDN 的容量，同时 CDN 可以引导 P2P 内容分发实现对 ISP、主干

网的友好性，形成一种更加完善的内容分发应用模式。因此，CDN 和 P2P 内容分发模式的融合是一个重要的发展趋势。

5.2.2　P2P 技术和 CDN 技术的融合

CDN 和 P2P 内容分发模式的融合是一个重要的发展趋势。P2P 和 CDN 融合的驱动力来自二者互补的计算模型。如何通过融合建立一套可实现低成本扩展、有效监控、有效管理、有服务保障、对 ISP 友好、区域控制的解决方案则成为当前内容承载网络急需解决的问题。但是，这方面的深入研究和开发还刚刚开始，诸多问题还有待解决，首先要从理论架构和基础模型方面讨论 CDN 计算模型和 P2P 计算模型的融合。融合模型主要包括紧密融合的模型和松散融合的模型。紧密融合的场景主要指 CDN 节点与 P2P 节点直接紧密协作共同完成分发功能，包括 CDN 节点参与 P2P 覆盖网络的构建，CDN 节点对 P2P 节点进行管理和引导，实现 P2P 节点对 ISP 的友好性，CDN 节点和 P2P 节点协作完成内容传输分发。松散融合的场景主要指 CDN 节点不直接参与 P2P 内容分发，但是 P2P 节点可以借助广泛部署的 CDN 节点重定向功能构建覆盖网络，就近寻找邻居，实现对 ISP 的友好性。

如上所述，20 世纪 90 年代末诞生的第一代 CDN 所要解决的问题，即所谓的"最后一公里"问题。直接解释，就是用户怎么样就近获取他所需要的内容，因为就近意味着用户的访问速度和服务质量比到远距离的服务器获取要快、要好[47]。

此外，当用户对内容的访问从中心点转移到分发点时，第一代 CDN 技术同时也解决了用户内容访问对骨干网造成的压力。随着互联网多媒体内容服务的发展和技术的进步，2005 年左右，基于音视频的多媒体业务不断增多，当大量的流媒体内容需要从中心点分发到终端用户时，只是解决"最后一公里"的问题已经不再关键，转而形成的是用户对服务质量的更迫切需求。第二代 CDN 技术着力把有效的多媒体内容从中心点，即信息源，分发到边缘的服务器上。当时，有很多公司开始建立很多大型节点，并用私有光纤把这些大型节点串联起来，以便多媒体内容可以从一个中心点很快地分发到用户需要服务的区域节点上[47]。

当下，多媒体内容愈加兴起，其表现形式不仅仅是自上而下的视频直播或点播，以交互、分享为特点的内容访问逐渐成为互联网应用的主流。内容访问随之发展为 P2P 共享的方式，相应地，多媒体信息量也呈现海量特征。国内的土豆网等大型网站每天由网友产生的信息量就是非常庞大的，相对而言，前两代 CDN 技术的能力有限，扩展昂贵，用户对 CDN 技术提出了更高性价比的要求，既要能满足最高信息流量时的高带宽，又要在信息流量回落时避免浪费过多的带宽资源[47]。在这种情况下，研发者关注将 CDN 技术与 P2P 技术结合起来以低成本扩展 CDN 的服务能力，同时保障 P2P 分发的服务稳定性。

从近几年国际重要会议上的主流论文的关注点也可以看到，2006 年以前主要的研发关注点是第二代 CDN 技术和 P2P 内容分发技术本身，着重于研发大规模和高性能的 P2P 文件共享技术、P2P 流媒体直播和点播技术，在 2006 年 P2P 内容分发技术本身比较成熟后，开始陆续有一些研究者开始关注 CDN 和 P2P 融合的问题，如何通过 P2P 技术扩展 CDN，以及如何对 P2P 内容分发进行管理，如何实现与 ISP 等网络运营商的进一步协同成为研究的热点问题。如何处理 P2P 通信和网络服务提供商之间的紧张关系，是学术界和工业界都关心的重点问题。

目前存在的问题是只依赖 P2P 或者 ISP 网络的单方努力无法解决问题，ISP 对 P2P 的管理经历了从封堵到疏导的过程，虽然有一定效果，但因为不同的 P2P 应用使用不同的端口和协议，ISP 单方面对 P2P 应用无法进行大规模有效的管理和区域引导控制。P2P 应用自身对 ISP 友好性的考虑刚刚在研究领域兴起，在实际 P2P 内容分发应用中还没有大规模实际使用的可行性。P4P 技术是目前兴起的重要技术，它来自电信运营商和 P2P 的合作。P4P 的全称是电信运营商主动参与 P2P 网络（proactive network provider participation for P2P）。与 P2P 随机挑选 Peer（对等机）不同，P4P 协议可以查询网络拓扑数据，能够有效地在同一个 ISP 区域或者同一个自治区域内就近选择节点，从而提高网络路由效率。举例来说，北京的用户可以优先和北京同城的用户实现文件片段的交换，再扩展至较远的地区，十分必要时，才会出国进行文件片段交换。P4P 技术在大规模商业测试中有较好的表现。根据 Verizon 的反馈，使用 P4P 技术，P2P 用户平均下载速度提高了 60%，光纤到户用户提高了 205%～665%。此外，运营商内部数据传送距离减少了 84%。用户有 58% 的数据来自同城，较传统 P2P 的 6.3% 比例有了近 10 倍的提升。在中国，部分电信增值服务商已经开始涉足这一领域。但是，P4P 需要 ISP 和 P2P 客户端开发者共同开发，P4P 技术一方面要求 ISP 等电信运营商提供网络运行状态等数据（如可访问的接口和网络拓扑等）。这对于 ISP 等电信运营商是一个具有风险的问题，首先需要构建 P2P 应用和 ISP 等电信运营商的信任和认证关系。事实上，大部分的 P2P（软件下载、视频下载、流媒体点播/直播）公司可能不愿主动与 ISP 构建认证关系。他们可能也不愿开发基于 P4P 的 P2P 客户端。同时，他们可能也不愿提供 P4P 接口以供 ISP 访问。

借助 CDN 技术和 P2P 技术的融合来扩展 CDN 的分发容量是值得研究的重要问题。学术界希望，能够同时保证 P2P 分发的稳定性和可靠性，并有效解决与 ISP 交互的问题。CDN 技术本身经过近几年的迅速发展已经比较成熟，它通过在互联网的边缘，建立一层由多个重定向和缓存服务器构建的特殊网络，专门用于高效传递丰富的多媒体内容，将各种媒体内容发布到最接近用户的网络"边缘"，并引导用户可以就近取得所需的内容,提高用户访问内容的响应速度。可以看到,CDN技术的本质是把用户从原始内容中心服务器引导到互联网的边缘就近取得内容,就近的原则也是为了避免用户跨越多个 ISP 的访问,而多数的重定向服务器和边缘分发服务器一般位于 ISP 接入处,可见 CDN 技术本身考虑了对 ISP 的友好性。因此,可以利用已有的 CDN 重定向服务器和边缘分发服务器实施对 P2P 分发节点的引导和管理,实现 P2P 分发对 ISP 的友好特性。同时,目前 CDN 的发展也因为扩展建设成本高、边缘服务器分发能力有限而遇到发展障碍,借助 P2P 低成本高扩展边缘分发的能力正可以补充 CDN 能力不足的问题。CDN 服务器节点作为基础的服务资源,可以充分保障平峰时段的服务质量,而合理地使用 Peer 客户端节点资源,可充分加速高峰时段和热点集中的内容分发,同时,也很好地解决了突发流量造成的服务器繁忙、服务质量下降的问题,同时在 P2P 出现分发不稳定的问题时,CDN 可以保障系统总体分发的可靠性和稳定性。CDN 和 P2P 的融合分发模型可以建立一套低成本、可扩展、有效监管、有服务保障、网络友好、区域控制的内容分发基础模型和解决方案。

5.2.3　CDN-P2P 融合模式

在新一代的 CDN-P2P 混合分发架构当中,讨论 CDN-P2P 紧密融合模式下的一系列问题具有重要意义。其具体内容包括 5 个部分,阐述 CDN-P2P 紧密融合模式下 CDN 全局调度和 P2P 分布路由的融合调度模型;分析 CDN-P2P 紧密融合模式下 CDN-P2P 混合分发服务总量测量控制和份额调配模型;论述 CDN-P2P 松散融合模式下 CDN 引导下的 P2P-ISP 友好分发模型;阐述 CDN-P2P 紧密融合模式下的内容安全可信分发模型;讲解 P2P 个体节点使用和参与分发服务的行为模型和激励模型。主要论述内容结构如图 5-2 所示,分为主要基础模型层和 CDN-P2P 混合分发覆盖网络层。

CDN-P2P 紧密融合模式下 CDN 全局调度和 P2P 分布路由的融合调度模型可以实现如下功能:内容提供商利用 CDN 从骨干网到边缘部署的较高配置的缓存服务器节点和全局调度策略,提供了稳定和可控的内容分发服务,CDN 的目标是使用户在网络边缘就近获得内容,尽可能避免远距离跨网的内容分发,总的来看,CDN 对主干网和 ISP 是友好的。与之相比,由于 P2P 流媒体系统中的节点的动态性很强,所以 P2P 流媒体系统中最关键和最复杂的问题是如何构建和维护一个效率高、鲁棒性强的覆盖网络,P2P 节点一般处于接入网中,一般的 P2P 覆盖网络处于全网松散联合的状态,对 ISP 不很友好,伙伴节点之间的连接和数据交换主要被内容可用性驱动,在全网扩张,一个节点一般随机地从全网选择几个节点获得服务。

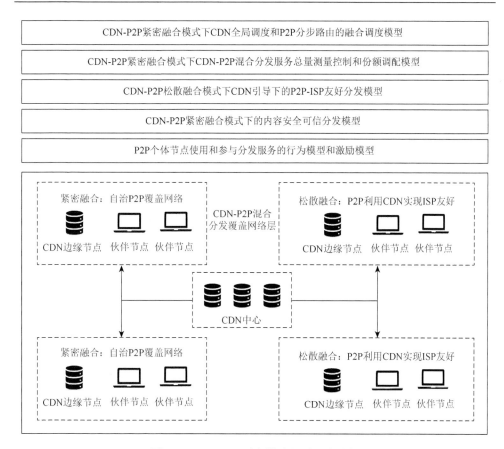

图 5-2　CDN-P2P 融合模式主要层次分析

　　而紧密融合调度模型针对这个痛点，提出的核心设计思想是 CDN 节点与 P2P 节点直接紧密协作共同完成分发，在 CDN 的边缘节点引入 P2P 自治域，该模型重点解决通过 P2P 对 CDN 实现低成本扩展，通过 CDN 实现对 P2P 分发的管理，实现 P2P 对 ISP 的友好性，减少 P2P 跨 ISP 的流量。如图 5-2 所示，将 CDN 最边缘的一层节点作为 CDN 和 P2P 的结合点，在边缘的多个接入网内构造可控和可管理的自治 P2P 覆盖网络，由单个或若干个 CDN 边缘节点作为管理节点和骨干分发节点，由接入网个人用户作为 P2P 对等实体节点，共同构成多个 P2P 自治域，伙伴节点寻找邻居的路由过程不仅依赖于自身的覆盖网络，同时依赖于自治域内 CDN 管理节点的重定向引导。在域内利用 P2P 技术实现内容资源共享，而自治域之间不发生大的流量交换，只在必要时发生交换。

　　紧密融合模式下 CDN 全局调度和 P2P 分布扩展的融合调度模型，主要解决的关键问题是如何将 CDN 全局调度、可控管理的优势和 P2P 自愿加入、易于扩展的特点结合起来，在 CDN 底层节点的控制下构造多个可控和易于管理的自治

P2P 覆盖网络模型，CDN 全局调度实现粗粒度的分发调度，自治 P2P 覆盖网络内实现细粒度的分发调度。同时，这些自治的 P2P 覆盖网络可以根据节点情况和拓扑变化情况动态地拆分和组合。通过将这两种结构互异的网络进行光滑对接，在有效保障现有 CDN 资源的情况下，模型能够充分吸收 P2P 的优势，将 CDN 的管理机制和服务能力引入 P2P 网络，形成以 CDN 为可靠的内容核心、以 P2P 为服务边缘的混合分发架构，实现可管理、有保障的 CDN-P2P 混合分发服务模型。

此外，CDN-P2P 紧密融合模式下 CDN-P2P 混合分发服务总量测量控制和份额调配模型，使 CDN 的有限服务份额和 P2P 的扩展服务份额优化组合，同时利用 CDN 的可靠性保障 P2P 的动态性和不稳定性。

单一的 CDN 分发系统，其服务总量是可以预算的，每个缓存节点承担的服务份额是可以调度调配的，但是在 CDN-P2P 混合分发架构中，P2P 分发服务具有松散性和不可预知性的特点，其服务总量是不可预知的，因此，需要使用混合分发架构中的服务总量测量控制模型，在掌握 CDN 服务总量的基础上，模型能够测量和预估 P2P 分发的服务总量。网络测量已经成为研究网络性能的主要方法，它是高性能协议设计、网络规划与建设、网络管理与操作的基础，网络测量可以按照不同的标准进行分类，包括基于软件的方法和基于硬件的方法、被动测量和主动测量、在线测量和离线测量等，P2P 内容分发流量的扩张给网络测量带来了新问题。模型拟采用被动测量和主动测量相结合的方法测量和预估 P2P 分发的服务总量。在测量控制模型的基础上实现份额调配模型，在 CDN-P2P 混合分发模式下，单纯依赖 CDN 服务份额或者 P2P 份额可能无法达到系统服务最优的目的，系统需要实现 CDN 和 P2P 两种分发份额的优化分配和模糊调节机制，全局控制和优化调度混合分发架构中 CDN 分发和 P2P 分发各自的份额，在 CDN 服务饱和的情况下调节增大 P2P 的份额，在 P2P 出现动态和不稳定的情况下，调节增大 CDN 的份额使系统总体可靠稳定，达到服务的可扩展性和稳定性的模糊平衡状态。

在紧密融合模式下 CDN-P2P 混合分发服务总量测量控制和份额调配模型，主要解决的关键问题是在掌握 CDN 服务总量的基础上如何较准确地测量和预估 P2P 分发的服务总量，全局控制和优化调度混合分发架构中 CDN 分发和 P2P 分发的份额，如何从最初的 CDN 全份额切换到 CDN-P2P 共存的份额，CDN-P2P 共存的混合分发模式中如何优化和模糊控制各自的份额，使系统的总体服务性能最高、服务状态稳定。

CDN-P2P 松散融合模式下 CDN 引导下的 P2P-ISP 友好分发模型可以大幅提升用户体验。各个 CDN 一般叠加在各大运营商的主干网之上，在网络边缘大量部署缓存分发服务器和重定向服务器。而大量的 P2P 内容分发应用（包括流媒体点播和直播如 PPLive、PPStream，大型文件共享下载，如 BT、eMule 影视下载、游戏和软件发布）分布于大量分散的边缘用户处。P2P 应用在构建覆盖网络和查找邻居时一般根据自有路由算法,如 DHT 算法,即使考虑了对 ISP 的友好性和减少了跨 ISP 流量的路由机制,一般也不会与 CDN 节点发生联系,因为 CDN 和 P2P 属于不同的运营商。松散融合的模式下,CDN 节点不直接参与 P2P 内容分发,但是 CDN 一般在 ISP 处部署缓存服务器,当一般的客户端访问 CDN 重定向节点时,可以获得一批就近的缓存服务器列表供访问,而当两个客户端访问 CDN 重定向节点获得的就近缓存服务器列表比较相近时,即他们有共同接近的邻居,则说明他们也在比较接近的区域内。模型利用这个原则实现松散融合模式下 P2P 节点借助广泛部署的 CDN 节点重定向功能构建覆盖网络,就近寻找邻居,实现对 ISP 的友好性。

松散融合模式下,伙伴节点借助广泛部署的 CDN 节点重定向功能获得部分就近的缓存服务器列表,而各个伙伴节点获得的缓存服务器列表集合不尽相同,在覆盖网络构建的过程中,每个伙伴节点都需要与多个伙伴节点交换各自的缓存服务器列表集合,找到相似的列表集合,从而找到多个就近的伙伴节点邻居,与这些节点展开对 ISP 友好的内容分发任务。由此可见,每个伙伴节点首先要找到多个可以进行比较的伙伴节点,可以和与之接触的节点直接比较,也可以从 P2P 的索引器处找到节点来比较。在比较过程中,需要一对多地高效找到同一个 ISP 的邻居伙伴节点,这里拟采用模糊匹配的算法来解决这个问题,主要使用模糊集理论。每一个伙伴节点获得的缓存服务器列表集合都形成一个模糊集合,在此基础上建立模糊相似矩阵,通过多对多的模糊匹配算法和模糊查找发现技术,使用模糊匹配引擎控制相似度来减少比较的次数,较大幅度地提高匹配效率,并具有较高的匹配度,保证匹配质量。

松散融合模式下 CDN 引导下的 P2P-ISP 友好分发模型当中,每个伙伴节点可以与多个其他伙伴节点交换缓存服务器列表信息。因此,该模型需要通过伙伴节点多对多地比较缓存服务器列表,高效地找到一定数量的在同一个 ISP 或就近 ISP 区域内的邻居 Peer 节点列表,从而展开分发,减少跨越多个 ISP 的内容分发流量。同时,需要保证每个伙伴节点的就近邻居节点列表可以进行高效动态更新,而不是一次完成。

CDN-P2P 紧密融合模式下的内容安全可信分发模型是针对 P2P 网络监控困难提出的解决方案。在一般的 CDN 系统中,提供服务的缓存节点的身份是中心认证的,提供的内容都是集中控制、从上至下安全可信分发的。P2P 网络中因为普通节点参与分发服务,出现了服务欺骗、节点滥用资源、内容污染等问题,在 CDN-P2P 混合分发结构中也存在同样的问题。

因此,需要 CDN-P2P 紧密融合模式下伙伴节点信任模型和内容安全分发模型。目前存在若干基于 P2P 环境的信任模型,包括公钥基础设施(public key infrastructure,PKI)模型、局部推荐模型等。PKI 模型属于中心认证方式,有单点失效的问题，CDN 缓存节点的规模一般在几十个到几百个，可以采取中心认证方式，P2P 节点的规模一般在几万到几十万甚至更多，如果都在中心认证，将引起中心超负荷问题；局部推荐模型往往采取简单的局部广播的手段，其获取的节点可信度也往往是局部和片面的。这里采用中心认证和局部推荐结合的模型，CDN 边缘节点经过中心认证后可以作为可信度高的节点，在每个自治网局部，为其他伙伴节点推荐可信任的伙伴节点，构建信任模型。

另外，内容安全是流媒体内容分发中必须考虑的问题。一方面，P2P 网络的扩散作用使被恶意污染的内容在整个网络中能够很快地进行扩散，极大地损害了用户体验；另一方面，若通过合法审核的视频内容被替换为非法视频内容片段并在 Internet 上大范围直播，会带来相当严重的社会安全后果。因此，CDN-P2P 混合分发架构的内容安全可信分发模型，包括内容从 CDN 到 P2P 的安全分发模型和内容污染阻止模型，可以防止内容在伙伴节点之间传播时出现内容污染问题。

针对内容安全，特别是被污染视频片段的清除，模型需要实现一种主动免疫和被动强制清除相结合的框架，并在此基础上进行深入探索。正因为普通节点也可以为其他节点提供流媒体内容，一个恶意的外部攻击者或被操纵的内部攻击者可以轻易地对流内容进行篡改甚至彻底替换，若没有合适的机制进行保护，被污染的流媒体就会迅速地扩散到整个网络中。在主动免疫算法中，模型提出对所有进入每一个自治域的数据包片段进行单向不可逆哈希运算，并首先存储于该域的 CDN 节点和周围邻居节点，接收者在每次完整地收到数据包片段后和发送片段前，对该片段进行哈希运算，并把该值主动和自治域的 CDN 管理节点和周围邻居节点进行交换校验，只有交互确认该值一致后才在本地存储并允许为其他节点提供该片段，否则丢弃该片段，并将提供该被污染内容的源节点记入本地黑名单，同时汇报 CDN 管理节点。采取这种方式，通过小范围内的交互，P2P 节点能够主动及时地将被污染内容的扩散控制在自治域内的较小范围，并及时恢复原始内容。另外，考虑到本模型和 CDN 框架结合的优势，被动强制清除算法也是需要的。部署在 CDN 边缘的各自治域的 CDN 管理节点，被称为强制清除注入点。这些节点定期监测其管理的自治区域内被污染的数据包并统计各可信节点提交的黑名单。在此基础上，这些管理节点在自治区域内周期性地广播被污染片段和被污染节点的列表，强行要求各普通节点清除相应被污染的数据包并更新黑名单。当然，不管针对何种算法，设计者都考虑深入探索若干邻居节点恶意串通后联合攻击的情形。

CDN-P2P 混合分发架构的安全可信分发模型，需要构建安全可信的 CDN-P2P 混合分发环境。模型需要以尽量小的代价计算信誉值，同时信誉值的查询和反馈消息本身也应该尽量简单以便少占用网络带宽。模型应该足够健壮以抵抗较多恶意节点联合起来"团伙作案"，企图破坏 P2P 安全可信分发的行为。

此外，P2P 个体节点使用和参与分发服务的行为模型和激励模型可以增加网络用户黏性。对于 CDN-P2P 混合分发系统,终端用户的参与和合作真正决定了该系统的运营成效和被用户接受的程度。因此,项目要首先实现使用和参与分发服务的 P2P 个体节点行为模型,包括 P2P 个体节点在混合分发体系中的行为轨迹模型、个体节点参与分发的测量和统计模型。P2P 节点在网络中的表现与人类在社会中的行为有一定的相似性,Peer 在英语里有"(地位、能力等)同等者"、"同事"和"伙伴"等意义,人作为一个个体,在社会中有自己的信誉和社交圈子,人与人之间在生活和工作中需要协作,P2P 把人们原来的社会行为转移到网络上进行,在建立 P2P 个体节点行为模型时将考虑这些社会学特征。在此基础上构建激励模型,采用适当的激励机制来鼓励终端用户的参与和合作,同时对于不合作用户配置适当的惩罚模型。

P2P 个体节点使用和参与分发服务的行为模型和激励模型,能够准确及时地测量 P2P 个体节点参与分发服务的贡献量,同时结合社会学模型较为准确地掌握用户行为轨迹。在此基础上构建激励模型,激励模型能够高效地激励 P2P 个体节点积极参加内容分发,总体推动 CDN-P2P 混合分发体系的良性运转。

整个 CDN-P2P 系统架构如图 5-3 所示。

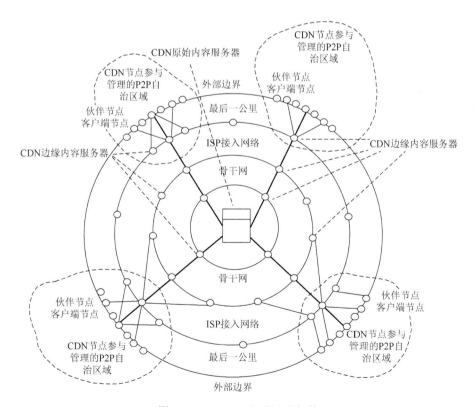

图 5-3　CDN-P2P 混合分发架构

CDN-P2P 融合模型具有很多优势。这些优势主要包括可低成本扩展、有效监控、有效管理、服务保障、网络友好、区域控制的新型丰富媒体内容承载网络、理论架构指导和基础模型支持。融合模型具备 CDN 全局调度、可控管理的优势和 P2P 自愿加入、易于扩展的特点，在紧密融合的模式下支持 CDN 全局调度和 P2P 分布扩展的无缝融合、支持 CDN-P2P 混合分发服务总量的有效控制和服务份额优化调度分配、支持 P2P 参与分发中的身份分布式认证和内容安全分发控制机制、支持 P2P 个体节点参与分发服务，从而实现准确测量、行为可循、有效控制和高效激励的目标，在松散融合模式下利用 P2P 节点借助广泛部署的 CDN 节点重定向功能构建覆盖网络，就近寻找邻居，实现对 ISP 的友好性。

5.2.4　CDN-P2P 技术应用场景

目前主流的国内云服务商阿里云也对 CDN 和 P2P 的结合技术进行过深入探究，其选择将 CDN-P2P 技术应用在用户请求量大、并发需求高的场景当中。

P2P 内容分发网络，即 CDN-P2P 是以 P2P 技术为基础，通过挖掘利用电信边缘网络海量碎片化闲置资源而构建的低成本、高品质的内容分发网络服务。客户通过集成 P2P-CDN-SDK（以下简称 SDK）接入该服务后能获得等同或略高于 CDN 的分发质量，同时显著降低分发成本。它适用于视频点播、直播和大文件下载等业务场景。

在视频点播方面，阿里云的 CDN-P2P 产品特别适用于长视频点播或热度非常集中的短视频点播等负载要求高的业务场景。在视频直播方面，如果有大型的晚会赛事直播或地方网台直播等对实时性要求较高的场景，CDN-P2P 产品的优势也可以得到充分展示。此外，如果有大文件下载或热度集中的文件分发的情况出现，如应用市场分发、在线音频分发等场景，阿里云 CDN-P2P 产品也可以大幅缓解该场景下的网络拥塞情况。

以 HTTP 请求在 CDN-P2P 技术下的处理过程为例，其具体过程如图 5-4 所示。从中可以看到用户的 HTTP 请求是通过 P2P 协调下的 CDN 从上海传输到北京的过程。

和传统的 CDN 服务商相比，阿里云 CDN-P2P 产品的优势主要包括价格低廉、质量优秀、成熟稳定等几个方面。图 5-4 中，基于 P2P 技术的分发网络（peer-to-peer content delivery network，PCDN）和互联网流媒体传输服务（over-the-top，OTT）协同工作，起到了显著效果。

在价格方面，通过 P2P 技术可为客户提供更低成本的内容分发服务，为云 CDN 价格的 1/2，为传统 CDN 价格的 1/4（以峰值带宽计价），可显著降低客户的分发成本。此外，在质量方面，阿里云的产品通过 CDN 结合 P2P 多级节点调度，

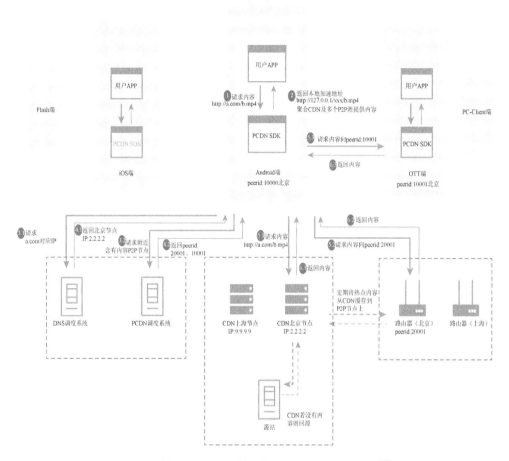

图 5-4　使用 CDN-P2P 技术的 HTTP 请求处理流程[48]

一个请求可由 CDN 和多个 P2P 源同时提供内容，通过资源冗余提高了服务可用性，播放流畅率高于纯 CDN，在大文件下载场景中更能极大地提高下载速度。在成熟性方面，阿里云的 CDN-P2P 产品多年为优酷、土豆提供优质的视频播放、下载等加速服务，接入带宽超 10000Gbit/s，经历了海量用户规模的长时间验证，拥有内网穿透、缓存处理、种子管理、传输策略等各方面的核心技术和专利。

　　在具体的工业场景当中，阿里云的工程师对 CDN-P2P 组合架构进行了如下的设计。图 5-5 展示了阿里云 CDN-P2P 的关键组件和基础架构，从中可以看到其主机集群的内部调度状态。

　　图 5-5 中的 Index 服务起到了全局调度的功能，把用户请求调度到最佳的机房。图 5-5 中的 ZooKeeper 服务包括两种，分别是全局性的 Global 服务和区域性的 Local 服务，它们可以将服务活动情况及时汇报给调度服务，从而实现动态的

配置更新。此外，图 5-5 中的 Nginx-Proxy 支持了私有协议的负载均衡功能，针对不同文件匹配到不同的 Channel 服务。Channel 服务中记录了文件和拥有文件的端点地址信息，从而为下载提供就近的端点地址。

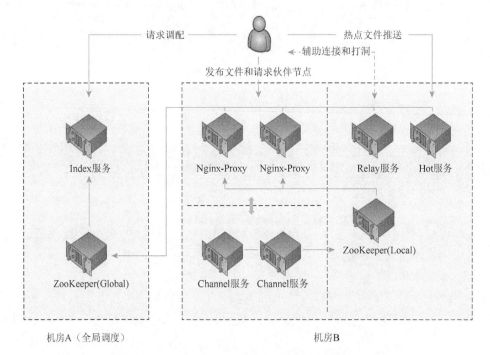

图 5-5　阿里云 CDN-P2P 的关键组件和基础架构[48]

图 5-5 中的 Relay 服务负责协同 P2P 建立连接和通信，具体而言，执行辅助连接的任务。Hot 服务负责热点文件的发现和推送功能。

自 2008 年阿里云的 P2P 团队成立以来，他们在 2010 年的南非世界杯当中实现了 HTTP-FLV 直播流的加速；在 2011~2013 年中实现了移动端和网页端等多端布局的 P2P 加速服务；在 2014 年推出过路由器产品，大规模收集家庭闲置带宽资源；在 2016 年实现了 P2P 带宽储量超过 6000GB 的战略目标。在 2017 年 6 月之后，阿里云的 CDN-P2P 产品正式实现商业化，为广大的云服务消费者提供了便利，大幅改善了视频直播当中的网络拥塞现象[48]。

5.3　基于 CDN-P2P 的树网结合系统实例

在下文当中，本书提出一种新的直播系统架构，采用 CDN-P2P 混合以及树网结合的方式。系统为基于应用层的流媒体直播系统，唯一的源端服务器将直播视频编码并输出，视频流被编码成为多个等长的块（block）进行分发。并且，参与直播的客户端将在直播进行的任意时间内加入或离开系统。其关键机制在于，媒体将首先由 CDN 服务器分发至各子区域，在子区域中使用 P2P 的方式分发。并且，P2P 网络使用树网结合的方式，对于稳定节点采用树状结构，降低系统时延，对于非稳定节点采用网状结构，以提高系统的鲁棒性。

5.3.1　架构介绍

本节设计的系统可以自上而下分为三层。系统设计如图 5-6 所示。

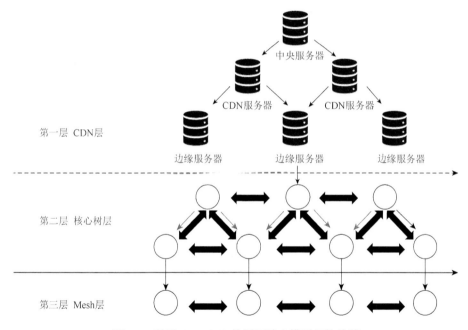

图 5-6　基于 CDN-P2P 的树网结合模型架构总览

第一层是 CDN 层，位于系统的最上层，负责将媒体由源服务器分发至各 CDN 边缘服务器。需要注意的是，该层节点并不是由用户普通节点组成的，而是由 CDN 边缘服务器构成的，即该层节点属于系统初始布置的一部分。

第二层是核心树（core-tree）层，该层是系统的中间层，由参与直播的部分用户节点组成。这些节点被系统判定为优质节点，加入系统的核心树层，将数据使用推的方式向下层节点推送。中间层节点的组织方式为单树结构。

第三层为半组织的 Mesh 层，所有参与直播的剩余用户节点处于该层。这些节点使用底层节点的组织方式为网状结构。需要注意的是，处于核心树层的节点也和其他节点保持邻居关系，以便在树上层节点离开或者包丢失的情况下向邻居请求节点。

　　系统的总体功能流程如下：客户端首先根据流媒体直播的地址获取 URL，以连接到数据发布服务器，此时，CDN 部分的负载均衡系统得到客户端的位置信息，并且将客户端重定向到离客户端最近或时延最小的边缘服务器上。在本节的系统中，CDN 使用基于 DNS 重定向的技术。

　　每个 CDN 边缘服务器都有三个角色：一是作为底层 P2P 系统的索引器，为每个节点选择其相应的邻居节点，并且决定节点是作为核心树节点还是网状节点加入系统；二是作为内容资源发布者，将视频媒体流发送给直接连接到边缘服务器的节点提供内容；三是作为紧急请求响应者，响应补偿流请求。同时，由于系统允许不同 CDN 自治域下的子系统进行交互，也就是说处于不同自治域下的节点可以选择其他自治域下的节点作为邻居节点。因此，索引器不单单只是存在于每个边缘服务器上，在中心服务器上也存在一个索引器以统一调度所有的节点。设计者之所以在每个边缘服务器上都放置索引器是因为如果所有的系统节点都由同一个索引器进行调度，则会使中心索引器负载过大，使其成为系统的瓶颈。

　　每个边缘索引器需要做的工作如下：首先，为每个子自治域构成核心树结构，即决定哪些节点需要加入核心树，以及响应节点加入核心树的请求；其次，响应中心索引器的请求，中心索引器请求 n 个该边缘服务器中最空闲的节点，边缘索引器发回其请求的 n 个节点的地址。

　　每个中心索引器需要完成的工作如下：首先，响应所有网状结构节点的邻居请求，为请求节点寻找距离最近、负载最小的 n 个节点；其次，向边缘索引器请求 n 个该索引器下最空闲的节点，以满足上条的需要。

　　如图 5-7 所示，加粗圆圈为核心树节点，未加粗圆圈为网状节点。节点加入核心树的请求只需询问边缘索引器（加粗箭头线段），而网状节点的邻居选择有两种可能。第一种可能是，首先询问边缘索引器，如果本地节点负载均不大，则直接由边缘索引器选择本自治域下的节点并给予回应。第二种可能是，如果本地节点负载较大，并由边缘索引器转发给中心服务器（未加粗箭头线段），由中心服务器在全局节点中进行选择。

5.3.2　系统缓冲区设计

　　本节对节点缓冲区进行设计。本系统将媒体内容分为小的数据块，由于直播系统的实时性要求，过期数据已经不具有可用性，因此系统的缓冲区长度不需要太长。根据用户的观看习惯，定义缓冲区长度为 30s。通常来说，对于一个直播系统，超过 1min 的播放延迟对于用户来说是不可忍受的。

　　如图 5-8 所示，系统采用固定长度的缓存区和循环使用缓存的缓存模式。

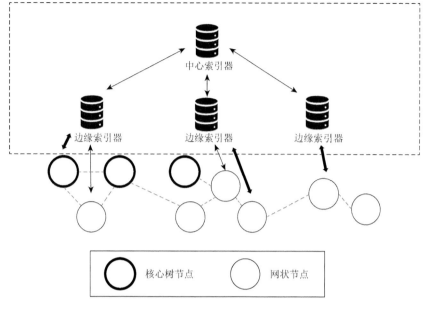

图 5-7　系统索引器服务流程图

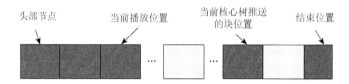

图 5-8　系统缓冲区设计

每个数据块大小为 1.25KB，总共缓存 1024 个数据块。"头部节点"为缓存区的第一块，也就是最原始的数据，"结束位置"为最后一块，即最新数据块，"当前播放位置"为当前播放到的块，"当前核心树推送的块位置"为记录当前核心树推送到的块的位置，如果节点处于核心树中，则该指针存在，否则该指针无效。当系统接收到新的数据块时，将数据块的序号余 512 后得到的值即其在缓存区中的位置，新的数据块将会覆盖旧的，以保证缓冲区最大为 512 块。播放指针从缓冲区的头指向尾，然后再从头开始循环播放。

对于处于核心树中的节点，截止到"当前核心树推送的块位置"之前的块都应该是连续的，一旦有不连续现象产生，就表示该块在网络中丢失或在某个路由器中产生时延，此时，需要从 Mesh 网络中获取该块。当然，网络延迟等原因会导致有些数据块会优先到达接收节点，此时，并不一定代表某些块丢失，因此，在定义丢失块时需要设置一个计时器，当时延超过预定义的等待时间后，才正式确定该块丢失。因此，我们定义了"丢失节点列表"数据结构，该数据结构中放置可能丢失的数据块，并对列表中的每一块设置计时，一旦超过预定时间，则向网状结构中的邻居节点请求该丢失的数据块。系统数据块的接收具体流程如图 5-9 所示。

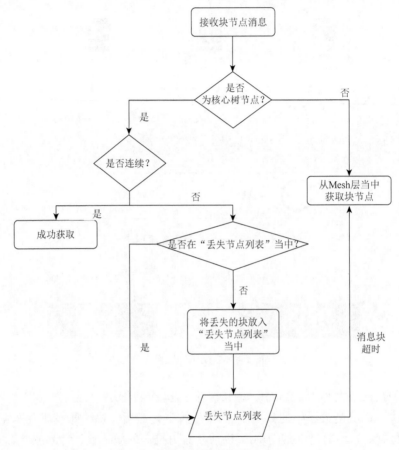

图 5-9　系统数据块的接收具体流程

5.3.3　系统 CDN 层设计

CDN 层的中间服务节点分为 n 层，L_0 是最接近源端的服务器，L_{n-1} 为最远的节点，称为 CDN 的边缘服务器。

CDN 层的结构是一种典型的自上而下的树形结构。这些边缘服务器直接与客户端通信，为客户端提供媒体流。中间层节点负责从上层节点处获得媒体流，并且分发给下层节点。

所有处于第 u 层的节点都允许从第 $u-1$ 层节点处请求媒体。但是，不允许跳过其父亲节点直接从祖先节点处获得内容。当 $u = 0$ 时，该层节点从媒体源服务器处获得内容，并且，源端的服务器只为处于 L_0 层的节点提供内容。这种结构不仅可以减少服务器端的负载，并且由于每个服务器节点都有多个父节点，还可以避免因某一服务器发生故障而导致的单点失效问题。

图 5-10 所示为 $n = 2$ 时的 CDN 结构图。

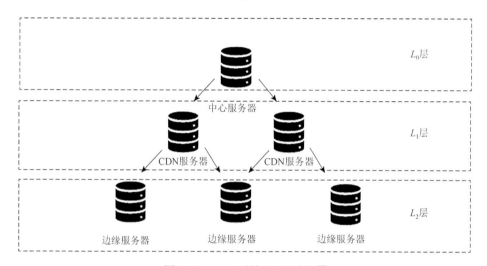

图 5-10　$n = 2$ 时的 CDN 结构图

CDN 边缘服务器能力分区定义如上文所述，CDN 边缘服务器需要提供三种服务。

（1）作为下层 P2P 系统的索引器（tracker），为每个节点选择相应的邻居节点，并且决定节点是作为核心树节点还是网状节点加入系统。索引器不单单只是存在于每个边缘服务器上，在中心服务器上也存在一个索引器以统一调度所有的节点。

（2）作为资源发布者，将视频媒体流发送给直接连接到边缘服务器的节点提供内容，也就是向核心树中的节点推送媒体内容。系统将这部分数据流定义为树推送流。

（3）响应补偿请求。作为应急机制，响应紧急时刻的 P2P 节点的请求，向其发送请求的数据包。即当节点的某一数据包的回放时间快要超过系统保证的延迟时，节点将主动向服务器发送补偿请求，从服务器处将缺失的数据片拉到本地。这部分数据流称为补偿流。

由于 CDN 节点总上传带宽有限，因此所能响应的请求也是有限的。对于第一种服务（索引器功能），系统总是需要满足的。而对于推送流和补偿流：一方面，如果服务器能够尽量多地向核心树节点推送直播媒体内容，数据包将在系统中快速传播，从而提高系统的服务质量；另一方面，如果 CDN 节点能够更多地响应补偿请求，也可以大幅度提高节点的服务质量。这两方面既是相互矛盾，又是相互影响的。

由于服务器总上传带宽有限，因此不能无限满足补偿流的要求，并且对于树推送流所推送的副本数也是有限的。在总量确定的情况下，系统定义服务器总上传带宽（server upload bandwidth，SUB）、分配给树推送流的带宽（core-tree push bandwidth，CPB）、分配给补偿流的带宽（patching flow bandwidth，PFB），最后还有服务器空闲带宽（server idle bandwidth，SIB）。由此，可以得出 SUB = CPB + PFB + SIB。

一般来说，在系统保证的延迟固定的情况下，造成系统补偿流请求增大的情况有两种：第一种情况下，节点动态性较大（大批节点加入系统或离开系统）。第二种情况下，上游提供给接收节点的总带宽突然减少。这两者都会导致数据包不能在规定时间内到达接收节点，从而使大量节点发送补偿请求。然而，可以想象，一味响应节点的补偿请求，机械地增大系统带宽只能一时解决紧急情况，如果无限提高补偿流的带宽，最终只能耗尽服务器的带宽，使系统陷入被动状态。

因此，系统设计了该问题的解决方案，即在补偿请求总数大幅度提升的情况下，同时提升树推送比例。通过增加数据在系统中的副本数，提高数据包在延迟之内传输成功的可能性，从而降低补偿请求发生的频率。对核心树来说，服务器增加一个直接推送节点，就意味着增加一棵以此节点为根的树。以最简单的完全二叉树为例，增加一棵 k 层的二叉树可以增加 $2^k - 1$ 个子节点，其中叶子节点个数为 2^{k-1}。

假设树干节点的上传能力全部用来推送数据，也就是没有多余的能力响应网状结构中节点的数据请求，那么网状节点的请求将全部由叶子节点来响应，也就是说，服务器每增加一个直接推送节点，系统中的推送倍数将至少增加为 2^{k-1}。从这点可以看出，增加服务器的推送节点数将大大提升系统的拷贝能力。

5.3.4　系统核心树算法

系统的核心思想在于，处于某一自治域中的节点并不是简单地形成树形或网状结构，而是每个自治域下的部分节点首先会形成一棵核心树，这部分节点采用树形结构的"推"的方式来获取数据，而其他节点则附属于核心树的周围，形成网状结构。

节点客户端在正式加入直播系统前会首先向服务器发起加入请求，服务器则根据 CDN 的网络地址重定向来确定该客户端属于某个 CDN 边缘服务器的管辖范围。之后节点向边缘服务器而不是源服务器请求内容。

这样，由于 CDN 重定向的地域特性，各个处于不同地理位置的客户端将会被归入不同的边缘服务器。一般而言，客户端所属的边缘服务器总是最接近自己的服务器（在少数情况下，CDN 会因负载平衡的原因将节点重定向到较远的服务器上）。在每个 CDN 边缘服务器下，节点都会形成一个小型的自治域。

1. 扁平结构的核心树

这种树网结合的结构是分别考虑到树形结构和网状结构的优势和劣势，为了互相弥补而提出的。首先，节点的离开对于树形结构来说是致命的，尤其是处于树上层的节点，一旦离开后，它的子孙节点都将受到影响。因此，为了尽量减少节点离开的情况发生，该系统使用可能离开概率较低的节点来组成树，以尽可能降低树重组的概率。并且，网状结构虽然有着控制信息过多导致时延大的缺点，但其对节点离开的抗抖动性非常好，因此，需要将那些离开概率高的节点组织为网状结构。其次，树形结构的叶子节点不能为任何其他节点服务，这是一种极大的资源浪费。例如，考虑一棵完全 K 叉树，当 K 越大时，浪费的叶子节点资源也就越多。为了利用这些叶子节点的上传带宽，需要将其他不属于树的节点组织为网状结构，网状结构中的节点可以从叶子节点处下载内容。

该直播系统中层采用树形结构，树形结构由于不需要交换 Bitmap，因此可以大幅度减少系统中的控制数据流，并且在传输数据前无须进行信息交换，因而可以减少系统时延。

考虑到树形结构的特性，处于树的下端的节点总是会比树的上端节点晚收到内容，这就导致用户实际收看到的内容与正在播放内容的时延。设计者研究了用户体验并结合了各大现有的流媒体直播系统，发现播放时延普遍为 10～20s。超过这个数据时用户体验就会较差。

系统的播放时延与系统采用的架构、流媒体的媒体分块大小以及每个节点的上传带宽有关。例如，媒体分块大小为 0.3s 的数据，如果采用树形结构，每层时延至少为 0.3s 加上传输延迟（每个节点需要在完整地收到块之后再将媒体块转发给下层子节点），而在实际系统中，由于传输延迟的关系，这个值往往更大。假设树中第 i 层的时延为 t_i，则各层时延之和为 $T_{\text{delay}} = \sum_{i=1}^{n} t_i$，要使 T_{delay} 尽量小，就要使 n，也就是树的层次尽量少。

考虑到上述因素，该系统设计的核心树采用的是较为扁平的树形结构。也就是，以 CDN 边缘服务器为根节点，第一层树节点直接连接 CDN 服务器，第一层节点的个数与 CDN 的能力以及分配的带宽的比例相关。第二层树节点则与其父节点的能力相关，以此类推。为了使树尽量扁平，系统需要将能力大的节点放在树的上层。

2. 核心树优质节点选择算法

对于 P2P 系统来说，系统中的节点可以分为两种不同的"优质"节点：第一种是对系统贡献的上传率较大的节点；第二种是稳定节点。当然，有更为优质的节点可以兼顾上传率高以及稳定的特点，称这种节点为强节点。

在核心树节点选择上，系统需要兼顾两种优点的强节点。首先是节点能力大小，如前文所说，节点首先需要拥有尽量强的能力，以为更多的子节点服务，这样可以减小树的高度以缩小时延。其次是核心树中的节点需要尽量稳定，以减少树结构的重组。文献[49]指出，通常在系统中停留越久的节点，之后也会停留越久。而节点保障网络畅通性的能力越强，其在系统中的停留时间也会越久[50]。

系统对每个节点每隔相同的 Δt 时间，统计一次在该时间段内的平均上传率，将其记为 $\overline{U_{\Delta t}}$，表示时间段 Δt 内的平均上传率。

定义节点近期总平均上传率为 $\overline{U}$，表示节点最近 n 次统计得到的上传率的平均值：

$$\overline{U} = \frac{\sum_{i=t-n}^{i=t} \overline{U_i}}{n} \tag{5-1}$$

节点上传率标准差为 $\delta(U)$，$\delta(U)$ 用于表示节点上传率的不确定性，$\delta(U)$ 越大，表示节点上传率越不稳定，而 $\delta(U)$ 越小，则节点上传率越稳定：

$$\delta(U) = \sqrt{\frac{\sum_{i=k-n}^{k} (\overline{U_i} - \overline{U})^2}{n}} \tag{5-2}$$

然而，当数据中存在异常点时，$\delta(U)$ 可能会非常大，因此，在使用 $\delta(U)$ 前需要先除去异常点。对于异常点的判断，需比较 $\left|\overline{U_i} - \overline{U}\right|$ 的数值大小和 $\delta(U)$ 的数值大小，如果 $\left|\overline{U_i} - \overline{U}\right| > \delta(U)$，则表示 i 点为异常点，需要从计算中去除。当扫描完所有点后，如果存在被排除的异常点，则需要重新计算 $\delta(U)$。对于重新计算后得到的 $\delta(U)$，再次进行计算，重新排除异常点。直到异常点不存在，其具体算法流程如图 5-11 所示。

排除异常点后，可得节点上传率 U_t 为

$$U_t = 0.5U_{t-1} + 0.5\overline{U_t} \tag{5-3}$$

最后得到节点稳定上传率为

$$U_t^{stable} = U_t - \delta(U) \tag{5-4}$$

式中，U_t^{stable} 表示去除了节点不稳定性因素后，估计节点可以达到的稳定上传率。由于核心树节点需要稳定地向其子节点推送容量大于等于视频码率的数据流，因

此就算节点平均上传率很高，但其数值不稳定，时高时低，仍会对子节点产生不好的影响。上述公式可以用于去除不稳定的部分，这样就大大降低了节点上传率不稳定带给系统的影响。

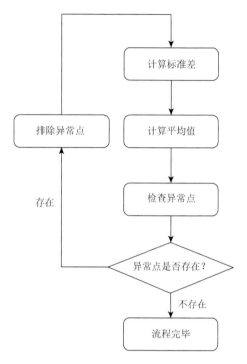

图 5-11　异常点排除算法流程图

在实际使用中，系统的 Δt 为 1min，n 为 10，表示统计最近 10min 的数据。根据经验可得，最近 10min 的数据足以代表用户节点行为。

此外，还需要考虑节点播放质量稳定度以及时间稳定度。不妨定义节点的播放质量稳定度为 χ，$\chi = \dfrac{N_{\text{buff}}}{T}$（其中，$N_{\text{buff}}$ 代表用户缓冲次数，T 代表用户目前为止观看视频的总时长）。χ 越大，表示用户观看视频时缓冲的次数越多，也就是节点的播放质量越差。

节点的时间稳定度为 τ，其形式化表达如下：

$$\chi = \begin{cases} \max\left(\dfrac{2(t_t - t_0)}{L - t_t}, \dfrac{t_t - t_0}{t_t} \right), & t_t - t_0 < \dfrac{L - t_t}{2} \\ 1, & t_t - t_0 \geq \dfrac{L - t_t}{2} \end{cases} \tag{5-5}$$

当 τ 趋向于 0 时，表示节点动态性较大。当 τ 趋向于 1 时，表示节点更倾向于稳定。在这里 t_t 为当前时间，t_0 为视频开始时间，L 为流媒体播放时间总长度。公式表示当节点在系统中存在的时间大于或等于流媒体剩下播放时间的一半时，τ 等于 1，即该节点稳定。并且 τ 取 $\dfrac{t_t - t_0}{t_t}$ 与 $\dfrac{2(t_t - t_0)}{L - t_t}$ 中较大的一方，表示如果节点在媒体开始阶段就加入系统，那么稳定性也被预判为较高。这样就照顾到了先来的以及后来的两种节点。本算法对稳定节点的判断结合了以上两点，即质量稳定度和时间稳定度。节点稳定度为 ρ，$\rho = v\tau - u\chi$。其中，u 为质量稳定度影响因子，v 为时间稳定度影响因子。在这里，时间稳定度 τ 越高，则 ρ 值越大，而播放质量稳定度 χ 越小，则 ρ 值越大。

从以上部分可以进一步定义节点优质度 Q，其定义如下：

$$Q = \varphi \times \begin{cases} 0, & U < \mu \\ \rho, & 2\mu > U > \mu \\ k\rho, & k\mu + \mu > U > k\mu \end{cases} \tag{5-6}$$

当节点上传率 U 小于视频码率 μ 时，Q 为 0。当节点上传率在 $k+1$ 倍码率以下时，Q 为 k 倍的节点稳定度 ρ。其中，φ 为时间影响因子。

根据文献[28]所述，在一天中不同时间加入系统的节点，其生存曲线不同，也就是说，在早晨以及晚上加入系统的节点，其用户行为有所不同。了解节点在几点钟加入系统，从很大程度上可以预测节点将在系统中存活多久。研究表明，在晚上 10 点加入系统的节点有 15.3%在系统中待了超过 1h，而在早上 10 点加入的节点则只有 10%。这一点不难理解，晚间时间是通常所说的休息时间，人们往往愿意花更多的时间在看流媒体等休闲活动上。而早晨时间宝贵，大多用户往往只愿意花费少部分时间。在晚上的黄金时间，φ 值较高，表示挑选节点的门槛较低。而在凌晨，φ 值较低，表示挑选节点的要求更高。

所有节点优质度 Q 大于一定限值的节点，都会进入优质节点候选表，一旦核心树有空缺或需要加入新节点，将在优质节点候选表中挑选节点。

3. 核心树节点替换以及节点上升算法

前面叙述了将普通节点与核心树节点区分开的算法，而本节将进一步对核心树节点进行分类。显然，树的树干节点与叶子节点具有截然不同的位置，因此，将这两种节点概括地混为一谈是不合适的。

根据这种情况，系统将处于核心树中的节点分为两类：第一类为树干节点，也就是处于核心树中层或顶层，拥有一个或一个以上子节点的节点。这类节点的离开将会对核心树的结构产生影响，越上层的节点离开，产生的影响也就越大。第二类节点为叶子节点，即处于核心树底层，不包含任何子节点。第二类节点的离开，对处于核心树其他位置的节点并不会造成影响。

　　本书针对以上这两类节点制定了不同的策略。对于树干节点，为了不造成树形结构调整时的多次震荡，需要尽量减少树干节点的调整，因此一旦核心树中的节点成为树干节点，除非其不满足基本条件（即节点上传率 $U \geqslant$ 视频码率 μ），或该节点离开了系统，否则将不会被替换。树干节点是由优质节点选择算法选出的。此外，对于叶子节点，由于叶子节点的动态性不会影响到树的结构，因此本书总是选择上传率最优的节点并使其成为叶子节点。也就是说，叶子节点不一定符合前面提到的稳定度算法，而只需要满足上传率最大的需求。

　　叶子节点的资源情况将在每个循环时间重新分配一次。首先，对于每个现有的叶子节点计算其自身上传率 U。其次，叶子节点向其邻居节点发送请求，请求它们的 U 值。再次，叶子节点比较自身的 U 值和其所有邻居当中的最大 U 值，如果发现有邻居的 U 值大于该叶子节点，那么二者就交换位置。由叶子节点向其父节点发送离开请求，并且向被选中的邻居发送父节点信息，新的叶子节点则主动向父节点请求加入。其过程如图 5-12 所示。

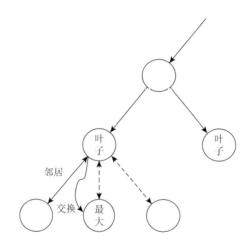

图 5-12　叶子节点调整算法图

　　由于替换树干节点将造成核心树的结构重组，因此一般不替换树干节点。但是当树干节点不满足基本要求或者节点离线时，需要用到树干节点离开算法。

　　首先，当节点 a 离开时，向其父节点或者 a 的子节点发送离开请求，并告知所有子节点其父节点的节点信息。接着子节点计算自己的上传率以及稳定度，并向祖父节点发送计算值 Q，祖父节点从中选择具有最大上传率的 b 节点，由 b 节点替代离开的父节点的位置。如果节点 b 的出度未满，则将离开节点 a 的子节点作为 b 的子节点。如果节点 b 出度已满，也就是说 b 无法再接受更多的子节点，则节点 b 在其子节点中选择具有最大上传率的 c 节点，由 c 节点替代 b 节点原先的位置。后续节点以此类推，直到找到节点出度足够满足能够到达所有子节点或到达树干节点最低层为止。其具体过程如图 5-13 所示。

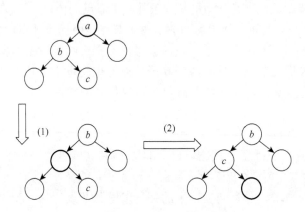

图 5-13　核心树干节点离开算法图

该算法可以实现以下两点效果：第一，核心树越上层的节点总是更优的，这样，越上层的节点就越稳定，可以保证树的稳定性；第二，万一上层节点离开，在通过短时间的调整后，离开节点的子孙节点还能够保持在核心树中，不会离开。

5.3.5　边界模糊的网状结构

处于系统第三层的为网状结构，所有未达到稳定节点条件的节点都处于这一层。需要注意的是，如果将所有节点都限制在其自治域下，系统的可扩展性将会受到一定的影响。例如，自治域 A 由于低带宽的节点过多，导致区域内拥塞，此时，新加入的节点如果仍旧要从该区域中获取数据，可能会加重拥塞现象。因此，需要设计系统第三层的网状结构为半组织的，也就是说，网状结构中的节点以一定的比例，同时考虑邻居节点的远近与其剩余能力来进行选择。并且，其选择范围不限于某一特定自治域，而是可以跨越多个区域之间。

在网状结构中，节点的离开不会对核心树中的节点造成影响，例如，节点 H 离开系统后，对树中节点的数据传输并无影响。考虑到核心树中的节点都是稳定的，很少有离开的情况，因此整个系统将处于稳定状态。

一旦有核心树中的节点离开了，如果这个节点是个叶子节点，那么情况就与网状结构中的节点离开相同。如果不幸离开的节点是一个内节点，那么系统将在属于本自治域内的网状节点中寻找时间最长的节点来代替其位置。而其子孙节点在这段时间内缺失的数据则通过从网状结构中的邻居列表中寻找节点获得。

　　当节点处于网状结构中时，节点会向服务器请求其邻居节点的列表，由索引器提供候选邻居列表。节点在索引器提供的邻居列表中，将 $P = U_{\text{rematin}} + \lambda_{a,b}$ 最大的 n 个节点选择为新节点的邻居。其中，U_{rematin} 为被选择节点的当前剩余能力，$\lambda_{a,b}$ 表示新加入节点与原始节点本身的相关度。

　　节点间相关度 λ 的计算方法利用了 CDN 的 URL 重定向。通常，当两个节点多次被重定向到同一个服务器时，意味着这两个节点间的距离很近，可能处于同一个城市。这种情况下，λ 为 1。如果两个节点从未被重定向到同一服务器，那么往往表示这两个节点距离较远，可能处于两个国家甚至两个不同的洲。此时，节点间 λ 为 0。

　　本书定义：

$$\lambda_{a,b} = \frac{\sum_{t \in S_a}(\sigma_{at}\sigma_{bt})}{\sqrt{\sum_{i \in S_a}\sigma_{at}^2 \cdot \sum_{i \in S_b}\sigma_{bt}^2}} \tag{5-7}$$

式中，$\lambda_{a,b}$ 为节点 a 与节点 b 的相关度；S_a 为节点 a 被重定向到的服务器的集合；σ_{at} 为节点 a 被定向到服务器 t 的次数。可以看出 $\lambda_{a,b}$ 最大为 1，此时，节点 a 与 b 被定向到同一服务器的次数都相同，最小为 0，即节点 a 与 b 从未被定向到同一服务器上。

　　这样的算法同时考虑了节点选择的地域因素以及节点的能力。当节点剩余能力为 0 时，即该节点所有上传带宽都用完的情况下，即使距离再近，Q 仍旧为 0。

　　并且，为了提高加入网络中节点的启动速度，使用服务器的剩余能力来为新加入节点的启动服务。所有节点在新加入系统时，首先直接连接 CDN 服务器来开始部分内容，以缩短节点的启动时间，在启动完成后，则断开连接，或从核心树或从网状结构中获取数据。

5.3.6　树网结合系统的实际应用

　　本书在这里通过案例验证了上述系统架构的可行性。同时比较了纯 P2P 环境以及不采用树网混合的纯网状结构下的结果，实现了双重混合架构与当前流行架构的性能比较。本章使用了文献[51]中的模拟器来提供基本的 P2P 功能，该模拟器可以支持超过 10000 节点的大规模的 P2P 流媒体直播系统的模拟，并且本章在其基础上加入了 CDN 节点以及树网结合数据推拉的方式。

　　本节将首先比较三种不同的系统架构，分别如下。

　　（1）P2P-ONLY：纯 P2P 结构，即使用中心索引器的普通 P2P 系统。

　　（2）CDN-P2P（mesh-only）：基于网状架构的混合 CDN-P2P 系统，使用网状

结构下的节点选择算法，即引入 CDN 重定向后的优化邻居节点选择算法。

（3）CDN-P2P（mesh-tree）：树网结合的混合 CDN-P2P 系统。在优化邻居节点选择算法之后，进一步使用树网结合的方式，将系统中的稳定节点选入树中，使用推的方式发送数据。

本章案例所使用的网络拓扑结构数据为 King 数据集。King[52]是一种网络时延的估计工具。King 是一个利用递归 DNS 查询快速而准确地估计任意端主机间时延的工具。由于 King 不仅准确而且只依赖于现行的网络设施，在 King 诞生后，其往往被应用到网络研究的各个领域，而不仅仅局限于对 Internet 时延的研究。在其中，不仅有网络拓扑系统的研究，也有分布式系统、P2P 网络等方面的研究。

King 的工作原理是：给定一对需要测量的终端系统，King 首先分别找到距离这两个终端在网络拓扑结构上最近的 DNS 服务器，然后测量这两个 DNS 服务器之间的距离来近似地得到这两个节点间的距离。

本章中使用的 Meridian 数据集来源于康奈尔大学的 Meridian 项目[53]，该项目的目的在于建立一个点对点的覆盖层网络框架。该项目使用 King 对 2500 个 Internet 终端之间的时延进行了测量，获得了它们之间的真实时延。笔者团队在案例中使用该数据集，使网络模拟时可以有真实的网络案例，从而使模拟更接近于真实网络环境。

本节的案例都使用 5.3.5 节所修改的模拟系统进行大规模的落地应用，主要分析的数据有：播放延迟（playback delay），指数据块从源端被发送到终端节点被播放之间的时间差，显而易见，播放延迟较小，表示系统处于一个较为良好的情况；启动延迟（startup delay），指用户加入系统，到用户观看到第一个视频帧之间的时间差。显然，当用户不需要等待较长时间就可以观看视频时，也就是启动延迟减小时，将会大大改善用户体验；节点上传率，指节点对系统的贡献度，节点上传率越平均，说明系统越公平。

本书比较了 P2P-ONLY、CDN-P2P（mesh-only）、CDN-P2P（mesh-tree）这三种不同的系统，分别代表了纯 P2P 环境、基于网状架构的混合 CDN-P2P 系统以及双重混合的 CDN-P2P 系统。

客户端节点采用三种不同类型的节点，其上传带宽分别为 1Mbit/s、384Kbit/s 和 128Kbit/s，下载带宽分别为 3Mbit/s、1.5Mbit/s 和 768Kbit/s。而对于 CDN 节点，本书采用上传带宽为 10Mbit/s 的高速节点，以此来保证 CDN 节点可以为更多的客户端服务。

案例视频码流为 300Kbit/s，每个数据包长度为 1250B，即对于每秒的数据，有 30 个数据包将被发送。系统模拟的时间为 300s，在 300s 的时间内，将有大量节点加入，并伴随着大量节点离开。

图 5-14 为这三个系统在规模为 600 个节点下的播放延迟比较图,可以看到,在仅使用 P2P 结构时播放延迟较大,而采用 P2P 与 CDN 混合架构则能大幅度减小播放延迟。进一步,加入树网混合结构后,播放延迟再次减小。

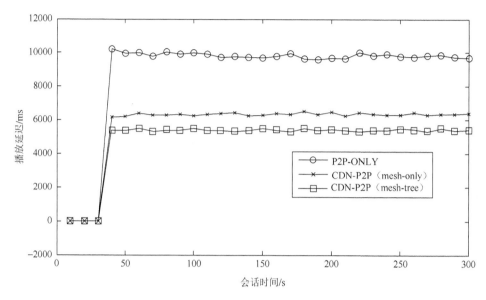

图 5-14　系统播放延迟比较图

显而易见,一个部署了 CDN 服务器的系统性能总是优于单纯的 P2P 系统,因此,本章之后的比较将仅比较 CDN-P2P 系统以及 CDN-P2P(mesh-tree)这两种架构。

本书重新调整了模拟系统的网络配置,提高了视频码流,使系统更接近于日后高清视频的需求。

客户端节点仍旧采用三种不同类型的节点。其上传带宽分别为 1Mbit/s、512Kbit/s 和 384Kbit/s,下载带宽分别为 3Mbit/s、1.5Mbit/s 和 768Kbit/s。对应于带宽高、中、低三种不同节点在系统中的比例分别为 20%、30%、50%。也就是说上传带宽较低的节点数量占总系统的一半。

而对于 CDN 节点,本书采用上传带宽为 10Mbit/s 的高速节点,以此来保证 CDN 节点可以为更多的客户端服务。

案例视频码流为 512Kbit/s,每个数据包长度为 1250B,系统模拟的时间为 300s。

图 5-15 比较了两种 CDN-P2P 系统,一种为仅使用网状邻居选择算法的 P2P 与 CDN 混合系统(CDN-P2P),另一种为本章提出的双重混合系统(Double-Hybrid)。

本书模拟了 100 个客户端节点,并有两个 CDN 服务器作为服务节点的小型流媒体直播系统。可以看到,虽然普通的 CDN-P2P 架构播放延迟始终保持在 5s 之下，但是经过改进后的架构其播放延迟只有原系统的一半，远远低于用户可以承受的范围。可以看出，本章的设计在系统较为空闲时的表现大大优于普通架构。

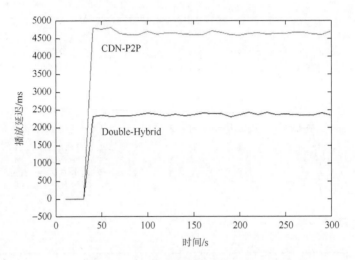

图 5-15　系统播放延迟比较图（一）

图 5-16 显示了规模为 1000 个节点的中型流媒体直播系统，采用了四个 CDN 节点。相比上一种情况，节点的播放延迟普遍增加，这是由于系统中节点数大大增加了，与此同时，CDN 服务器数却没有同比例增长。因此系统处于忙时，可以看到，普通 CDN-P2P 系统的播放延迟大约在 6.5s 以上，而本章设计的双重混合模型延迟在 5s 左右，延迟降低了 23%。

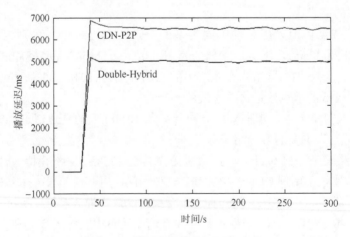

图 5-16　系统播放延迟对比图（二）

由此可以看出，无论系统当前处于较空闲的状态还是较繁忙的状态，双重混合模型都可以在一定程度上减少播放延迟，从而提高用户体验。

图 5-17 显示的是动态情况，首先在系统中模拟了 600 个节点，然后在第 160～200s，动态加入 400 个节点，用来模拟系统峰值情况。可以看到，当峰值来临时，整个系统的播放延迟都会大幅度增加，并且由于新加入的节点无法参与上传，因此此时系统处于不稳定状态。当这些节点在系统中稳定等待一段时间后，系统会慢慢恢复，节点播放延迟将会约等于 1000 个节点情况下的节点平均播放延迟。

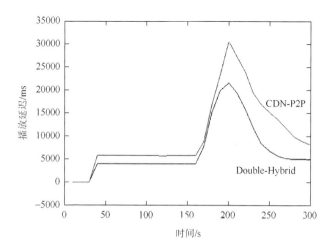

图 5-17　动态情况下的平均节点播放延迟

通过观察图 5-17 可以发现，在第 160s，两种模型的数值同时升高，在第 200s时，系统达到顶峰，之后由于没有后续加入的新节点，数值开始下降。

但双重混合系统的节点播放延迟峰值在 20s 左右，远小于普通 CDN-P2P 的30s。并且，双重混合系统在 270s 时已经恢复稳定情况，也略快于 CDN-P2P 系统。

由此可见，本章的系统在节点动态抖动较大的情况下，无论在系统峰值上还是在恢复稳定时间上，Double-Hybrid 的表现都优于其他系统。

图 5-18 显示了两种架构下启动延迟的累积分布函数（cumulative distribution function，CDF），由于加入了 CDN 服务器，在节点启动时，节点主动向 CDN发起紧急请求，由 CDN 直接发送数据块给节点，因此系统的启动延迟将大大减小。

图 5-18 中纵坐标为启动延迟的百分比，横坐标为节点的启动延迟（ms），可以看到对于启动延迟小于 15s 的节点，CDN-P2P 大约有 75%，而 Double-Hybrid则有 90%以上接近 100%的节点启动延迟小于 15s。

因此可以看出，与播放延迟相同，经过优化的系统启动延迟将大大减小。

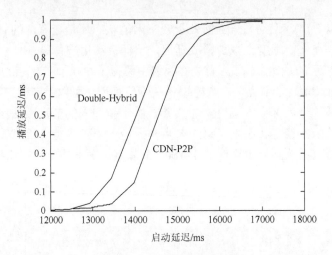

图 5-18　启动延迟 CDF 图

第6章　数据驱动的 CDN 资源管理技术

6.1　内容分发网络资源管理背景

6.1.1　内容分发网络资源管理问题和数据驱动方法

内容分发网络运营商在进行 CDN 资源管理时，主要考虑的两个目标包括：服务质量的提升和运营成本的降低。服务质量是衡量内容分发网络运营商相比其他的运营商是否有竞争力的重要指标。内容分发底层系统很复杂，通常不可能精确地建模。在内容分发网络的资源部署中，服务质量模型通常要考虑到网络质量、机器质量以及服务客户的内容的属性。手动对内容和网络资源进行组织和管理的方式已经无法适应海量和变化的用户需求。内容分发网络运营商需采用自动调整运维参数的技术来处理巨量动态的用户访问请求和满足服务质量。另外，所有资源的部署与调配都将会对运营成本有巨大的影响。内容分发网络运营商需要在保障用户服务质量的同时，尽可能地降低部署成本。

在大数据和人工智能时代，使用数据驱动和机器学习的方法来解决 CDN 资源管理问题是一个重要的发展趋势。内容分发网络运营商已经累积了大量的 CDN 运营日志数据，迫切需要进行大数据分析，以优化其 CDN 资源管理策略。大量的数据为数据驱动的优化云应用部署、调度决策奠定了基础，如何使数据驱动方法应用于内容分发网络成为重要的问题。

6.1.2　内容分发网络资源管理具体内容

CDN 资源管理主要围绕长期规划、实时调度和 QoS 评估三个问题。实时调度主要着重于存在节点（point of presence，PoP）的热点内容更新和帮助客户端实时重定向选择 PoP，长期规划主要针对 CDN 骨干节点和 PoP 建设的长期规划与高性价比扩容问题，而 QoS 评估主要着重于对调度和规划后 CDN 的服务质量进行评估，评估结果再反过来指导和优化调度与规划。

本章研究前两个问题，通过基于数据驱动和机器学习的 CDN 边缘计算资源调度和部署技术，优化 CDN 资源实时调度，合理规划资源部署，从而更好地保证内容分发服务的质量，同时大幅度提高内容分发架构资源的利用率，大力节省CDN 提供商的服务运营成本。

6.1.3　内容分发网络资源管理的多云架构

互联网的过度延迟和带宽限制使应用程序部署到集中式云以提供服务是不可行的，所以多边缘云或多云架构（multi-cloud architecture）是内容交付的趋势。在多边缘云架构中，CDN 每个边缘节点，又称为 PoP，可以被视为单点云。每一朵云可能分布在不同的地区，由不同的组织根据特定的实现方案分区管理，独立为用户提供服务。虽然不同的 PoP 云之间并不是同构的，但它们在面对用户请求时存在协同关系，可以完成云之间的资源协助。多云架构基于单一云计算架构。该架构使用多个云计算服务，并且涉及的云都在逻辑上组合。企业可以实现不同云之间的负载平衡或在一个供应商的云上部署工作负载，并在另一个云上进行备份。当面临突发流量时，企业可以选择其余的云作为其当前的云扩展，以确保服务质量。然而，当落实到具体业务时，仍有许多细节需要进一步考虑。

在工业界中，越来越多的公司正在实施多云平台开发策略，以避免局限于单个供应商，提高可用的服务交付能力，避免敏感信息被特定控制。在这种情况下，用户可以选择亚马逊网络服务（Amazon Web Service，AWS）、亚马逊简单存储服务（Amazon Simple Storage Service，Amazon S3）作为存储，选择Rackspace OnMetal 作为云数据库，选择 Google 用于数据系统，选择基于 OpenStack的私有云来管理敏感数据和应用程序。所有这些资源共同建立一个或多个系统，使公司能够满足客户特定的需求。

6.2　内容分发网络资源长期规划设计

6.2.1　多云长期部署模型与算法设计

企业正在不断寻求新颖和创造性的方法，以最大限度地增加利润空间，以利于企业未来的发展，在较小财务压力的情况下，完成技术上的成长。对于 CDN服务提供者来讲，所有资源的部署与调配都将会对运营成本产生巨大的影响。他们需要一个较为长期的资源部署算法，在保障用户服务质量的同时，尽可能地降低部署成本。

本节我们针对多云环境下 CDN 的长期资源部署问题进行讨论。首先讨论多云环境架构，介绍 CDN PoP 云节点之间的关系以及用户与 PoP 云节点之间的关系。随后在线下针对用户访问日志进行建模分析，计算出一定周期内的用户服务质量。最后利用评估出的服务质量的结果以及价格作为长期部署资源的参考因素，设计长期部署算法，并用算法的输出结果指导较长周期内资源的调整。

1. 多云环境架构

本章研究主要基于多云架构系统框架，将多媒体内容分发作为目标应用，设计了资源优化配置与调度机制的方法，使多云环境下的 CDN 资源调度更加灵活和弹性。多云环境的总体架构如图 6-1 所示。

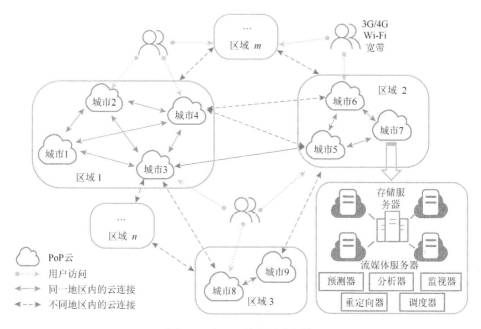

图 6-1　多云环境的总体架构

首先，我们来说明本节中所提到的多云环境的架构。CDN 内容提供商会在不同的城市部署数据中心，每一个数据中心都有不同容量的资源（服务器、CPU、带宽等），每一个 PoP 可以看作一朵具有弹性伸缩功能的云，在资源调度方案的指导下可根据用户的请求进行使用资源的调整。在本架构中我们默认在一个城市只有一个云数据中心，但并不是每个城市都有自己的云。

根据地理位置的相近性，我们将云分为不同的区域，图中用灰色圆角矩形表示。属于相同区域的云将被认为是相互连接的，那么这个 PoP 就可以响应来自对方城市的用户请求。同时，当一朵云没有办法响应某个用户请求时，可以将该请求重定向到相连接的云，从而为用户提供服务。

同一个区域的云在我们的架构中均扮演对等的角色，在图中通过实线双向箭头连接。跨越区域的云是部分连接的，这是因为距离太远的云或者受某些商业限制的云没有办法提供能够保证质量的服务，图中用黑色虚线双向箭头连接。如果两朵 PoP 云之间没有线段相连，就说明它们不能为彼此提供重定向服务，也不能响应来自该 PoP 城市用户的需求。用户请求（图中用灰色单向箭头表示）可以被三种 PoP 响应。

（1）如果用户所在城市有 PoP，则该节点可提供服务。

（2）如果用户所在城市没有 PoP，则被该城市所在区域内的节点服务。

（3）可以被与（1）、（2）中的节点连接的其他节点服务。

对于每一个终端用户，可用不同的网络（4G/3G/Wi-Fi/有线网络……）、不同的终端设备（电视/计算机/手机/平板电脑……）向服务提供商发出请求。每一个请求都将会产生一条日志记录存储在数据中心的存储设备上。

2. 多云长期调度模型设计

每当用户向服务器发出资源请求时，就会有一条独立的文本记录存储在日志中，这就是最原始的网站数据日志。本章尝试对大量的访问日志进行分析，对互联网应用的服务质量、访问分布以及服务成本进行建模计算，并使用多云环境中的长期调度算法，得出较优的部署方案。该模块的架构如图 6-2 所示。

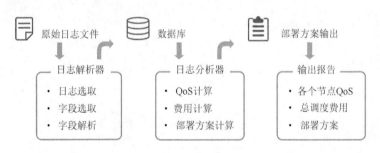

图 6-2　多云长期调度模型

日志解析器的主要功能是对原始的日志文件进行预处理、为之后的计算做准备工作，其主要任务有以下几点。

1）合并多个服务器的记录并筛选出符合条件的日志记录

由于各个 PoP 服务器类型不同，不同服务器的日志格式存在一定的差别。所以需要在合并时对不同的字段进行处理与合并。对合并后的日志文件，我们需要删除那些对衡量服务质量没有影响或者不相关的日志记录。例如，删除格式不规范的日志，删除访问资源为.css、.swf 后缀的文件，删除用户请求动作不是 GET 的日志，以保证下一步日志分析输入的正确性。

2）选取有用的字段

为了保证更加完整地记录用户的访问事件，日志记录往往都是尽可能全地记录所有的信息。但是对于我们研究的这个问题，有一些字段并没有参考意义，所以我们可以提前对它们进行删除处理，这样就可以减轻后续处理任务的负担、提高处理速度。

3）解析字段的含义

日志往往都是以数字和字母来存储的，这样便于计算机用二进制的方式进行处理计算。但很多字段的潜在含义其实是需要进一步"翻译"的。例如，对于一个 IP 地址，需要判断出它的所在地、所属运营商，进而才能知道该请求来自哪个 PoP、属于哪个区域。由于某些原因，有部分服务器使用的是虚拟 IP 进行日志记录，所以还需要将仅内部可见的虚拟 IP 翻译为真实 IP。在本算法中选取后的字段如表 6-1 所示，下面简单地对部分重要字段进行简单的说明。

表 6-1　日志字段示意表

字段标识	字段含义
%channel	域名
%stimestamp	时间戳
%cacheip	Cache 机 IP 地址
%hostip	客户端 IP
%size	响应大小
%code	响应状态码
%msec-dltime	响应时间
%cache	Squid 请求状态
%upsize	上传大小
%url	请求 URL
%referer	引用 URL
%ua	客户端代理
%cdnip	CDN 节点 IP

%hostip 指的是用户 IP，服务器根据这个 IP 将信息回复给访问者。

%stimestamp 是用户发送请求的时间，采用"标准英文格式"或"公共日志格式"。

%url 主要标注了请求的具体信息。通常格式是"方法资源协议"。常见的方法有 GET、POST、HEAD。资源指的是浏览者向服务器请求的文档或者 URL。

%code 指的是访问状态代码，表示请求是否成功，或者遇到了什么样的错误，大多数时这项的值是 200，代表服务器已经成功地响应用户的请求。

%referer 指的是来源地址。当用户向服务器发送请求的时候，日志中会记录来源地址，即上一个访问页面的 URL 地址，可以通过分析此字段知道用户获取该资源的来源，从而调整宣传策略。

%ua 是 useragent 的缩写，表示用户终端的详细信息以及接入互联网的方式和设备。

该模型的第二个关键步骤就是分析器。分析器的主要功能就是将解析器处理过的日志进行进一步分析，计算出所有 PoP 之间的 QoS 指标与服务成本，并执行长期调度算法，输出优化的部署方案。接下来会重点介绍 QoS 指标、计费模型以及长期调度算法，所以这里就不再赘述了。

3. QoS 模型设计

对于多云服务来说，提供高性能、高可扩展性和灵活性的服务是其核心竞争力，而这些服务的输出通常被视为用户体验。因此，我们需要设计出指定质量维度和度量来量化服务质量的模型，这将有助于服务选择和发现，给予 CDN 服务提供商更合理的决策支持。

1）长期部署算法 QoS 指标

在本模型中，我们采用了以下四个指标作为我们的服务质量参考，并且对它们一一进行量化。

（1）可达性（usability）。可达性是一个布尔类的值，用于标明一朵云是否能够响应来自另一个城市的用户或者云的请求。这就是我们在 6.1 节多云架构中提到的 PoP 云节点的连接性。如果两朵云互通，那么可达性用 1 来表示，否则用 0 来表示。用公式表达如下：

$$\text{USAB}_c^n = \begin{cases} 0, & \text{如果云}c\text{不能响应来自城市}n\text{的请求} \\ 1, & \text{如果云}c\text{可以响应来自城市}n\text{的请求} \end{cases} \tag{6-1}$$

可达性一般和网络条件的限制或者商业限制条件相关。例如，如果有一朵云在构建时就是专门为某些城市的请求提供服务的，那么对于其余城市来讲，这朵云的可达性就是 0。

（2）可用性（availability）。可用性指的是在一定时间间隔内有效服务时间的百分比，它的计算公式如下：

$$\text{AVAL}_c^n = 1 - \frac{n_{\text{failed}}}{n_{\text{total}}} \tag{6-2}$$

我们把目标观察时间平均分为 n_{total} 个时间块，例如，每两分钟作为一个时间块。将一个时间块中系统没有提供正常服务的时间块记为 n_{failed}，那么正常提供服务的时间块的数量占总的运行时间块的比例则被定义为服务的可用性。定义 t_{failed} 的方式有很多种，在本章中我们采用计算 CDN 访问日志中成功状态码比例的方法来计算可用性。状态码的含义如表 6-2 所示。

表 6-2　状态码示意表

状态	状态码	状态含义
成功	100～199	客户端需要响应
	200～299	请求成功
	300～399	请求重定向
失败	400～499	客户端错误
	500～599	服务器错误

当某一个时间块内所有用户发出的请求中响应失败的请求比例超过某一个阈值（本章默认为 5%）时，我们就认定这一个时间块没有正常提供服务。

（3）响应性（responsive）。响应性代表的是 PoP 云 c 在时间间隔内从城市 n 响应请求的及时性，如下：

$$\text{RESP}_c^n = 1 - \frac{f(T)}{t_{max}} \tag{6-3}$$

式中，$T = \{t_1, t_2, \cdots, t_m\}$ 表示一个周期内所有请求的时间差的集合，其中 $t_i (i=1,2,\cdots,m)$ 表示从请求 i 提交到完全被响应之间的时间差，m 代表在一个周期内所有收到的请求数；t_{max} 指的是最大可接受的请求响应时间；f 是一个衡量一组数据集中程度的函数，如平均数、中位数等。在本模型中，我们采用平均值作为求响应时间的函数，RESP_c^n 越接近 1，响应性越高，表示云 n 可以更快地响应来自城市 c 的请求。

（4）距离（distance）。距离指的是从城市 n 到云 c 用于数据传输的物理媒体的长度对服务质量的影响。实际上，同一城市的数据包可能会选择不同的路由到达同一个目的地，并且设备可以通过电缆、Wi-Fi、3G/4G 等不同方式访问互联网。这些因素导致难以获得云与城市之间距离的准确数值。在本模型中我们以地理位置距离作为参考值来估计两地之间的距离。地理位置相距 x 的城市，它们的距离指标可以计算为

$$\text{DIST}_c^n = 2 - \frac{2}{e^{-x/300}+1} \tag{6-4}$$

· 138 ·

　　对于城市之间的距离，我们使用的是百度地图[54]估计两城市中心之间距离的方式。式（6-4）的参数是根据实际经验调整的。当 $x=0$ 时，$\text{DIST}_c^n=1$。DIST_c^n 随着 x 的增大而减小。式（6-4）还很好地处理了远距离的情况。例如，两个相距 2000km 的城市的函数值与两个相距 5000km 的城市的函数值相差不多。这是因为这种超长距离的数据传输服务质量对于用户来说都是不可忍受的，所以它们的数值改变也不应该太大。

　　2）长期部署算法 QoS 模型

　　在经济学中，效用函数可用于表示偏好，它衡量"消费者从任何一篮子商品和服务中获得的满意程度"[55]。我们受到经济学的启发，在我们的模型中使用效用函数来衡量用户从云服务提供商获得的满意程度。我们使用一般的指数函数来模拟一个用户在一个属性上的偏好。

　　对于值越高表示效果越好的属性来讲，它的效用函数可以表示为

$$u(x)=k_1(e^{a_1 x}-b_1) \tag{6-5}$$

式中，$u(x)$ 代表效用；x 代表我们所要衡量的指标（$0\leqslant x\leqslant 1$）；a_1 和 b_1 是两个正的常数；k_1 是一个取值因素使得 $u_1(0)=0$ 和 $u_1(1)=1$。根据文献[56]中的推荐，我们在模型中采用 $a_1=1$，$k_1=1/(e-1)$ 以及 $b_1=1$。其函数曲线如图 6-3 所示。

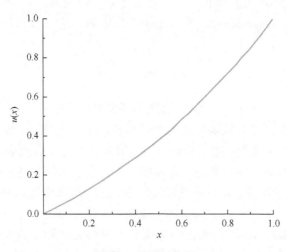

图 6-3　效用函数图

　　接下来我们使用一个加权函数来凸显每一个衡量指标的重要性，并计算最后的服务质量值。我们将城市 n 向云 c 发出请求的服务质量衡量为

$$\text{QoS}_c^n=w_R u(\text{RESP}_c^n)+w_A u(\text{AVAL}_c^n)+w_D u(\text{DIST}_c^n) \tag{6-6}$$

式中，w_R、w_A、w_D 分别代表响应性、可达性和距离指标的权重。当服务质量指标中可用性 $\text{USAB}_c^n=0$ 时，$\text{QoS}_c^n=0$。

4. 计费模型设计

在本模型中，我们假设应用服务面向多个区域，每个地区都包含一定数量的城市和 PoP 云，每朵云数据中心都有自己的收费价格。通常，虚拟机（virtual machine，VM）、流量和存储的成本函数相对于其输入数据是线性的或凸的[57]。我们定义 R、City、Cloud、M 分别代表区域、城市、云数据中心、分发内容的集合。对于存储、开启虚拟机以及网络流量的计费函数可以用 $CS_c(\ )$、$CV_c(\ )$、$CT_c(\ )$ 来表示。所有的符号表示如表 6-3 所示。

表 6-3　计费模型符号含义

符号名称	符号含义
R	区域集合 $\{R_1, R_2, \cdots, R_r\}$
City	城市集合 $\{N_1, N_2, \cdots, N_n\}$
Cloud	PoP 云数据中心集合 $\{C_1, C_2, \cdots, C_c\}$
M	分发内容单元的集合 $\{M_1, M_2, \cdots, M_m\}$
S_m	内容单元 M_m 的大小
$CS_c(\ )$	云 c 的存储费用函数
$CV_c(\ )$	云 c 的虚拟机租用函数
$CT_c(\ )$	云 c 的流量费用函数
f_n^m	城市 n 请求内容 m 的请求数
$x_c^{n,m}$	f_n^m 被云 c 处理的比例
I_c^m	表明云 c 是否有内容 m 的标志量，取值为 0 或 1

我们将视频以更细粒度的方式作为内容单元。我们假设有 M 种不同种类的内容单元。我们使用 S_m 来存储传送的内容单元 M_m 的大小。将流 f_n^m 定义为城市 N_n 的内容单元 M_m 的请求数。我们的目标是将每个流量分配给一个数据中心，同时确保服务质量并尽可能地降低部署成本。

为了更好地用数学的方式表达问题，我们引入一个标志量 I_c^m，它用于表达云 c 是否包含内容单元 m，如果包含则值为 1，否则值为 0。那么我们现在就可以把部署的代价叙述为

$$\left\{ \begin{aligned} &Cost = \sum_c \left(CS_c\left(\sum_c\sum_m I_c^m S_m\right) + CV_c\left(\sum_c\sum_m x_c^{n,m} f_n^m\right) + CT_c\left(\sum_c\sum_m x_c^{n,m} f_n^m S_m\right)\right) \\ &\text{s.t. } \forall f_n^m > 0, \quad \sum_m x_c^{n,m} = 1 \end{aligned} \right. \quad (6\text{-}7)$$

式中，$\sum_c \sum_m I_c^m S_m$、$\sum_c \sum_m x_c^{n,m} f_n^m$、$\sum_c \sum_m x_c^{n,m} f_n^m S_m$ 分别计算了存储量、请求数量以及请求的流量；Cost 则代表部署所用的总代价。

5. 长期部署算法设计

我们所提出的长期部署算法从 CDN 服务提供商的角度出发，目标是找到一个在较长时间段内都有优势的部署方案，寻找用户服务质量和服务成本之间的平衡点。CDN 服务提供商可以根据业务策略设置服务质量的阈值 QoS_{th}，我们将在满足 QoS 要求的同时找到最低成本。具体的算法描述如算法 6-1 所示。

算法 6-1　长期资源部署算法

输入：City，Cloud，M，$CS_c(\ )$，$CV_c(\ )$，$CT_c(\ )$，网站服务器日志数据
输出：部署拓扑结构 T，总部署成本
1.　foreach city n in City do
2.　　foreach cloud c in Cloud do
3.　　　if $USAB_c^n == 1$ then
4.　　　　计算 $AVAL_c^n$、$RESP_c^n$、$DIST_c^n$ 和 QoS_c^n
5.　　　else
6.　　　　$QoS_c^n = 0$
7.　　end foreach
8.　foreach city n in City do
9.　　minCost = MAXN，Cost = 0
10.　　foreach cloud c in Cloud do
11.　　　if $QoS_c^n > QoS_{th}$ then
12.　　　计算 $Cost_c^n$
13.　　　if $Cost_c^n < minCost$ then
14.　　　　minCost = $Cost_c^n$
15.　　　　candidateCloud = c
16.　　end foreach
17.　　将 $n \rightarrow$ candidateCloud 添加进部署拓扑结构 T
18.　　Cost = Cost + minCost
19.　end foreach

由于日志的数量巨大，常规的计算方式无法满足对计算时限的要求，所以本章所有的数据计算、算法均是在 Spark 上运行的。从整个 Spark 作业调度系统的角度来看，我们从分布式存储系统（如 Hadoop 分布式文件系统（Hadoop distributed file system，HDFS）、Hive）或 Python 数据集中将 Web 日志数据、算法功能加载到 Spark 中。在本模型中，我们将 Web 服务器日志加载到 HDFS 中以计算 QoS，然后使用长期部署算法计算部署拓扑。每个输入将被转换为弹性分布式数据集

（resilient distributed dataset，RDD）对象，并转换为由有向无环图（directed acyclic graph，DAG）调度程序管理的 DAG。RDD 可以通过一些方法来操作，如过滤器，并且将被动作算子（Action）激活。任务计划程序启动任务并把任务分配给 Worker 节点执行，并将结果输出到分布式存储系统或数据集中。

图 6-4 是我们在 Spark 上运行长期资源部署算法的示意图。从 HDFS 加载日志后，首先将用户通过特定云服务的 Internet 地址由 CDN 服务提供商提供的地图表映射到城市，然后按照城市进行分组。为了计算 QoS 的不同度量，我们使用不同的函数来减少上一步产生的组 RDD，并通过效用函数映射结果 RDD。映射后，我们得到每个属性的 QoS 度量值，接下来我们通过加权度量的加权值来计算最终 QoS。随后根据服务提供商设置的 QoS 阈值，选择满足在服务质量前提下计费最少的部署方案，并且输出。

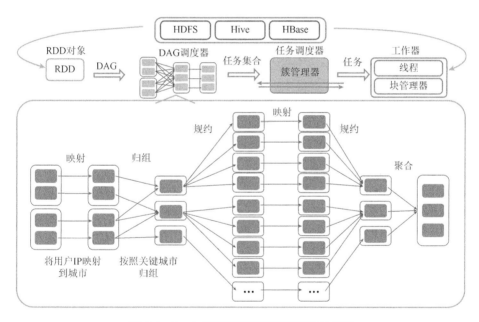

图 6-4　Spark 运行长期资源部署算法示意图

6.2.2　服务质量驱动的 CDN 资源优化部署设计

云服务异构、部署需求复杂以及多云部署的问题空间大，使得在多云环境下部署应用程序成为一个困难且容易出错的决策过程。难点是用基于服务质量的解决方案为用户需求建立统一的模型，在合理的时间内找到合适的部署方案。

本节提出了多边缘云环境下 QoS 驱动的应用部署方案，设计 QoS 模型以及描述边缘云基础设施的模型，形成多目标优化问题，并应用相应的算法解决该问题以帮助用户在多边缘云环境中部署服务。

1. 多边缘云优化部署架构

图6-5描述了整个多边缘云优化部署方案的架构，包括系统中的三个层。

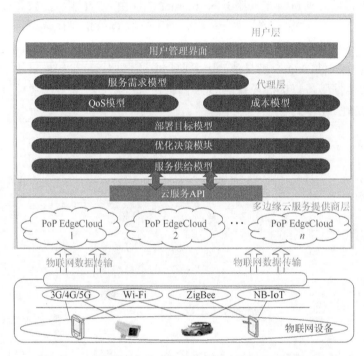

图6-5　多边缘云环境下基于 QoS 驱动的应用部署架构

第一层是用户层。用户管理界面使用户能够便捷地发布他们在硬件、软件、QoS 等方面的服务部署需求。

第二层是代理层。该层有几个组件，是实施 QoS 驱动的多边缘云应用部署的关键。

在代理层，服务需求模型代表用户的服务部署请求。本章将用户的业务部署需求映射为二维向量矩阵，一个向量是 PoP 的序列，另一个向量是时间 T。矩阵中的每个元素表示在特定时间 T 访问一个 PoP 的数量。

QoS 模型负责对 QoS 进行量化，其评估数据来自每个 PoP 边缘云中的监控节点。部署目标模型定义了多边缘云的基础设施。成本模型将会计算用户对多边缘云资源的消耗。服务供给模型将提供多边缘云服务的综合供应量。优化决策模块是该层的核心模块，该模块将选择合适的算法来实现最优服务选择。为了实现 QoS 驱动的应用优化部署，本章需要在 QoS 模型和部署目标模型的约束下，将服务供给模型和成本模型作为决策算法的输入。

第三层是多边缘云服务提供商层。云服务提供商向代理方公开他们的云服务 API。代理将访问云服务 API，以便在多个 PoP 边缘云供应商中部署应用程序。每个 PoP 边缘云都是多边缘云服务的基本单元。这些 PoP 可以用于物联网或节点之间的数据传输。

图 6-6 描述了本章的多边缘云优化部署方案的流程图。首先，用户（如应用程序服务提供者）将根据他们的服务特性提出功能性需求。用户还会提出他们最为关心的服务质量级别，如预算、服务响应能力和服务可用性等。

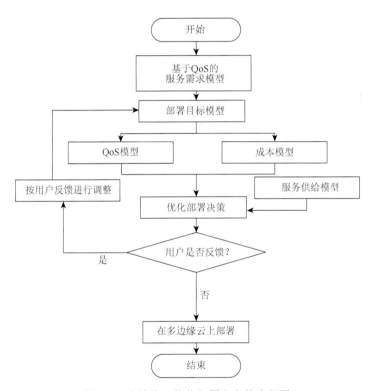

图 6-6　多边缘云优化部署方案的流程图

接下来，系统将使用服务需求模型对用户的请求进行建模。然后，根据用户提出的需求，系统将会调用服务需求模型、部署目标模型、QoS 模型和成本模型等建立集成模型，为后续的优化部署决策模块提供输入。

经过以上步骤，系统将调用其核心模块，即优化决策模块。在这一部分中，系统将首先参考部署目标模型和服务供给模型，基于 QoS 模型和成本模型找到候选解决方案。随后，决策算法将找到最优的应用部署方案。该方案将被展示给用户，以做调整。确认后，应用程序将根据确定的方案部署在多边缘云上。

2. QoS 驱动的多边缘云应用部署模型

多边缘云应用部署的第一步是对云资源和 QoS 需求进行建模。下一步是选择最合适的云服务，使部署和服务成本最小化，最大限度地提高 QoS。因此，本章首先构建了 QoS 度量模型、部署目标模型、服务需求模型、服务供给模型、服务容量模型、单位服务价格模型。以下 QoS 度量模型与内容分发网络多边缘云的非功能需求有关，如吞吐量、响应性等。本节使用的符号总结如表 6-4 所示。

表 6-4　符号总结

标记	描述
Q	QoS 向量
G	服务提供商
V	PoP
E	PoP 之间的连接
D	服务需求模型
$d_i(t)$	PoP$_i$ 在时间 t 的传输需求
$s_{i,j}$	由 PoP$_j$ 所提供 PoP$_i$ 的服务需求比例
C	PoP 的容量
C_i	PoP 的极限容量
Cost$_{overall}$	给定部署计划的总成本
B	部署预算

对于每个部署计划，系统将最大限度地提高部署服务的 QoS。QoS 性能表示为 $Q = (Q_1, Q_2, \cdots, Q_p)$，其中 Q_u 可以是任何可描述服务 QoS 某些层面的 QoS 度量。

在经济学中，效用函数可用来表示偏好程度，它能够用来衡量消费者的满意度。本章利用效用函数来衡量用户对云服务的满意度。本章使用指数函数来模拟用户对特定 QoS 标准的偏好程度。每个子目标都通过 $u_i(Q_i)$ 来呈现。函数值是相对应的效用系数。$q(x)$ 指的是相对应服务项的 QoS 度量模型的值。效用系数范围为 0~1。当 $q_i(x)$ 代表满意时，$u_i = 1$。当 $q_i(x)$ 代表不满意时，$u_i = 0$。用户对于不同的服务对象可能会有不同的心理偏好。α_n 指的是由用户设置的心理偏好。通过将 QoS 向量线性映射到效用可以对 QoS 的满意性进行建模。同时，用户应该输入他们对于每个度量的可接受范围。

$$U = \sum_{n=1}^{p} \alpha_n u_i(Q_i) \tag{6-8}$$

1）部署目标模型

使用加权有向图 $G(V,E)$ 来表示部署的基础设施，其中 V 是顶点集合，表示 PoP。E 表示 PoP 之间连接的边的集合。权重是两个 PoP 之间的 QoS 向量。本章将这些概念定义如下：

$$\begin{cases} G = \{V, E\} \\ V = \{v_i \mid 0 \leqslant i \leqslant k\} \\ E = \{(v_i, v_j) \mid 0 \leqslant i, j \leqslant k\} \end{cases} \tag{6-9}$$

边 $(v_p, v_q) \in E$ 的权重是一个 QoS 向量，描述了在 v_p 的用户能对 v_q 提供的服务质量。度量是在每一对 PoP 之间进行的，因此 G 是一个完全连通的图。

2）服务需求模型

本章把时间记为 $T = \{1, 2, \cdots, n\}$。在时间 t 时，需要使用以下集合来表示 PoP_i 的流量需求：

$$D = \{d_i(t) \mid 0 \leqslant i \leqslant k, \forall t \in T\} \tag{6-10}$$

3）服务供给模型

当用户进行服务请求时，根据服务计划将需求发送给 PoP。例如，上海用户 80%的服务需求将由位于上海的 PoP 提供。其余的服务需求将安排到江苏等其他地区。虽然特定用户的请求可以根据实时基础设施状态来进行动态调整，但总体而言需要一个长期计划来解决这个问题。

接下来将一个服务供应定义为三维变量：

$$S = s_{i,j}(t), \quad 0 \leqslant i, j \leqslant k, \forall t \in T \tag{6-11}$$

式中，$s_{i,j}(t)$ 表示在时间 t 时，由 PoP_j 所提供 PoP_i 的服务需求比例。每个 PoP 都能为自己提供服务。

$$\sum_{j=1}^{k} s_{i,j}(t) = 1 \tag{6-12}$$

4）服务容量模型

在进行部署应用时，应当考虑特定 PoP 可以提供的最大容量。分配给一个应用程序的资源总量不应该超过它的最大容量。通过一个容量向量来表示下列服务提供商的服务容量：

$$C = [c_1, c_2, \cdots, c_k] \tag{6-13}$$

式中，c_i 表示给定 PoP 的极限容量，c_i 是由服务提供者提供的服务器和网络设备所提供的一个抽象。

$$d_i(t) s_{i,j}(t) \leqslant c_k, \quad \forall i, t, k \tag{6-14}$$

5）单位服务价格模型

在分配资源时，应当考虑云服务提供商所拥有的单位服务价格。单位服务价格由 CPU、内存和带宽这三者的租赁价格组成。根据应用程序类型的不同，成本模型可能也会有所不同。在不同的地方，有许多因素会影响 PoP 的成本。本章通过为每个 PoP 指定一个单位服务价格来概括这些细节。由 PoP 提供的服务成本如下：

$$\text{cost}_i = \sum_{t=1}^{T} s_{i,j}(t) d_i U_i \tag{6-15}$$

根据上述定义，可以对总成本进行计算：

$$\text{Cost}_{\text{overall}} = \sum_{t=1}^{T} \sum_{i=1}^{k} C_i \tag{6-16}$$

成本 $\text{Cost}_{\text{overall}}$ 应该控制在预算之下：

$$\text{Cost}_{\text{overall}} \leqslant B \tag{6-17}$$

3. 问题形成和算法设计

考虑到前面部分定义的模型，可以将问题描述为一个多目标优化问题。多目标优化问题的公式如下：

$$\min(\max) f(x) = \left(f_1(x), f_2(x), \cdots, f_k(x) \right)^{\text{T}} \tag{6-18}$$
$$\text{s.t.} \ \ x \in \Omega$$

式中，Ω 是非空的且具有可行性的解集；$f(x)$ 是一个值为向量的函数；k 是目标的数量。本章的目标是在 PoP 集合上对资源进行选择和分配，从而优化 QoS，如下所示：

$$\sum_{i=1}^{k} s_{i,k}(t) = 1$$
$$\text{Cost}_{\text{overall}} \leqslant B \tag{6-19}$$
$$\forall i,t,k, \quad d_i(t) I_{i,k}(t) \leqslant c_k$$
$$Q_i > Q_i^*$$

式中，Q_i 表示第 i 个 QoS 指标；Q_i 表示客户设定的最低期望值。

本章的优化过程是服务供给模型刻画的最优服务供应方案。S 的大小取决于 PoP 的数量。因为 PoP 数量超过 300 导致的过大问题空间，使用穷尽搜索来寻找帕累托（Pareto）最优解的解决方案是无法实现的，而通过进化算法能够在合理的时间内找到近似的 Pareto 解。进化算法是最著名的仿生算法之一，它可以处理 NP 难题。进化算法是以自然进化理论为基础的。其主要观点是，适应物种出现这一结果是由于两个主要现象：①自然选择（最具适应性的个体将能够生存和繁殖）；②物种的遗传物质可能会发生许多变异[58]。

非支配排序遗传算法-Ⅱ（non-dominated sorting genetic algorithm-Ⅱ，NSGA-Ⅱ）[59]是一种基于多目标优化问题寻找 Pareto 最优解的算法。首先，通过将服务供给分配给最近的 PoP 来生成 N 个个体，这就形成了最初的种群。根据 Pareto 优势对总体进行分类，在各种群之中确定第一个非支配解的解决方案。不占主导地位的个体被分配到第一个解，为等级 1。然后，其他解是递归分配的，忽略先前分配的个例，如算法 6-2 所示。

随着将 Pareto 最优解汇聚到一起，需要解决如何在所得到的解集中得到合适的解决方案的问题。拥挤距离分配的基本思想是解决手动分配共享函数参数的缺点。算法 6-3 列出了非支配集中所有解的拥挤距离计算过程[59]。

将一个个体定义为满足约束的一个服务供应计划 S 中的一个实值。将一个种群定义为代表解决方案的一组个体。该算法的每一次迭代都称为一代。刚开始的时候，第 N 次反复的个体被称为父代，第 $N+1$ 代个体被称为子代。算法 6-2、算法 6-3、算法 6-4 描述了 NSGA-II 算法的整个过程[59]。

算法 6-2　多边缘云优化部署-被调用的算法 1. 快速非支配排序

输入：P，候选解
1.　for each $p \in P$ do
2.　　　$S_p \leftarrow \varnothing$
3.　　　$n_p \leftarrow 0$
4.　　　for $q \in Q$ do
5.　　　　　if p 支配 q then
6.　　　　　　　$S_p = S_p \bigcup \{q\}$
7.　　　　　else
8.　　　　　　　$n_p \leftarrow n_p + 1$
9.　　　　　end if
10.　　　　if $n_p = 0$ then
11.　　　　　　$p_{rank} = 1$
12.　　　　　　$F_1 = F_1 \bigcup \{p\}$
13.　　　　end if
14.　　　end for
15.　end for
16.　$i = 1$
17.　while $F_i \neq \varnothing$ do
18.　　　$Q \leftarrow \varnothing$
19.　　　for $p \in F_i$ do
20.　　　　　for $q \in S_p$ do
21.　　　　　　　$n_q \leftarrow n_q - 1$
22.　　　　　　　if $n_q = 0$ then
23.　　　　　　　　　$q_{rank} \leftarrow i + 1$

24.	$Q \leftarrow Q \cup \{q\}$
25.	end if
26.	end for
27.	end for
28.	end while

算法 6-3　多边缘云优化部署-被调用的算法 2. 拥挤距离分配

输入：I，候选解

1.　$I = |I|$
2.　for each i do
3.　　　$I[i]_{distance} \leftarrow 0$
4.　end for
5.　for 对于每一个目标 m do
6.　　　$I = \text{sort}(I, m)$
7.　　　$I[1]_{distance} = I[l]_{distance} = \text{infinite}$
8.　　　for $i = 2$ to $l-1$ do
9.　　　　　$I[l]_{distance} = I[l]_{distance} +$
　　　　　　$\left(I[i+1] \cdot m - I[i-1] \cdot m \right) / f_m^{\max} - f_m^{\min}$
10.　　　end for
11.　end for

算法 6-4　多边缘云优化部署-被调用的算法 3. NSGA-Ⅱ

1.　$t \leftarrow 0$
2.　$P_0 \leftarrow$ 初始化种群
3.　while $t < \text{MaxGen}$ do
4.　　　$R_t \leftarrow P_t \cup Q_t$
5.　　　$F \leftarrow$ 快速非支配排序 (R_t)
6.　　　快速非支配排序 (R_t)
7.　　　while $|P_{t+1}| + |F_i| < N$ do
8.　　　　　$|P_{t+1}| \leftarrow |P_{t+1}| \cup F_i$
9.　　　　　拥挤距离分配 (F_i)
10.　　　　　$i \leftarrow i+1$
11.　　　end while
12.　　　sort (F_i)
13.　　　$P_{t+1} \leftarrow P_{t+1} \cup F_i \left[1:N - |P_{t+1}| \right]$
14.　　　$Q_{t+1} \leftarrow P_{t+1}$
15.　　　$t \leftarrow t+1$
16.　end while

6.3　内容分发网络资源实时调度设计

6.2 节中所提到的长期部署算法主要适用于在较长的一段时间内调整各个 PoP 云节点的资源部署情况。我们知道用户的访问在大多数情况下呈现出一定的周期性，如每天晚间时刻的用户访问量明显高于一天中的其他时刻。我们可以通过对这种周期性的把握，对资源进行一定的配置，减少资源的浪费。但是若遇到突发事件以及爆点事件，网络资源的访问量可能会出现急剧增长，这种增长往往是无法预测的。对于服务提供者来说，尽可能地预测出未来一段时间的访问量以及在遇到突发事件时及时扩展资源，是保证服务质量以及对资源合理利用的关键。

近年来，有线通信和无线通信的数据负载不断增加、移动设备上多媒体应用的迅速普及，使用户能够更轻松地访问高质量的内容。用户越来越多地要求更多的多媒体内容，这些内容通常具有更大的数据并且需要更多的资源。因此，需要实时流式传输的内容在大小和数量方面迅速增长，这导致内容服务器上的拥塞数据流量的增大和用户体验感的下降。内容缓存技术通过缓存流行的内容使用户对数据就近下载，这样可以有效地减少从上层内容服务器或源服务器请求和传输内容所需的时间和资源，并且可以减少骨干网上的数据流量、减小能源的损耗、极大地提升用户体验，达到极大化资源使用率。

缓存策略通常分为两类。第一类是被动式缓存，包含最近最少使用（least recently used，LRU）、最少频率使用（least frequently used，LFU）。这类缓存策略又称为拉式分发，特点是资源是否被缓存取决于具备的对象访问模式。这种策略在内容分发网络中因为实现简单、响应速度快的特点被大量使用。被动式缓存的缺点是有可能会缓存不流行的内容。另外一类是主动式缓存，又称推式缓存。在这种缓存模式里面，通常有一个中央控制器对用户对内容的访问有全局的视角。在传统的系统设计流程中，中央控制器通过预测算法把可能会被用户访问的内容提前推送给边缘的缓存节点。早期的方法包括使用 LFU、LRU 和先进先出（first input first output，FIFO）策略。这些策略非常简单，但是不能很好地应对内容流行度的变化和网络拓扑。为了解决这个问题，本章应用了端到端学习的系统设计思想，应用强化学习算法，设计状态函数、奖励函数、动作函数。

企业不断寻求创新的方法来降低成本，从而达到最大化利润的目标。对于 CDN 服务提供商来讲，通常必须付出比实际需要更多的费用，以避免由于工作负载波动导致的 QoS 的急剧下降。显然，如果云可以根据用户需求的波动扩大资源，CDN 服务提供商可以降低因为平时过多分配资源而造成的成本浪费。

然而，无论是计划内还是意外的工作量峰值，有时均可能将资源需求推高至本地可用资源的最大值。对于每一个 PoP，都有必要能够快速提供计算和存储能力来处理工作负载波动，以满足大多数需求，同时提供更大的控制和更低的运营成本，而不是完全依靠请求重定向来解决问题。相较而言，第 3 章的长期部署算法主要通过线下计算来判断较长时间周期内资源应该怎样调整，而短期扩展算法更加强调在线上对资源进行实时的调整，及时满足用户的需求。

当一朵 PoP 云遇到流量激增的时候，需要一定的调度策略来保证成功、及时地应对用户的请求服务。当流量激增不明显的时候，不会对现有云造成太大的压力，可以使用请求重定向等方法来处理；当用户访问有明显的增长的时候，可能当前云使用的资源无法满足需求，就需要扩展资源。更直接地说，这种情况下需要增加虚拟机的数量并且快速在虚拟机中部署服务，这样才能保证服务质量不会出现下降。

在增加虚拟机并且部署新的服务和资源的时候，如果将所有的资源都一起复制到新的虚拟机然后再对外提供服务，则需要耗费相当长的时间。那么在这段时间内就增加了网络服务瘫痪的可能性，这对于 CDN 内容服务提供商来讲是很致命的打击。与此同时，如果复制的内容太少，没有办法分担太多的压力，就会出现资源扩展效果不尽如人意的情况。所以本节针对这个问题进行研究，提出一种基于内容热度的多云预拷贝算法，目的在于解决资源拓展时内容选择的问题。

6.3.1　多云短期扩展模型与算法设计

一方面，用户对于流媒体等资源的请求，是存在一定的周期性的。例如，凌晨两三点的用户请求往往要比晚上八点至十点黄金时段的访问量低。另一方面，虽然 CDN 通常采用一些预测模型来预测用户请求的数量，但是发生突发新闻或热点视频的时间是难以依靠预测完成的。当用户请求迅速增长、工作负载飙升时，仅仅依赖系统管理员的知识技能进行决策的方法难以保证决策的准确性和及时性。

本节主要介绍多云短期扩展模型，该模型通过对访问量的预测、紧急事件的监控与识别、对资源的预拷贝和增长扩展，保证 CDN 服务提供商在访问正常情况与流量突发情况下对用户请求做出及时的反应。本节使用深度 Q 网络（deep Q-network，DQN）算法实现缓存算法，并将算法扩展至多级缓存，进行多云短期扩展模型设计。

1. 多云短期扩展模型架构

本节提到的多云短期扩展模型也是存在于 6.2.1 节提到的多云环境中的。对于每一朵 PoP 云，我们均有一个多云短期扩展模块用于在短时间内处理用户请求的变化，从而保证服务质量。多云短期扩展模型主要由五个模块组成：预测模块、请求分析模块、监控模块、重定向模块与 VM 调度模块，如图 6-7 所示。

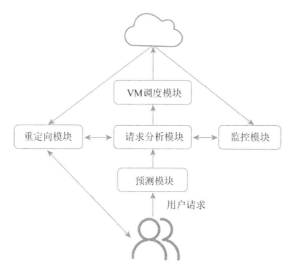

图 6-7　多云短期扩展模型

接下来我们介绍一下几个模块的功能。

（1）预测模块：基于自回归积分移动平均（autoregressive moving integrated average，ARIMA）模型预测虚拟机的工作负载。该模型主要用于预测在非突增情况下用户的访问量以及资源消耗，并且根据该预测结果调整各个节点的资源配置，避免资源过少或过多而造成对服务质量的影响。为了保证预测的速度，预测模块是运行在 Spark 平台上的。

（2）监控模块：监控云数据中心的运行状况，包括虚拟机和网络设备的资源使用情况等。目前已有很多成熟的监控技术，如 Zabbix、OpenStack Ceilometer 等，可以用于监控多种资源，包括但不限于内存使用情况、CPU 利用率、磁盘 I/O、网络带宽。

（3）重定向模块：当请求资源在当前站点不存在，或者当前站点的资源使用情况不足以对该请求进行响应时，则会将该请求重定向到其余的机器。

（4）VM 调度模块：负责资源配置和 VM 生命周期管理。一台虚拟机的开启、结束以及虚拟机生命周期中的运行、调整等过程都是由 VM 调度模块完成的。

（5）请求分析模块：这是多云短期扩展算法主要运行的地方。它将决定在什么情况下需要进行资源扩展、具体扩展多少资源、扩展的这些资源位于哪里、新扩展的虚拟机中先部署哪些访问资源。我们随后提到的多云短期扩展算法、预拷贝算法均属于这个模块。这个模块的算法也部署在 Spark 平台上。

首先，预测模块将根据历史访问记录预测未来时间段的用户请求，并将预测结果发送给请求分析模块，请求分析模块则运行多云扩展算法，计算下一个周期如何对资源进行调整。接下来将调整结果通知 VM 调度模块在下一轮调整资源分配。当预测模块预测用户请求急剧增加时，如果当前默认数据中心超负载，请求分析模块将选择另一个云数据中心来满足部分即将到来的请求，并决定将默认数据中心的哪些资源复制到新云数据中心的 VM 中。监视模块报警时，系统将激活准备好的虚拟机，并通过重定向模块重定向用户请求，为即将到来的请求提供服务。

2. 用户请求预测

本节所研究的用户访问量与时间相关，按照时间进行排列，是一个典型的时间序列，一组时间序列数据通常可记作 $X = \{X_1, X_2, X_3, \cdots\}$。时间序列分析指的是分析时间序列数据的方法，这些方法用来提取数据中有意义的统计特性和其他的一些特性[60]。例如，用户访问量数据就有较为明显的周期性。在一天、一周、一个月的观察时间内，能够看出某种规律。时间序列分析主要有两个使用场景，一是认识这些序列是如何产生的，也就是识别生成数据的模型；二是根据序列的历史数据以及可能的影响因素，对序列未来的取值进行预测。本节则把时间序列分析作为预测工具，基于已知的历史数据，考虑其他相关序列和因素，对序列未来的取值给出预测或推理。我们将使用时间预测模型对用户请求进行预测，指导未来时间段的资源部署。

实现时间序列预测的方法有很多，ARIMA 模型主要是针对自回归移动平均（autoregressive moving average，ARMA）模型中对输入数据的限制进行进一步优化的模型。如果原始序列 X_t 不具有稳定性，也就是不是平稳序列，那么可以通过一阶或多阶差分对其进行处理。若处理后新序列 Y_t 符合 ARMA 模型 ARMA(p,q)，那么将序列 X_t 称为 ARIMA 过程，表示为 ARIMA(p,d,q)，其中 d 表示得到稳定序列的差分次数。

本设计方案的验证实验使用 ARIMA 算法来实现，该算法的优点是能够匹配多种模式的负载，预测准确性要比一般的线性预测算法要高，同时它的复杂度也相对于一般的线性预测算法要高。

3. 多云短期扩展算法

在本节中，我们介绍当前云资源不足时扩展云资源的方法。其核心设计思想在于在请求流量爆发之前，尽可能提前选择启用新虚拟机的云并准备新的虚拟机。等到资源报警时，可以直接激活提前准备好的虚拟机来处理过载。该算法在一个固定周期内需要运行一次（如每三分钟或五分钟一次），这样可以保证及时对网络流量变化进行响应。多云扩展算法如算法 6-5 所示。

算法 6-5　多云扩展算法

输入：City、Cloud、云的扩展需求 C_1、所有的 QoS 值、服务质量阈值 QoS_{th}

输出：启动新虚拟机要添加的资源和所选云

1.　　　//判断突发类型并计算 R_{add}

2.　if RSC $(f_t, d_t) > p_a \times$ RSC $(p_r f_t^p, p_r d_t^p)$ or $Mon_t^{C_1} > m_a$　then

3.　　　　burstType = surge

4.　　　　$R_{add} = $ RSC $(p_{u,f_t} f_t, p_u d_t) - R_{current} - R_{vm}$

5.　else

6.　　　　burstType = increase

7.　　　　$R_{add} = $ RSC $(p_{i,f_t} f_t, p_i d_t) - R_{current} - R_{vm}$

8.　　　//选择云以激活新虚拟机

9.　　if $RM_t^{C_1} > R_{add}$　then

10.　　　chosenCloud = C_1

11.　else　　//查找另一个云以添加资源

12.　　　foreach cloud c in Cloud do

13.　　　　　if $QoS_{c1}^c > QoS_{th}$　and　$RM_t^c > R_{add}$　and　$Mon_t^c < m_s$　then

14.　　　　　　将 c　加入 candidateCloud[ ]

15.　　　end foreach

16.　　　minCost = MAXN

17.　　　foreach cloud c　in　candidateCloud[ ]　do

18.　　　　　$Cost_c = CT_c \left(\sum_m f_t^{n,m} S_m \right)$

19.　　　　　if　$Cost_c <$ minCost then

20.　　　　　　chosenCloud $= c$

21.　　　end foreach

22.　调用预拷贝算法来准备媒体内容

23.　if burstType = surge then do

24.　　立即激活准备好的新 VM

25.　else

26.　　当资源或监视器超过报警值时激活

27.　在服务稳定时复制其他媒体内容

算法中所出现的关键符号含义如表 6-5 所示。

表 6-5　多云短期扩展算法符号含义

符号	含义
f_t	在时间段 t 内的请求总量
f_t^p	在时间段 t 预测的请求总量
d_t	在时间 t 的实际请求流量

续表

符号	含义
d_t^p	在时间 t 时预测的请求流量
Mon_t^c	在时间 t 时云 c 的监控利用百分比
RM_t^c	在时间 t 时云 c 的剩余资源量
R_{current}	当前已经有的资源
R_{add}	计算出需要增加的资源量
R_{vm}	待激活的虚拟机的数量
p_r	预留资源的比例
p_s	资源准备阈值（百分比）
p_a	资源报警阈值（百分比）
m_s	监控指标利用率准备阈值
m_a	监控指标利用率报警阈值
p_{i,f_t}	当请求量为 f_t 时，且普通增长时，资源扩展的百分比
p_{u,f_t}	当请求量为 f_t 时，且紧急增长时，资源扩展的百分比
$\text{RSC}(\cdot)$	计算所需资源量的函数
S_m	内容单元 M_m 的大小
$\text{CT}_c(\cdot)$	云 c 的流量费用函数
$f_t^{n,m}$	在时间 t 时，城市 n 请求内容 m 的请求数

首先，算法需要确定什么条件下激发多云扩展。在算法中我们设计了两个条件，只要满足两者中任意一个则开始进行多云扩展。第一个条件是当前的资源利用率超过了资源准备阈值或者资源报警阈值；第二个条件是当前的监控数据超过了监控准备阈值或者监控报警阈值。无论资源利用率还是监控值，准备阈值均小于报警阈值，当超过准备阈值时，这种突发类型被标记为"普通增长"（increase），该 PoP 云节点就立刻开始按照预测数据准备新的虚拟机并且拷贝服务；当超过报警阈值时，这种突发类型称为"紧急增长"（surge），需要立刻激活准备好的机器。用数学公式来表达就是在时刻 t 当 $\text{RSC}(f_t, d_t)/\text{RSC}(p_r f_t^p, p_r d_t^p) > p_s$ 或者 $\text{Mon}_t^c > m_s$ 的时候，系统开始准备扩展的虚拟机和其余资源；等到时刻 $t+x$ 出现 $\text{RSC}(f_{t+x}, d_{t+x})/\text{RSC}(p_r f_{t+x}^p, p_r d_{t+x}^p) > p_a$ 或者 $\text{Mon}_t^c > m_a$ 时系统激活前面准备的机器。

其次，需要确定到底扩展多少资源。扩展资源的多少取决于当前周期的突发类型。如果当前突发类型为"普通增长"，由于紧急程度不及"紧急增长"，所以其资源扩展的比例 p_{i,f_t} 小于"紧急增长"的资源扩展比例 p_{u,f_t}。资源扩展的具体值可以用以下公式计算：本周期需要扩展的资源 = 当前访问量×扩展比例后预测的资源–目前已使用的值–已经在准备中的新资源数量。具体代码对应算法 6-5 的第 4 行与第 7 行。但需要注意的是，两种突发类型的资源拓展比例 p_u 和 p_i 的值不是固定的，并且该值与 f_t 有关。给出一个简单的例子来解释为什么 p_u 和 p_i 不是固定的。假设当请求数量激增时，有 20 个虚拟机工作。如果在所有场合设置 $p_u = 150\%$，则我们估计需要增加 10 个新的虚拟机。但是，如果请求数量急剧增加时，有 10000 个虚拟机正在运行，这意味着数据中心可能会增加 5000 个虚拟机，这显然不合理，因为若干个周期后，可能投入大量的资源，但这些资源很可能被过度投入了。因此，请求数量越大，增加资源的难度越大，幅度不应该增大。在本节中，我们使用公式：

$$p_{u,f_t} = A_u \text{Prrequests} > f_t + B_u \tag{6-20}$$

来对资源扩展比例进行计算。p_i 的计算方法也是一样的。$\text{Prrequests} > f_t$ 代表在这个云数据中心历史上请求数大于 f_t 的概率，这个值可以通过分析历史日志获得。两个超参数 A_u 和 B_u 通常可以依靠经验值获得较为合理的数值。通常而言，在 f_t 相同的时候，$p_u > p_i$，因为紧急增长的情况要比普通增长的情况更为紧急，所以往往需要更多的资源来防止资源不足的情况。

估算启用资源的比例后，算法需要决定在哪里启用这些虚拟机和配套资源。这里就用到了第 3 章提到的代价模型以及 QoS 评估。如果当前 PoP 云节点的剩余资源可以满足新增需求，那么优先在本地启动新服务，这样大大降低了数据传输的代价。但如果当前数据中心已经到达资源上限，那么就挑选有足够剩余资源且 QoS 大于要求阈值的 PoP 云节点。如果有多个满足该条件的节点，那么就选择代价最小的节点。最后使用预拷贝算法将部分内容拷贝至新准备的虚拟机中，快速启动服务，则可以缓解增加访问量的压力。

4. 多云预拷贝算法设计

如前所述，我们需要一个算法来决定到底在新激活的 VM 中部署哪些内容资源。在这个模型中，我们设计了预拷贝算法来决定要在新 VM 中复制的流媒体内容。

1）热度计算

热门视频，指的是在一定时间段内被大量访问或者访问数量超过某个阈值的视频。这个定义与时间相关，因为一段时间可以指一小时、一天、一个月甚至一年。在本节中我们主要关心较短时间周期内的播放情况。

本节的热度计算采用的是指数加权移动平均（exponentially weighted moving average，EWMA）法。EWMA 是一种常用的序列数据处理方式。

加权移动平均法是根据相同周期长度内不同时间的数据对预测值的影响程度，给不同时间段赋予不同的权重，影响越大则权重越大，最后迭代预测下个周期数值的方法。该算法认为越近期的数据有越大的影响力，所以给较近周期以较大的权重，较远的周期较小的权重，从而弥补简单移动平均法的不足[61]。EWMA 就是加权移动平均法的特例之一，假设权重随时间的倒退以指数形式衰减。

根据实际的观测值或测量值，我们可以求取 EWMA(t)如下：

$$EWMA(t) = \lambda Y(t) + (1-\lambda)EWMA(t-1), \quad t = 1,2,\cdots,n \qquad （6\text{-}21）$$

式中，EWMA(t)代表 t 时刻的估计值；$Y(t)$代表 t 时刻的量测值；n 代表我们关注的时间段个数；$\lambda (0 < \lambda < 1)$ 代表 EWMA 对于历史量测值的权重系数，其值越接近 1，表示过去量测值的权重越低，那么 EWMA 的时效性就越强。与此同时，EWMA 表现出较好的平稳性，在一定程度上可以减少瞬时突发的流量导致的预测值波动，λ 越小，模型的平稳性也就越强。

2）多云预拷贝算法

多云预拷贝算法是通过内容热度决定在资源拓展时拷贝哪些资源的算法。我们定义 H_m 来评估时间周期 T 内的热度，H_m 是通过 EWMA 方法对用户请求数进行估计的。在算法中，一个目标周期内，拥有较高热度的内容优先拷贝到云扩展选择的云中。$f_t^{n,m}$ 是在时间 t 需要从城市 n 获取内容 m 的请求数。具体的算法如算法 6-6 所示。

算法 6-6　多云预拷贝算法

输入：所有的内容集合 M，EWMA 的参数 λ，$f_t^{n,m}$，多云扩展算法中的 burstType
输出：所有交付内容的热度，要预拷贝的内容单元集合 SC

1.　foreach content unit m in M do
2.　　　//计算最近一段时间内所有内容单元的热度
3.　　　$H_m(t) = \lambda f_t^{n,m} + (1-\lambda)H_m(t-1)$
4.　　　totalHeat+ $= H_m(t)$
5.　end foreach
6.　按热度降序排列 M
7.　$hp_{thresh} = $ burstType $= =$ surge? hp_s : hp_i
8.　foreach 内容单元 m in M do
9.　　　$hp_m = H_m / $ totalHeat
10.　　　$hp_{current} += hp_m$
11.　　　if $hp_{current} < hp_{thresh}$ then
12.　　　　add m into SC
13.　　　else
14.　　　　break
15.　end foreach

首先,我们对当前可以被用户访问的内容集合 M 中的每一个内容 m 都计算它的热度值并按照降序排列。随后我们计算所有内容的热度总值的和 totalHeat,以及每一个内容 m 占热度总值的百分比 hp_m。按照热度的降序依次加入待拷贝内容列表 SC 中,直到目前待拷贝列表中资源热度的和超过某个阈值。

值得注意的是,根据多云扩展算法中分析得到的不同突发类型,当由多云扩展算法中判断的突发类型不同时,我们设置不同的阈值。阈值可以通过分析历史日志来估计。

在图 6-8 中,我们分析了某一个 PoP 的所有资源在 $\lambda = 0.5$ 时的热度值。横坐标是热度的累计占比值,纵坐标是实际访问资源消耗占所有提供服务资源的比例。实线代表访问量占比,虚线代表访问资源产生的流量占总流量的比例。其中我们发现在大多数情况下,热度在前 5% 的内容可以覆盖约 30% 的请求和数据流量。热度前 20% 的内容可以覆盖大约一半的请求。这也验证了预拷贝算法的设计思想,没有必要一次拷贝大部分内容,可以通过拷贝一小部分内容来涵盖足够多的请求和数据流量。

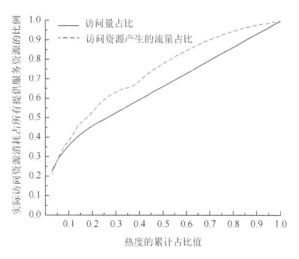

图 6-8　热度流量占比示意图

在决定部署资源的云以及需要部署的资源后,系统会在 VM 运行时创建虚拟机文件系统的快照,并将快照传输到目标云,在所选云中创建新磁盘映像。然后当服务稳定运行时,系统将拷贝其余的内容。

6.3.2　基于强化学习的 CDN 资源缓存策略设计

传统 CDN 缓存策略如 LFU、LRU、FIFO 无法精确刻画未来的请求的数据分布，基于预测的方法在实际使用的过程中具有"模型漂移"的缺点，难点是如何设计一个缓存策略方案，能够在精确地做出缓存决策使其具有更好的命中率时，同时具有实时性。

本节提出并实现了端到端的、基于 DQN 的缓存策略算法，并利用策略梯度对其进行了训练。

1. 端到端系统设计方法

当设计一个复杂的网络系统时，传统的设计方法是建立模型并让系统的模块之间能够互相协作，如图 6-9 所示，数据测量工具配合设计的系统模型得到当前的系统状态，并且通过预测模型估计未来的系统状态，再通过规划算法对最优的动作进行规划。虽然这种设计思想被广泛使用，但是它反应速度慢，因为预测算法是使用过去的历史数据训练的，在接收到最新的数据时模型的状态没有更新[62]，会产生"模型漂移"的情况。在端到端设计方法中，决策的结果能够实时地对模型的状态进行更新。这样，系统能够根据最近的动作产生的结果带来的信息进行决策，避免模型漂移问题。

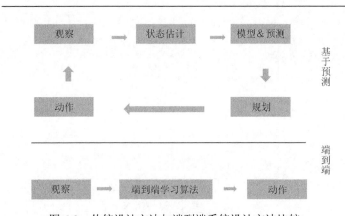

图 6-9　传统设计方法与端到端系统设计方法比较

强化学习配合深度学习可以实现端到端学习算法。强化学习的奖励机制可以使系统得到之前决策的实时反馈，深度学习可以建立端到端的当前状态到最优的动作的映射。深度强化学习已经被证明在解决许多复杂网络系统问题领域中获得了成功。因此本节使用深度强化学习方法解决本章的问题。

2. 问题形成和算法设计

强化学习是机器学习的一个分支。在机器学习中，一个智能体通过和环境进行交互学习最佳的行动策略，以极大化奖励函数。一个智能体在探索和利用中取得权衡，根据延迟的奖励调整它的动作。一个强化学习通常可以用马尔可夫决策过程来描述。在无模型的强化学习中，显式的状态转移概率函数和即时的奖励函数是未知的。

1）DQN

当状态空间和操作空间较小时，Q 学习（Q-learning）算法能有效地获得最优的策略。然而在实践中，对于复杂的系统模型，状态空间通常很大。因此，Q 学习算法可能无法找到最优策略，所以 DQN 被引入来克服这个缺点。

当使用非线性函数拟合时，强化学习算法有可能发生不稳定的情况，甚至会发散。这是因为很小的 Q 改变会极大程度地影响策略，而且 Q 值和目标值 $R + \gamma \max_{a'} Q(s', a')$ 的分布和关联会发生变化。两个机制：经验重放和固定目标 Q 网络可以解决这个问题。

（1）经验重放机制：算法先初始化存储池 d，与通过使用贪婪策略随机生成的经验结合，然后算法随机选择样本，即小批量对深度神经网络进行训练。经过训练的深度神经网络获得的 Q 值将用于获得新的经验，然后这些经验 (s_t, a_t, r_t, s_{t+1}) 将存储在存储池 d 中。这种机制允许深度神经网络通过使用新的和旧的经验得到更有效的训练。此外，通过使用经验重放，可以消除观测之间的相关性。

（2）固定目标 Q 网络：在训练过程中，Q 值将发生变化。因此，价值估计如果使用一组不断变化的值来更新 Q 网络，算法会发生不稳定的情况。为了解决这个问题，目标 Q 网络用于频繁但缓慢地更新主 Q 网络的值。这样，目标与估计 Q 的相关性显著减少，从而稳定了算法。

算法 6-7 给出了具有经验重放和固定目标 Q 网络的 DQN 的缓存算法。每次访问以后，控制器都会设置参数影响客户端的性能。

算法 6-7　具有经验重放和固定目标 Q 网络的 DQN 的缓存算法

输入：对每一状态动作对 (s, a)，初始化 $Q(s, a)$ 为 0，观察当前状态 s、初始化学习率 α 以及折扣率 γ

输出：$\pi^*(s) = \mathrm{argmax}_a \ Q^*(s, a)$

1.　初始化经验池 D

2.　初始化 Q 网络 θ

3.　用随机参数 θ' 初始化目标 Q 网络 $\hat{Q}$

4.　for i in T do

5.　　用 ε 的概率选择随机的动作 a_t，或者选择 $a_t = \mathrm{argmax} \ Q^*(s_t, a_t : \theta)$

6.　　采取动作 a_t，并观察当前的奖励 r_t 和下一个状态 s_{t+1}

7.　　存储经验 (s_t, a_t, r_t, s_{t+1}) in D

8.　　　　随机采样 $c(s_j, a_j, r_j, s_{j+1})$ from D

9.　　　　对如下的损失函数使用随机梯度下降法优化参数 θ：

$$l = \left[r_j + \gamma \max_{a_{j+1}} Q(s_{j+1}, a_{j+1}; \theta') - Q(s_j, a_j; \theta) \right]^2 \qquad (6\text{-}22)$$

10.　　　　经过固定步数重设 $\hat{Q} = Q$

11.　end for

2）基于强化学习的缓存策略

缓存系统里面的数据流量源自快速增长的最终用户的请求，并且请求量随时间变化对缓存系统造成了很大的压力。本节使用如图 6-10 所示的深度强化学习框架实现控制器。根据用户的请求，控制器进行缓存决策，以将频繁请求的内容存储在本地存储中。如果所请求的内容已经在本地缓存，则基站可以直接快速地响应用户请求。否则，控制器将从原始服务器请求这些内容，并根据缓存策略更新本地缓存。

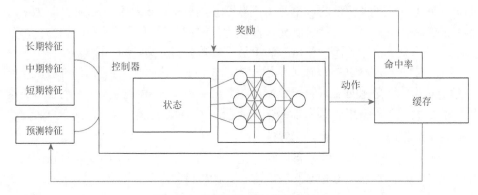

图 6-10　基于强化学习的缓存策略

我们假设该缓存大小为 C，一共有 N 个内容。每一个内容有唯一的标识。假设所有内容都具有相同的大小。用户请求队列表示为 Req $= R_1, R_2, R_3, \cdots$，R_t 表示在时间 t 请求的内容的标识。对于每个请求，控制器确定是否将当前请求的内容存储在缓存中，如果是，则智能体确定将替换哪个本地内容。

本节定义了 A 作为动作空间，$A = \{a_1, a_2, \cdots, a_m\}$，其中一个 a_v 表示一个有效的动作，动作总数为 m。对于每个内容，有两种缓存状态：在缓存中或者不在缓存中。控制器会做出缓存决策去更新缓存状态。在这里，本节定义了两种类型的动作：第一种是查找一对内容并交换两个内容的缓存状态；第二种是保持缓存状态不变。

强化学习智能体将缓存内容和当前请求的内容的功能空间作为状态。特征空间由三个部分组成：短期特征 F_s、中期特征 F_m 和长期特征 F_l，分别代表特定短

期、中期和长期内每个内容的请求总数。状态随着缓存状态的更新而变化。索引
范围从 0 到缓存容量 C。当前请求内容的索引为 0,而缓存内容的索引从 1 到 C 不
等。观测状态定义为

$$S_t = \left(F_s, F_m, F_l, \phi(F_s, F_m, F_l)\right) \qquad (6\text{-}23)$$

式中:

$$F_s = (f_{s0}, f_{s1}, \cdots, f_{sC}) \qquad (6\text{-}24)$$
$$F_m = (f_{m0}, f_{m1}, \cdots, f_{mC}) \qquad (6\text{-}25)$$
$$F_l = (f_{l0}, f_{l1}, \cdots, f_{lC}) \qquad (6\text{-}26)$$

ϕ 为序列学习的预测函数。

为了降低操作的数量,控制器只能用当前请求的内容替换一个选定的缓存内容,
或者可以选择保持缓存状态不变。本节将 A 定义为操作空间,并让 $A = 0, 1, 2, \cdots, C$,
其中 C 是缓存容量。本节假设在每个决策阶段只能选择一个动作。对于每个缓存
决策,都有 $C+1$ 个可能的操作。当 $A_t = 0$ 时,不会存储当前请求的内容,也不会
更新当前缓存空间。当 $A_t = v$ 而且 $v \in \{1, 2, \cdots, C\}$ 时,操作通过替换缓存空间中的第
v 个内容来存储当前请求的内容。

本节设计的奖励函数应该反映缓存控制器的目标。因为每个内容具有相同
的大小,极大化缓存的命中率能够降低骨干网的流量。本节可以定义 CHR 在 T
时为

$$\text{CHR}_T = \sum_{i=1}^{T} I(R_i) \qquad (6\text{-}27)$$

$I(R_i)$ 可以定义为

$$I(R_i) = \begin{cases} 1, & R_i \in C_T \\ 0, & R_i \notin C_T \end{cases} \qquad (6\text{-}28)$$

式中, C_T 代表缓存状态。

T 次请求后的奖励 r^T 可以定义为

$$r^T = \text{CHR}_T \qquad (6\text{-}29)$$

每个决策阶段的奖励取决于短期和长期缓存命中率。例如,本节将短期奖励
设置为下一个决策阶段对本地内容的请求数,即短期奖励 r_t^s 可以是 0 或 1。并让
本地请求总数在接下来的 100 个请求内作为长期奖励 $r_t^l \in [1, 100]$。定义每个步骤
的总奖励作为短期和长期回报的加权和, $r_t = r_t^s + w r_t^l$,其中 w 是平衡短期和长期
奖励的权重,因此本节的方案比起只依靠长期缓存命中率或者只依靠短期缓存命
中率来设置奖励策略更加有效。

3) 基于强化学习的多级缓存策略

在下一代内容分发网络中,许多互联的缓存实体将会取代单个缓存实体成为

主流。研究表明，互联的缓存能够进一步提高性能。利用网络的拓扑和网络链路的广播性质，缓存策略能够进一步减少网络中的数据流量。数据传输负荷的减少降低了所需的运输能源和资本支出，缓解了性能瓶颈，进一步提升了网络资源的使用效率[63]。

多级缓存架构中，一个父亲节点被连接到若干个叶子节点。父亲节点通常被连接到骨干网，如图 6-11 所示。对于内容分发网络而言，叶子节点代表边缘服务器（PoP），父亲节点代表雾服务器。

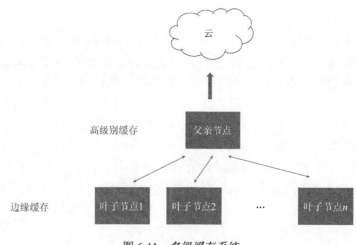

图 6-11　多级缓存系统

所有的节点都用来服务内容请求。所有的叶子节点通过传输数据来服务本地的用户。如果被请求的内容在叶子节点上，那么内容将会被以较小的代价传输给用户。如果被请求的内容不在叶子节点而在父亲节点上，那么内容将会被从父亲节点以更大的代价传输给用户。如果内容不在父亲节点，而在云服务器上，那么内容将以更大的代价传输给用户。

对于一个高效的多级缓存系统而言，叶子节点必须包含本地流行的内容。因为叶子节点离用户更近，所以内容请求的模式相对来说变化得更快。对于父亲节点来说，存储的内容和更大的用户基数有关，所以内容请求的模式相对来说变化较小。这个性质决定了多级缓存系统的运作周期不同。

我们采用多时间更新周期。对于上下两级的缓存，我们使用两种时间周期，分别是慢时间周期和快时间周期，每个快时间周期被分为若干短时间周期。对于不同级别的缓存组来说，状态变化的时间周期不同，越靠近边缘节点的缓存组更新的周期越快。对于叶子节点，每一次决策周期对应一个快时间周期。

在每个慢时间周期结束的时候，下层节点执行完缓存策略，所有的下层节点和上层节点传输交换当前的状态，下层节点会得到上层节点当前存储的文件内容，上层节点会得到叶子节点在上一个长时间槽对文件的请求分布，上层节点会根据请求分布采取动作更新缓存的状态。上层缓存的状态取决于底层缓存在慢时间周期内的文件分布。

在我们验证多级缓存系统的效率的时候，不能以缓存命中率作为评价标准。代价函数需要考虑不同级别缓存传输的成本，越高级别的缓存具有更高的传输成本。因此，我们用缓存命中率和传输成本两个指标来衡量缓存策略的效率。

6.4　内容分发网络资源管理实现

6.4.1　基于强化学习的 CDN 资源缓存策略实验

本节评估了 6.3.2 节的端到端的、基于深度 Q 学习的缓存策略算法的性能，并将其与 LRU、LFU 和 FIFO 策略进行了比较。结果表明，该方法提高了缓存策略的命中率。

特征提取：从内容请求的原始数据中提取特征 F，并将其作为网络的输入状态。本节考虑了最近 10 个、100 个、1000 个请求中对内容的请求数作为特征。

数据集一：Zipf[64]通过研究最常用的 10 种语言，发现单词出现的概率是有规律的。Zipf 统计了英文资料中单词的出现次数，总结出了齐普夫定律。Zipf 指出，出现的所有单词根据其使用次数进行排列，单词的排名和被访问次数的乘积可以近似看作一个常数。Almeida 等[65]通过因特网上内容资源被请求的概率分布，验证了用户对互联网内容资源的请求分布也服从齐普夫定律，资源按照访问热度排列的序号和被访问的次数的乘积是一定的。本节根据齐普夫分布生成用户的原始请求数据，齐普夫参数设置为 1.3。

数据集二：在真实的环境中，一天的访问次数会在高峰和非高峰时段发生变化，在生命周期内每天的访问次数也不同。为了验证算法在接近真实情况下的有效性，本节生成了另一组数据，总共有 4000 个不同的内容和超过 300 万次请求次数。为了体现数据的时序性，本节假设数据集具备如下性质。

（1）静态性质：本节使用了齐普夫分布生成对象的频率。内容的热度和热度的排名如图 6-12 所示。

（2）时序性质：每个对象都具有生命周期。生命周期是一个对象在时间序列中第一次出现和最后一次出现的时间差。本节使用对数正态分布生成对象的周期，如图 6-13 所示。

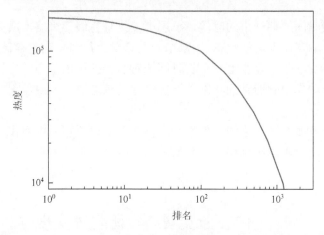

图 6-12　对象的热度排名

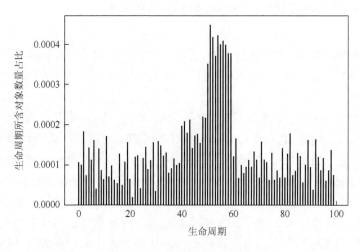

图 6-13　对象的生命周期

（3）内容的访问率：在对象的生命周期内，我们使用线性函数来控制内容的访问率，内容的访问率每天递减。

为了分析算法的性能，本节评估了缓存命中率，并与其他缓存策略进行了比较。

（1）LRU：在此策略中，系统会跟踪每个缓存内容的最新请求。当缓存存储空间已满时，最近请求最少的缓存内容将被新内容替换。

（2）LFU：在此策略中，系统会跟踪每个缓存内容的请求数。当缓存存储空间已满时，请求最少次数的缓存内容将被新内容替换。

（3）FIFO：在此策略中，系统为每个缓存的内容记录缓存内容的时间。当缓存存储空间已满时，最早存储的缓存内容将被新内容替换。

如图 6-14 所示，本节观察了 DQN、LFU、LRU、FIFO 算法在数据集一的时候在不同的缓存大小下的缓存组的缓存命中率。在访问请求的分布稳定的时候，DQN 在任何情况下都优于其他的方法，验证了该方法的有效性。当缓存变大的时候，命中率会变得越来越接近，因为缓存可以存下所有热度比较高的内容。当缓存容量继续增加时，命中率不会进一步上升。

如图 6-15 所示，本节对多级缓存下的策略进行了验证。本节实现了二级缓存，一个父亲节点连接三个子节点。父亲节点使用 DQN 算法，对于子节点分别使用 LRU-*K* 算法进行比较。实验表明，当子节点使用 LRU-1 时效率更高，原因是子节点是 LRU-1 时，对访问数据的变化的反应更快。

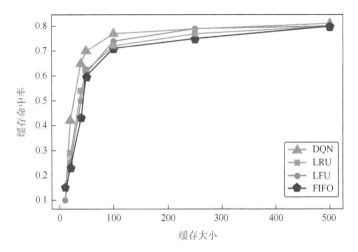

图 6-14　不同策略在不同缓存大小下的比较

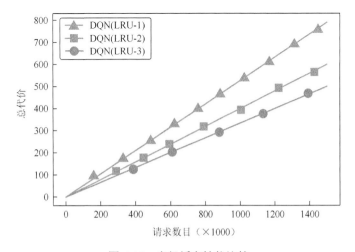

图 6-15　多级缓存性能比较

6.4.2　多云短期调度实验

本节评估了 6.3.1 节的多云短期扩展模型与算法。

1. 案例环境与案例数据

本案例采用了 2017 年 1 月 4 日至 2017 年 2 月 2 日位于上海的某数据中心的真实流媒体资源请求记录。首先我们对这段时间中的某一周实施和评估了我们的用户请求预测模型，来查看预测的有效性。然后我们找出某一发生流量明显突增的时刻，并在该时刻应用我们的多云扩展算法与预拷贝算法，来评估算法的有效性。

2. 结果与分析

1）预测结果

我们选取了 2017 年 1 月 12 日至 2017 年 1 月 17 日作为我们的周期性研究目标，并且在这个周期内，对访问量使用了 ARIMA 模型进行预测。这一周期内的实际请求数量和预测请求数量如图 6-16 所示。

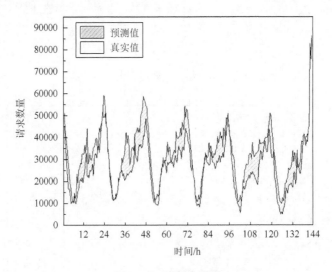

图 6-16　预测效果图

X 轴表示时间，Y 轴表示请求数量。从结果可以看出，用户请求的变化具有一定的周期性。请求数量从 1:00 到 5:00 急剧下降，到达 5:30 左右的最低点，也就是绝大多数用户睡觉的时间。中午,我们可以看到高峰,因为午餐的时候,很多人会看一些视频以及相关流媒体内容作为娱乐方式。20:00 以后,我们可以看到请求有明显的飙升。高峰时段通常发生在 21:00~24:00,这种趋势会持续保持至第二天的第一个小时。

图 6-16 中灰色的部分代表预测结果,白色的部分代表实际上的请求数。也就是说当灰色的阴影能覆盖白色的时刻,数据中心是可以充分对用户请求进行及时响应的。91.6%的时间段可以保证资源充足,预测误差小于20%的情况占总时间段的 81.2%,有较高的准确性。也就是大多数情况下,预测模型的运行情况良好,云有足够的资源来应对。但我们也注意到用户请求预测模型在一些尖锐的峰值中表现不佳,如 144h 左右就出现预测不足的现象。因此,我们引入多云扩展算法来处理更多的资源,并且在工作负载低的情况下返回资源以减少不良影响。

2)多云扩展实验

在图 6-16 中 144h 处,用户请求明显急剧上升,这个时间已经满足多云扩展的条件。我们选择这个时间段来应用我们的扩展算法并显示具体的过程。假设多云扩展算法都是由于资源使用率超过指定阈值而被激活的。我们设置 $p_r = 120\%$、$p_s = 80\%$ 以及 $p_a = 95\%$。在预处理算法中,我们假设 $h_s = 5\%$,$h_i = 20\%$,$T = 24$。EWMA 的权重是 1/2。利用所有这些数据和假设,我们将多云扩展算法与一种称为"直接拷贝"的算法进行比较。直接拷贝算法意味着系统仅在用户请求的资源超过当前系统已有的资源时拷贝内容,也就是实际维护中常使用的出现问题时再进行拓展决策的方案。我们假设它们在扩展时拷贝20%的资源,这与 h_i 相同。

图 6-17 显示了从 21:00 到 23:00 的多云扩展过程。其中 X 轴表示时间,Y 轴表示由 $\text{RSC}(f_t, d_t) / R_{\text{current}}$ 计算得出的资源使用比例(所需资源量/当前资源量)。标签 I/S 表示开始扩展的时间,突发类型包括"普通增长"和"紧急增长"。标签 C 是开始直接拷贝算法的时间,标签 A 是激活准备好的虚拟机的时间。

由于该数据中心有足够的资源用于突发,所以所有的新虚拟机都在同一个云端启动。21:00 时,我们开始"普通增长"扩展,并在 21:15 激活虚拟机。然后,我们可以看到多云扩展算法资源使用的百分比明显低于直接拷贝算法,并且当请求突发时,该状态持续到 21:55。21:55 时,"紧急增长"和"直接拷贝"同时被触发。两种算法都经历了两次扩展。如图 6-17 所示,我们的扩展算法更快地响应突发,并将资源占用的百分比保持在更合理的范围内,平均降低 26.3%,这意味着用户的体验要好于对比算法。

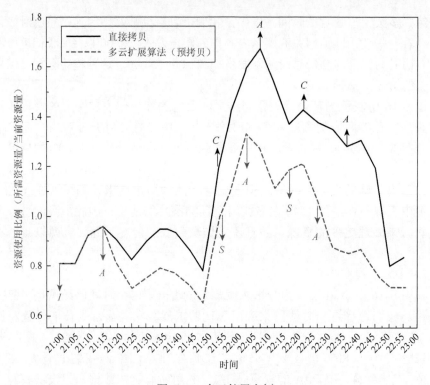

图 6-17 多云扩展案例

第7章　边缘计算环境下虚拟机资源配置技术

通常，资源调度是指参与者用来有效地将资源分配给需要完成的任务，并根据方法实现参与者目标的一组行动[66]。具体而言，根据边缘计算的特点，边缘计算中资源调度的关键术语可以详细描述如下。

资源：边缘网络中存在的各种资源，通常可以分为三种类型，即通信资源、存储资源（也称为缓存资源）和计算资源。

任务：任务通常指用户生成的有待计算的数据。任务类型可能因不同的应用场景而不同。例如，智慧城市边缘计算平台中物联网感知设备采集的实时数据；车载边缘计算中的车的轨迹数据。

参与者：为了完成任务，有不同的协作处理模式，涉及不同的参与者。从边缘计算架构来看，云边端三方的协作，参与者包括云端、边缘端和终端；从交易身份来看，参与者包括资源提供商和用户。

方法：方法是指为参与者的目标更好地采取上述行动的方法、技术和算法。基本上，该方法主要可以分为集中式和分布式两种方式。集中式方法需要一个控制中心来收集全球信息，而分布式方法则不需要。

目标：不同的用户在任务处理过程中追求不同的目标。例如，车载边缘计算中，资源提供商希望在保证系统服务质量的同时实现更大限度的盈利。车辆用户希望在资源不足的时候完成计算任务，以及在资源充裕的时候赚取报酬。

行动：实现参与者目标的动作称为行动。在边缘计算中，主要有两个动作：①任务分配，它决定任务如何切分、如何放置到不同的参与方来处理；②资源分配，它决定如何为任务分配通信资源、存储资源和计算资源。这两个动作分别可以从两个视角来看待，即从资源提供商的角度积极进行资源配置，提升系统整体性能；或从用户的角度来决定用户-资源对关联。

边缘计算资源调度的利益相关者包括资源提供商和用户。资源提供商的视角关注技术优化，以此来提高整个系统的性能。用户的视角则侧重用户的任务特征与可用资源的匹配性，通过对任务和资源两者的关联性的把握，高效地利用现有资源并保证服务质量。下面将分别从这两个视角介绍边缘计算资源调度。

资源提供商视角下的任务分配主要关注任务的计算卸载，它可以被进一步分为两类：计算卸载的方向，即终端之间、终端和边缘节点之间、边缘节点之间、边缘节点和云之间；计算卸载的粒度，即任务如何拆分，包括部分卸载（partial offloading）和完全卸载（binary offloading）。资源提供商视角下的资源分配主要研究如何高效、合理地在边缘计算中分配计算、通信、存储资源来支持边缘计算系统完成各类任务的处理。

用户视角下的任务分配和资源分配，关注任务和资源的联系。用户请求的任务随着请求是动态变化的，在根据用户任务的需求，动态分配合适的资源来处理任务时，可能发生过度供给（over-provisioning）和供给不足（under-provisioning）的问题。过度供给时，供给的资源多于完成用户任务所需的资源，造成边缘系统不必要的资源浪费；供给不足时，供给的资源少于用户任务所需的资源，导致糟糕的服务质量甚至难以完成用户的任务。因此，动态地为用户的任务找到合适的边缘计算资源，从而在最小化系统的资源开销的同时满足用户的服务质量需求是一个关键的研究问题。

本书第 7～9 章分别介绍了三个边缘计算资源调度的关键技术。第 7 章和第 9 章的内容属于用户视角的边缘计算资源调度，第 8 章的内容属于资源提供商视角的边缘计算资源调度。本节对边缘计算资源调度进行概述。

7.1　边缘计算环境下虚拟机及集群资源配置的背景

本节对边缘计算环境主流架构之一的云雾混合架构中虚拟机及集群资源配置问题、相关解决技术和典型架构进行了介绍。

7.1.1　云雾混合环境中的虚拟机集群配置问题

云雾混合计算将云中心的计算能力和服务能力扩展到网络边缘，使数据的存储、处理和分析更靠近创建和发送请求的地方，从而减少发送到云中心的数据量、降低云平台的传输延迟和计算成本。但是边缘雾层的加入也带来了一定的挑战。与云中心不同，边缘雾层在地理上的分布更加分散，资源也更加异构与多变。随着近年来大数据处理任务复杂性的增加以及处理数据规模的增长，在云雾混合计算环境下为大数据任务寻找合适的虚拟机集群配置成为一个亟待解决的重要问题。

虚拟机集群的配置选择不当会大幅影响运行任务的效率和成本。在云雾混合计算环境中，云平台希望能充分利用雾节点的资源，释放核心云中的计算与存储资源。雾节点数量繁多，且每个点的资源有限、异构多变。相关研究发现，配置会影响任务的性能：相同的任务在最差配置上的运行时间会是在最优配置上的运行时间的 1.9 倍[67]。从用户的角度来看，选择合适的虚拟机集群配置能有效地提升用户任务的运行效率，降低额外的运行开销。从云平台的角度来看，合理的配置推荐能有效地提升平台资源的利用率，用最少的资源提供最优质的服务。因此，在云雾混合计算环境中为大数据任务寻找合适的虚拟机集群配置具有很强的现实意义，受到学术界和工业界的广泛关注。

7.1.2　云雾混合环境中的虚拟机集群配置关键技术

研究发现，一方面，大部分大数据任务的最优配置是相同的，存在某些泛用型的配置是绝大部分的大数据任务的最优配置。因此，核心云可为适用于泛用型配置的大数据任务构建给出对应的虚拟机配置推荐。另一方面，不适用于泛用型配置的大数据任务则更为异构，需要更为个性化的配置推荐[68]。资源异构的雾节点适用于构建异构的虚拟机，繁多的雾节点使得在雾层中构建集群成为可能。因此雾节点可为不适用于泛用型配置的异构大数据任务给出对应的异构虚拟机集群配置推荐。

根据上述分析，云雾混合计算环境中的配置推荐问题可以分成核心云和雾节点两个环境进行研究。

1. 在核心云中提供资源集约的虚拟机配置推荐

从资源集约利用的角度来看，在核心云中基于泛用型配置进行配置推荐，能有效提升云平台的资源复用率，有利于未来云平台资源的放置与调度。不同的云平台运行的大数据任务各不相同，因此不同的云平台的泛用型配置也各不相同。除此之外，随着云平台处理的大数据任务的数量的增加，原本适用于云平台的泛用型配置也有可能发生改变。因此，如何高效、准确地为云平台寻找到泛用型配置是本章需要研究的一个重要问题。除此之外，如何判断新到来的大数据任务的最优配置是不是泛用型配置也是一个需要研究的问题。若是，核心云中资源集约的配置推荐模型能为大数据任务给出最优的配置推荐。若不是，则需要对大数据任务进行进一步的研究，由雾节点中应用适配的配置推荐模型为此大数据任务给出个性化的配置推荐。

2. 在雾节点中提供应用适配的虚拟机集群配置推荐

基于核心云中资源集约的配置推荐模型，不适用于泛用型配置的大数据任务将在雾节点中得到更深入的研究分析，从而获得更为精准的配置推荐服务。从该问题的可用数据集来看，现有来自工业界与学术界的大量的有关虚拟机配置推荐的公开数据集。但是公开数据集的可选虚拟机配置是固定的，不适用于雾节点环境中多变的资源情况。因此，如何让配置推荐模型适应动态的雾节点环境，在多变的资源情况中给出合理的虚拟机配置推荐是本章关注的一个重要问题。与之相对的，现有的有关集群配置推荐的数据集数量较少。一方面是因为集群的配置变化多样、数量繁多，难以穷举集群所有可能的配置；另一方面是构建集群的开销较大，研究者难以承担相应的开销。因此，在缺乏充足的集群训练数据的情况下给出合理的集群配置推荐也是一个需要研究的重要问题。

7.1.3　云雾混合环境中虚拟机及集群资源配置典型架构

云雾混合计算环境现被广泛应用于不同的场景中，如医疗场景。在医疗场景中，医疗数据采集频繁、数据量大、规范不统一，模型难以直接处理数据，传统云环境难以承担海量医疗数据的传输开销。因此可以将数据的存储和预处理流程交由邻近的雾节点处理，数据的治理与调度则交由核心云中的控制中心进行全局管控。

如图 7-1 所示，典型的云雾混合计算环境的架构主要分为核心云与雾节点两个部分。其中，核心云负责对整个环境的监控、管理与调度；雾节点负责与边缘终端设备之间的信息交流，将处理后的数据上传到核心云，并接收核心云下发的服务命令。

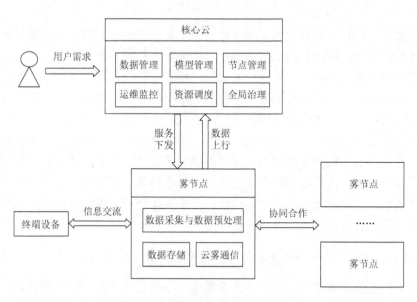

图 7-1　云雾混合计算环境架构设计

在该应用场景中，用户的需求被发送到核心云中，而用户要处理的大数据任务则经由终端设备传输到邻近雾节点中。雾节点对任务数据进行预处理，并将处理后的数据发送至核心云。核心云中的配置推荐模型判断用户任务是否适合被放

置在核心云中。若适合，则给出适宜的配置推荐结果；若不适合，则将用户任务
下发至雾节点中，让雾节点中的配置推荐模型给出对应的配置推荐结果。本章将
阐释在雾节点环境下的配置推荐模型设计。

7.2　雾节点中应用适配的大数据虚拟机集群配置推荐模型设计

雾节点中的配置推荐模型被用于处理不适用于泛用型配置的大数据任务，因此
需要对每一个用户任务进行分析，给出应用适配的配置推荐建议。本节将详细阐释
雾 节 点 中 应 用 适 配 的 虚 拟 机 集 群 配 置 模 型 ORHRC-ORMCC （ optimized
recommendations of heterogeneous resource configurations-optimized recommendations
of multi-node cluster configurations，异构资源配置的优化推荐与多节点集群配置的
优化推荐）的实现细节。

7.2.1　模型总体设计

本节将介绍在雾节点环境中资源集约的虚拟机配置推荐模型设计。为了适应
雾环境中异构多变的资源配置条件，ORHRC-ORMCC 模型将虚拟机配置推荐与
集群配置推荐分离，并将虚拟机配置推荐的结果作为集群配置推荐的输入进行处
理。整体设计如图 7-2 所示。

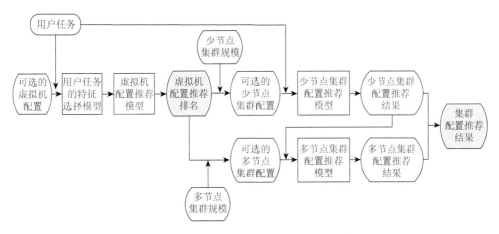

图 7-2　雾节点中应用适配的虚拟机集群配置推荐模型整体设计

ORHRC-ORMCC 模型起始于雾环境中提供的可选虚拟机配置。当模型接收
到传入的用户任务时，用户任务的特征选择模型将为用户任务选择合适的训练配

置，并收集用户任务在训练配置上运行时的运行特征，表 7-1 列出了收集的运行特征的详细信息。基于用户任务的运行特征，虚拟机配置推荐模型可以预测用户任务在不同的配置上的运行评分。评分越高，配置越优。因此，虚拟机配置推荐模型最终给出了适用于用户任务的虚拟机配置排名。基于排名结果，ORHRC-ORMCC 模型可为用户推荐适宜的虚拟机配置。除此之外，虚拟机配置排名结果也可作为集群配置推荐模型的有效输入。

表 7-1　用户任务的运行特征

种类	特征	介绍
CPU 资源利用情况	cpu.%usr	用户空间中 CPU 时间占比
	cpu.%sys	内核空间中 CPU 时间占比
内存资源利用情况	memory.kbmemfree	可用物理内存的大小
	memory.kbmemused	已用物理内存的大小
分页资源利用情况	paging.pgpgin/s	每秒从磁盘传出的页的大小
	paging.pgpgout/s	每秒传入磁盘的页的大小
网络资源利用情况	network.rxkB/s	数据接收率
	network.txkB/s	数据传输率

集群的配置推荐被分为少节点的集群配置推荐与多节点的集群配置推荐。少节点的集群配置推荐方法可沿用虚拟机的配置推荐方法。这是因为配置资源的空间是离散的，少节点集群的配置空间与虚拟机的配置空间差距较小；模型也可以容忍构建少节点集群以获取任务运行特征这一步骤所带来的资源开销（构建集群的时间开销与所耗环境资源的开销）。而多节点集群配置推荐方法则并不能沿用虚拟机的配置推荐方法。这是因为构建多节点集群的资源开销过大，云雾混合环境难以支撑。因此需要采取其他方法来给出多节点集群的配置推荐。

基于虚拟机配置排名结果和少节点集群的规模信息，ORHRC-ORMCC 模型给出了可选的少节点集群配置。基于可选的少节点集群配置与用户任务对应的运行特征，少节点的集群配置推荐模型最终给出了对应的推荐结果。少节点配置的推荐结果则成为多节点配置推荐模型的输入。最终，ORHRC-ORMCC 模型整合了少节点集群的配置推荐结果与多节点集群的配置推荐结果，给出了集群总体的配置推荐结果。其中，虚拟机与少节点集群的配置推荐模型为 ORHRC，多节点集群的配置推荐模型为 ORMCC。

7.2.2　特征选择模型

对于用户任务集合 W 中的每个用户任务 w_i，需要选择一些配置以形成训练配置集合 C_{i*}。然后，ORHRC 模型使用 C_{i*} 中的每个配置来运行并收集 w_i 的运行特征，为后续的虚拟机与少节点集群配置推荐提供数据支持。如图 7-3 所示，有两种方式可以用于构建 C_{i*} 集合，一种是随机选择配置，另一种是通过核心云中的资源集约模型 SARA[69] 来选择配置。SARA 是一种在核心云中为适用于泛用型配置的大数据任务推荐虚拟机配置的模型，可以在确保推荐准确性的同时降低搜索成本。

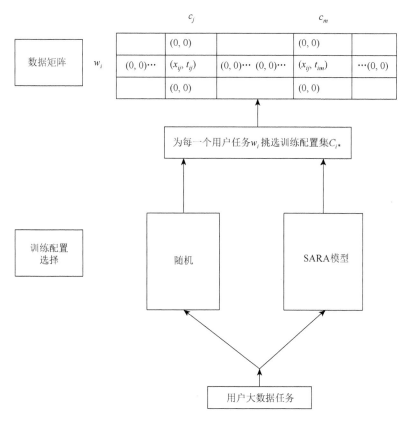

图 7-3　特征选择模型设计细节

随机选择配置会导致用户冷启动问题。对于 ORHRC 模型的虚拟机配置推荐部分来说，可以将 SARA 模型的配置推荐结果作为 C_{i*} 集合中的训练配置，能有效地缓解相应的用户冷启动问题。但是 SARA 模型无法缓解集群配置推荐的用户冷启动问题。因此，ORHRC 模型的少节点集群配置推荐部分依旧需要采用随机的方法来选择训练配置。

在训练配置集上运行用户任务后，ORHRC 模型构建了对应的一个稀疏的数据矩阵。数据矩阵的每一个元素（x_{ij}, t_{ij}）表示用户任务 w_i 在配置 c_j 上的隐式反馈和显式评分。ORHRC 模型使用 x_{ij} 和 t_{ij} 分别描述用户任务 w_i 在配置 c_j 上的运行特征和运行时间。为了方便 ORHRC 模型的训练，需将 t_{ij} 扩展为向量形式。如式（7-1）所示，t_{ij} 扩展为一个稀疏向量，向量共有 n 个参数，分别对应用户任务 w_i 在所有配置 $c_j \in C, j = 1, 2, \cdots, n$ 上的运行时间。除了在配置 c_j 上的运行时间外，用户任务在其他配置上的运行时间均设定为 0。

$$t_{ij} = (0, 0, \cdots, f_2(t_{ij}, T_{i*}), 0, \cdots) \tag{7-1}$$

式中，T_{i*} 是用户任务 w_i 在 C_{i*} 所有配置上的运行时间的集合；函数 f_2 是归一化函数，基于 T_{i*}，f_2 将 t_{ij} 映射到有限的评分中。

在一般的推荐系统中，隐式反馈通常是指未直接表示用户偏好的历史数据。例如，点击、浏览和转发之类的用户行为可以视为用户（user）对项目（item）的隐式反馈。在 ORHRC 模型中，用户等同于用户任务，项目等同于配置。对于每个用户任务，ORHRC 模型会随机选择一定数量的配置以收集用户任务的运行特征，从而训练模型并预测适合这些用户任务的配置。ORHRC 模型将用户任务的运行特征视为隐式反馈。相同的用户任务在不同的配置上具有不同的运行特征。这些不同的运行特征暗示了用户任务对于配置的评价。

$$y_{ij} = \begin{cases} x_{ij}, & \text{用户任务} w_i \text{在配置} c_j \text{上运行} \\ 0, & \text{用户任务} w_i \text{不在配置} c_j \text{上运行} \end{cases} \tag{7-2}$$

如式（7-2）所示，ORHRC 模型使用 x_{ij} 和 0 作为隐式反馈 y_{ij}。其判断标准是用户任务 w_i 是否在配置 c_j 上运行。如表 7-1 所示，ORHRC 模型选择了八种特征以形成用户任务的运行特征。这些运行特征可以反映不同配置上用户任务的资源消耗情况，从而隐式地反馈用户任务对配置的评价。

在各种推荐系统中，显式评分通常表示为用户对项目的打分结果。因此，显式评分能直观地展示用户对项目的评价。在本章的模型中，用户任务的运行时间被转化为对应的显式评分。模型模仿传统推荐系统的评分机制，将用户任务的运行时间映射到有限的离散评分中。它将模型对运行时间的预测转换为对不同配置的性能评分的预测。这是因为 ORHRC 模型的目标是给出适宜的配置建议，不需要准确预测用户任务在所有配置上的运行时间。基于此，隐式反馈 x_{ij} 和显式评分 t_{ij} 构成了数据矩阵的元素。

7.2.3　基于神经协同过滤的虚拟机与少节点集群配置推荐模型

本节将阐述基于神经协同过滤的虚拟机与少节点集群配置推荐模型的实现细节，并说明此模型如何缓解冷启动问题。

基于神经协同过滤（neural collaborative filtering，NCF）[70]方法，本章构建了ORHRC 模型的配置评分预测模块。协同过滤方法是推荐系统中常用的推荐方法之一，一般是基于用户与项目在过去产生的交互数据来对用户的行为进行建模，从而预测用户对于其他项目的喜好程度。在本章的研究背景下，则是基于用户任务与配置之间的交互数据（运行特征）来预测用户任务对其他配置的喜好程度。

配置评分预测模块的细节如图 7-4 所示。此模块的输入是 7.2.2 节中特征选择模型输出的稀疏的数据矩阵。基于神经协同过滤方法，用户任务对不同配置的显式评分 t_{ij} 被预测，数据矩阵中空白的元素被填充，稀疏的矩阵变为稠密的矩阵。

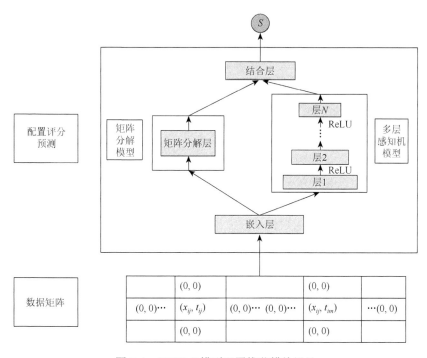

图 7-4　ORHRC 模型配置推荐模块设计

在配置评分预测模块中，模型使用嵌入层将数据矩阵中的独热向量（one-hot vector）t_{ij} 转化为二值化的稀疏向量（binarized sparse vector），以进行后续的数据处理。嵌入层可以消除向量中的部分无用噪声，将稀疏且高维的向量转换为稠密且低维的向量，从而进一步分析离散变量之间的关系。随后，基于矩阵分解（matrix factorization，MF）模型和多层感知机（multilayer perceptron，MLP）模型，ORHRC模型深入分析了用户任务与配置之间潜藏的线性和非线性关系。最后，结合层将矩阵分解模型和多层感知机模型的输出进行集成，以预测用户任务对不同配置的评分，并给出最终排名 S。

　　矩阵分解模型是推荐系统常用的模型之一。本章的矩阵分解模型的输入是用户任务对配置的稀疏评分矩阵。输出则是预测的评分矩阵。预测评分矩阵中的预测评分由用户任务向量和配置向量的内积（inner product）表示。基于此，稀疏评分矩阵中的空白元素被向量的内积结果所填充，矩阵分解模型实现了对用户任务向量和配置向量之间的线性关系的捕捉。

　　如式（7-3）所示，数据矩阵 $D \in \mathbb{R}^{m \times n}$ 被拆分为用户任务矩阵 $P \in \mathbb{R}^{m \times k}$ 和配置矩阵 $Q \in \mathbb{R}^{n \times k}$。其中 m 为用户任务的数量，n 为配置的数量，k 为潜在空间（latent space）向量的维度。潜在空间捕获了向量数据的潜在特性，并将其从矩阵中分解出来。

$$D = PQ^{\mathrm{T}} \tag{7-3}$$

　　如式（7-4）所示，模型基于元素乘积法（element-wise product method），计算出用户任务向量 $p_i(p_i \in P)$ 和配置特征 $q_j(q_j \in Q)$ 之间的潜在特征，捕获了用户任务与配置之间的线性关系，给出了预测的运行评分 $y_{\hat{ij}}$。矩阵分解模型的输出是一个矩阵，称为 ϕ_{MF}。ϕ_{MF} 矩阵的每个元素都是预测的评分 $\widehat{y_{ij}}$：

$$\widehat{y_{ij}} = f_{\mathrm{MF}}\left(i, j \mid p_i, q_j\right) = p_i^{\mathrm{T}} q_j \tag{7-4}$$

　　本章使用 L2 正则化方法来解决模型的过拟合问题。L2 正则化方法的详细信息如式（7-5）所示，t_{ij} 是用户任务在配置上的运行时间，函数 f_2 将运行时间转化为对应的评分。λ 是控制正则化部分大小的参数，m 是用户任务的数量，n 是配置的数量。

$$L = \sum_{i=1}^{m} \sum_{j=1}^{n} \left(f_2(t_{ij}) - \widehat{y_{ij}}\right)^2 + \lambda \left(\sum_{i=1}^{m} \|p_i\|^2 + \sum_{j=1}^{n} \|q_j\|^2\right) \tag{7-5}$$

　　在 ORHRC 模型中，矩阵分解模型和多层感知机模型是并行的，它们具有相同的输入。多层感知机模型使用神经网络框架来拟合用户任务向量与配置向量的特征信息，从而捕获它们之间的非线性关系。如式（7-6）所示，数据矩阵 D 是多层感知机模型的输入。l_k 表示模型的第 k 层。W_k^{T} 是 l_k 的权重矩阵，而 b_k 是 l_k 的偏置项（bias term）。函数 f 是激活函数 ReLU。多层感知机模型的输出为矩阵 ϕ_{DNN}。

$$
\begin{cases}
l_1 = W_1^{\mathrm{T}} D \\
l_2 = f\left(W_2^{\mathrm{T}} l_1 + b_2\right) \\
l_k = f(W_k^{\mathrm{T}} l_{k-1} + b_k), \quad k = 3, \cdots, N-1 \\
l_N = f\left(W_N^{\mathrm{T}} l_{N-1} + b_N\right)
\end{cases}
\tag{7-6}
$$

将矩阵分解模型的输出 ϕ_{MF} 与多层感知机模型的输出 ϕ_{DNN} 连接起来，便形成了结合层的输入。然后，结合层使用一层完全连接层来处理输入。如式（7-7）所示，σ 是结合层的 Sigmoid 激活函数。H^{T} 是权重向量。

$$
S = \sigma(H^{\mathrm{T}}(\phi_{\mathrm{MF}}, \phi_{\mathrm{DNN}}))
\tag{7-7}
$$

结合层结合了用户任务向量和配置向量的线性和非线性特征，并预测了用户任务在不同的配置上的评分排名 S。根据排名结果，ORHRC 模型可以为用户任务推荐合适的配置。

前面提到，数据矩阵的各列为不同的配置。而数据矩阵的元素是用户任务在配置上运行所产生的隐式反馈 x_{ij} 和显式评分 t_{ij}。因此，矩阵的列无论是虚拟机配置还是集群配置，都对矩阵内的元素没有任何影响。但是获取多节点集群配置的隐式反馈和显式评分的资源开销较大，不适用于基于数据矩阵的配置推荐方法。所以，ORHRC 模型仅为用户任务提供虚拟机以及少节点集群配置的推荐服务。

7.2.4　基于深度神经网络的多节点集群推荐模型

如前所述，模型推荐的集群配置为：虚拟机类型×节点数量。因此，ORMCC 模型将为每一类虚拟机配置构建性能预测模型，预测用户任务在此类虚拟机配置下的最优节点数量。

如图 7-5 所示，ORMCC 模型的输入来自少节点集群的数据矩阵，数据矩阵的具体描述如 7.2.2 节所示。ORHRC 模型在预测少节点集群配置时，随机选择部

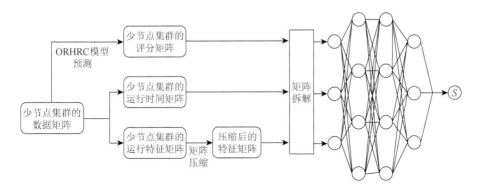

图 7-5　ORMCC 模型设计细节

分少节点集群配置来获取对应的运行时间与运行特征，从而构成了图 7-5 所示的少节点集群的数据矩阵。基于少节点集群的数据矩阵，ORHRC 模型能预测出用户任务对于少节点集群的评分矩阵。通过拆分少节点集群的数据矩阵，ORMCC 模型能获得对应的少节点集群的运行时间矩阵与运行特征矩阵。

少节点集群的运行特征矩阵是三维的数据矩阵，其坐标包括用户任务、集群的虚拟机配置、集群中各个节点的信息。此特征矩阵的元素是用户任务在集群某个节点上的运行特征向量。为了使用一个向量来描述用户任务在整个集群上的运行特征，模型需要将三维的特征矩阵进行压缩，形成二维的特征矩阵。如式（7-8）所示，ORHRC 采用线性的方法来实现特征矩阵的压缩，压缩后的结果为向量 f_i。其中，c_i 为集群所用的虚拟机配置，$n_j^{c_i}$ 为 c_i 配置构成的集群的各个节点，节点总数为 $n+1$，$n_0^{c_i}$ 为主节点，其他节点为从节点。a_0 与 a_1 为权重向量，且 $a_0 + na_1 = 1$，即主节点的权重与其余从节点的权重之和为 1。函数 f_4 用于采集用户任务在集群节点上的运行特征。

$$f_i = a_0 f_4\left(n_0^{c_i}\right) + \cdots + a_1 f_4\left(n_n^{c_i}\right) \tag{7-8}$$

矩阵拆解部分则基于集群中虚拟机配置 c_i 将输入的矩阵进行拆解。ORMCC 模型将基于不同的虚拟机配置，使用深度神经网络来分析节点数量对于集群性能的影响，并预测用户任务在多节点集群上运行的性能评分。

算法 7-1 说明了集群配置推荐算法的实现细节。其中第 3~7 行描述了为用户任务寻找最优少节点集群配置的算法；9~13 行描述了为用户任务寻找最优多节点集群配置的算法；15~25 行整合了少节点集群的推荐结果和多节点集群的推荐结果，给出最终的集群配置推荐建议。其中，ORHRC 函数表示使用 ORHRC 模型来为用户任务推荐少节点集群配置。ORHRC 函数的输入为用户数据集 W、构建集群可选的虚拟机配置 C，以及可选的少节点集群数量 K_{small}。ORHRC 函数的输出为用户任务在部分少节点集群上运行产生的稀疏时间矩阵 T、用户任务在部分少节点集群上运行产生的稀疏运行特征矩阵 F，以及 ORHRC 模型预测的用户任务对少节点集群配置的评分矩阵 S。对于每一种虚拟机配置 $c_i \in C$，Select 函数基于评分矩阵 S 挑选出使集群性能评分最高的节点数量 k_i，形成配置 c_i 下最优的集群配置 (c_i, k_i)。再加上对应的评分 s_i，就成为集群配置推荐结果集 results 中的一员。

算法 7-1　集群配置推荐算法

输入：用户任务 $W = w_1, \cdots, w_n$；可选虚拟机类型 $C = c_1, \cdots, c_m$；少节点集群节点数量 $K_{small} = k_1, \cdots, k_a$；多节点集群节点数量 $K_{large} = k_{a+1}, \cdots, k_b$；最低评分标准 α；

输出：集群最优配置 (c_i, k_j)；

1.　results $\leftarrow \varnothing$

2.　optimal $\leftarrow \varnothing$

3.　$T, F, S \leftarrow$ ORHRC(W, C, K_{small})

4.　for c_i in C do//少节点集群最优配置选择

5.　　$k_i, s_i \leftarrow$ Select(S)

6.　　results = results $\bigcup (c_i, k_i, s_i)$

7.　end for

8.

9.　for c_i in C do//多节点集群最优配置选择

10.　　$t_i, f_i, s_i \leftarrow$ DataPreProcess(T, F, S)

11.　　$k_i \leftarrow$ ORMCC$(t_i, f_i, s_i, K_{\text{large}})$

12.　　results = results $\bigcup (c_i, k_i, s_i)$

13.　end for

14.

15.　for (c_i, k_i, s_i) in results do

16.　　if optimal $== \varnothing$ then

17.　　　$(c_o, k_o, s_o) \leftarrow (c_i, k_i, s_i)$

18.　　　optimal $\leftarrow (c_o, k_o, s_o)$

19.　　else

20.　　　if $s_i \geqslant \alpha$ and Cost$(c_i, k_i) \leqslant$ Cost(c_o, k_o) then

21.　　　　$(c_o, k_o, s_o) \leftarrow (c_i, k_i, s_i)$

22.　　　　optimal $\leftarrow (c_o, k_o, s_o)$

23.　　　end if

24.　　end if

25.　end for

26.　return (c_o, k_o)

对于多节点集群的最优配置选择，则首先需要对时间矩阵 T、特征矩阵 F 和评分矩阵 S 进行预处理。DataPreProcess 函数基于每一种配置 $c_i \in C$，从时间矩阵 T 和评分矩阵 S 中找出与配置 c_i 相关的向量 t_i 与 s_i。此外，此函数还从特征矩阵 F 中获取用户任务在配置 c_i 相关集群上的运行特征。集群上的运行特征依旧为矩阵形式，矩阵的每一行都代表某个节点上的运行特征向量。因此需要将矩阵式的集群运行特征进行压缩处理，将其转化为向量式的特征 f_i。ORMCC 模型则可基于配置 c_i 相关的向量 t_i、f_i、s_i 以及可选的多节点集群数量 K_{large} 来给出对应的推荐节点数量 K_i，并将推荐结果放入集群配置推荐结果集 results。

在收集了大量的集群配置推荐结果之后，ORMCC 模型需要给出最终的集群配置推荐结果。因此，模型将遍历并评估 results 集合中的所有元素，并找到最优的配置 (c_o, k_o)。如第 20 行所示，当被评估配置的评分 s_i 高于最低评分标准 α 且配置开销低于当下最优配置的开销时，则将被评估配置 (c_i, k_i) 视为最优配置。Cost

函数为开销函数，输入为虚拟机配置c_i与对应的节点数量k_i。Cost 函数主要用于计算构建对应集群所需要的资源、时间或金钱等开销，一般基于用户以及平台的具体需求来定义。

7.3 边缘计算环境下虚拟机及集群资源配置模型实现

本节将验证雾节点中配置推荐模型 ORHRC-ORMCC 的性能。

1. 实验环境与数据来源

本节用于证明雾节点环境中应用适配的虚拟机集群配置推荐模型 ORHRC-ORCC 的有效性。

具体的实验数据如下。

1）实验数据集

本节使用公共数据集[71]进行实验。该数据集有 107 个测试任务、18 种虚拟机配置，如表 7-2 所示，数据集从 AWS 中选择了三个主要的配置类别（包括计算优化型、内存优化型和二者平衡型的虚拟机配置类别），并从每个类别中选择六个配置用于实验。此外，如表 7-3 所示，数据集还包含了 18 个测试任务、72 种集群配置（虚拟机类型×节点数量），对于每次测量，数据集都会收集 72 个性能指标，本实验选取了如表 7-1 中所示 8 个指标进行实验。

表 7-2　数据集中的虚拟机配置情况

配置种类	族	具体类型
计算优化型	c4	c4.large，c4.xlarge，c4.2xlarge
	c3	c3.large，c3.xlarge，c3.2xlarge
内存优化型	m4	m4.large，m4.xlarge，m4.2xlarge
	m3	m3.large，m3.xlarge，m3.2xlarge
二者平衡型	r4	r4.large，r4.xlarge，r4.2xlarge
	r3	r3.large，r3.xlarge，r3.2xlarge

表 7-3　数据集中的集群配置情况

配置类型	可选节点数量										
[c4|m4|r4].large	4	6	8	10	12	16	20	24	32	40	48
[c4|m4|r4].xlarge	4	6	8	10	12	16	20	24	—	—	—
[c4|m4|r4].2xlarge	4	6	8	10	—	—	—	—	—	—	—

2）评估方法

基于留一法，本章使用两种评估方法来评估 ORHRC-ORMCC 模型的性能。评估方法如下。

（1）最优配置、次优配置和最佳配置的命中率。基于数据集，可获得使用户任务 w_i 运行时间最短的最优配置 c_{io} 和运行时间第二短的次优配置 c_{is}。同时，模型给出了预测配置 c_{ip}。如果预测配置 c_{ip} 与最优配置 c_{io} 相同，大数据任务 w_i 的命中计数值 h_i 将被设置为 1。最优配置 H_o 的命中率计算如式（7-9）所示。N 表示用于预测的大数据任务数。

$$H_o = \frac{\sum_{i=1}^{N} h_i}{N} \times 100\%, \quad h_i = \begin{cases} 1, & c_{ip} = c_{io} \\ 0, & \text{其他情况} \end{cases} \quad (7\text{-}9)$$

同样，如果预测配置 c_{ip} 与次优配置 c_{is} 相同，则次优配置 H_s 的命中率计算如式（7-10）所示：

$$H_s = \frac{\sum_{i=1}^{N} h_i}{N} \times 100\%, \quad h_i = \begin{cases} 1, & \text{如果} c_{ip} = c_{is} \\ 0, & \text{其他情况} \end{cases} \quad (7\text{-}10)$$

为了方便计算，可将最优配置 H_o 的命中率和次优配置 H_s 的命中率相加，以形成最佳配置命中率 H_t：

$$H_t = H_o + H_s \quad (7\text{-}11)$$

（2）近似最优配置的命中率。基于数据集中记录的大数据任务的运行时间，可将运行时间在最短时间的 120% 以内的配置视为近似最优配置。

近似最优配置 H_n 的命中率计算如式（7-12）所示，r_{io} 表示大数据任务 w_i 在预测的配置上的运行时间，r_{ip} 表示模型为大数据任务 w_i 预测的配置。如果任务的 r_{ip} 小于 r_{io} 的 120%，则称预测配置为近似最优配置，且大数据任务 w_i 的命中计数值 h_i 被设置为 1。

$$H_n = \frac{\sum_{i=1}^{N} h_i}{N} \times 100\%, \quad h_i = \begin{cases} 1, & r_{ip} < r_{io} \times 1.2 \\ 0, & \text{其他情况} \end{cases} \quad (7\text{-}12)$$

3）对比实验方法

本节使用如下的研究方法作为对比实验方法，与 ORHRC-ORMCC 模型进行性能比较。

Selecta：使用潜在因素协同过滤方法来预测数据密集型用户任务的最优云计算和存储资源。

Micky：使用多臂老虎机算法为集体用户任务找到合适的配置。

Scout：从低级性能指标中提取信息，利用用户任务的历史数据来为其寻找最优配置。

2. 虚拟机配置推荐准确性验证

本章构建了 ORHRC 模型来为用户任务推荐虚拟机与少节点集群配置，下面将讨论 ORHRC 模型在虚拟机配置选择上的性能情况。如图 7-6 所示，基于随机选择训练配置或基于 SARA 选择训练配置，可将 ORHRC 模型分为 random-ORHRC 与 SARA-ORHRC。在两种评估方法下，random-ORHRC 和 SARA-ORHRC 的性能要优于 Micky 方法和 Selecta 方法。从命中最佳配置和近似最优配置的概率的角度来看，random-ORHRC 方法比 Micky 方法高 12% 和 15%，比 Selecta 方法高 5% 和 7%，SARA-ORHRC 方法比 Micky 方法高 27% 和 42%，比 Selecta 方法高 20% 和 27%。综上，ORHRC 方法的平均命中率比 Micky 高 24%，比 Selecta 高 15%。

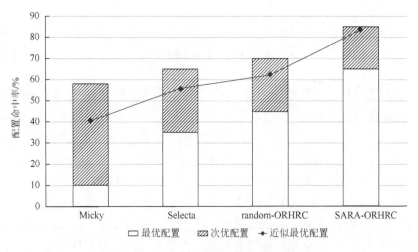

图 7-6　ORHRC 模型推荐虚拟机配置的命中率

除此之外，实验结果表明 SARA 的加入提升了 ORHRC 模型推荐最优配置和近似最优配置的命中率，提升率约为 18%。因此，此实验证明 SARA 的加入缓解了 ORHRC 模型的用户冷启动问题。此外，random-ORHRC 模型和 SARA-ORHRC 模型使用基准测试大数据任务而不是真实世界的大数据任务。这也证明 ORHRC 模型系统可以缓解系统冷启动问题。

3. 集群配置推荐准确性验证

本节将集群分为少节点集群与多节点集群，并使用不同的模型来给出对应的配置推荐结果。首先讨论 ORHRC 模型在少节点集群配置推荐上的性能情况。在实验中，可选节点数量为 4、6、8 的集群称为少节点集群。如图 7-7 所示，ORHRC 模型在少节点集群的近似最优配置命中率上取得了较优结果，约为 77%，比 Micky 模型高 27%，比 Selecta 模型高 16%。除此之外，ORHRC 模型在少节点集群的最优配置命中率为 44%，比 Micky 模型高 16%，比 Selecta 模型高 11%。但是，ORHRC 模型在最佳配置命中率（最优配置命中率＋次优配置命中率）上表现一般（约为 55%），与近似最优配置命中率相差较大。

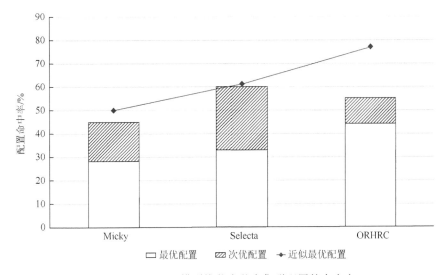

图 7-7　ORHRC 模型推荐少节点集群配置的命中率

　　通过对数据集的研究分析发现，用户大数据任务在多个集群配置上的运行时间差别较小，例如，部分任务在最优配置与次优配置上的运行时间仅差 20s。因此，模型推荐最优配置与次优配置的命中率易受云中噪声等因素的干扰。从近似最优配置命中率的角度来看，模型依旧能够提供较优的配置推荐服务，但是推荐的配置是最优配置或次优配置的概率较低。

　　ORMCC 为每种类型的虚拟机配置构建对应的多节点集群配置推荐模型。如表 7-1 和表 7-3 所示，集群数据集中的配置可分为计算优化型（c4）、内存优化型（m4）、二者平衡型（r4）三类。

　　如图 7-8 所示，ORHRC 模型基于 c4、m4、r4 三类配置分别为用户大数据任务提供配置推荐服务，推荐了各类配置下的最优多节点集群配置。ORMCC 推荐最佳配置命中率的平均值为 70%，比 Scout 方法高 10%；推荐近似最优配置命中率的平均值为 80%，比 Scout 方法高 25%。

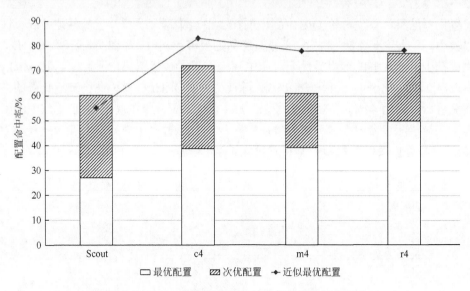

图 7-8　ORHRC 模型推荐多节点集群配置的命中率

第8章 边缘计算数据资源的索引定位与冗余放置技术

8.1 边缘计算数据资源存储的背景

近几年来，随着物联网技术及第五代移动通信技术（5G）的发展，智慧城市、智慧交通工具、可穿戴设备等应用逐渐普及，智能终端设备数量及其产生的数据规模急剧增长，传统的基于云的网络架构达到性能瓶颈，难以满足物联网时代的海量数据计算存储需求。为了应对物联网时代大数据应用苛刻的网络要求，基于云雾混合网络架构的边缘计算成为新的计算范式。

但是，由于边缘计算中位于网络边缘的终端设备或雾服务器异构性明显，因此充分高效地利用雾服务器及终端设备资源更具有挑战性。

目前边缘计算下的数据存储是新兴的研究领域，但现阶段针对边缘计算下的数据存储研究大多仍仅关注雾节点层或仅关注终端设备，并未综合考虑雾节点的异构性与边缘终端设备的异构性。总的来说，要设计针对异构边缘计算下的通用数据文件存储方案，需要考虑的核心问题就是设计数据定位索引机制及数据副本冗余放置机制。下面介绍一下当前数据索引定位和数据副本冗余放置的现状。

8.1.1 边缘计算数据资源的索引定位

数据索引定位是边缘计算中数据存储需要解决的核心问题之一，简单来说，数据索引定位即获取数据存储位置的过程，根据数据的标识符快速查找到存储节点。针对写操作，它需要通过数据索引定位记录新写入数据的存储位置；对于读操作，它通过数据索引定位获取目标数据的存储节点位置。总体而言，数据索引机制可以分为三类：完全索引（full indexing）、中心化索引（centralized indexing）与分布式哈希表索引（distributed hash table indexing，DHT Indexing）。

（1）完全索引在系统中的每个节点上均维护完整的数据索引表（data index table，DIT），存储所有数据的索引信息。

（2）中心化索引依靠专门的中心化索引服务器存储完整的数据索引表，承担系统中所有数据的索引定位服务。

（3）分布式哈希表索引通过算法将数据映射到不同的节点上，每个节点仅存储一部分数据索引表，各节点联合提供数据索引服务。

完全索引在为读操作提供索引定位服务时最具有优势，因为所有节点均保存完整的数据索引信息，任一节点均可提供数据索引定位服务。但是，在规模较大的分布式存储系统中，节点数成百上千，在所有节点上维护规模庞大的数据索引信息，将消耗大量的带宽和存储资源，成本较高且难以实现。

中心化索引也能实现较高效率的索引定位服务，所有节点直接向中心化索引服务器请求索引定位服务，实现简单且节省了索引信息的存储空间，是现有分布式存储的常用方案。但是，唯一的中心化索引服务器承担所有索引定位请求，可能存在性能瓶颈，可拓展性较差，且给系统带来了单点故障的风险。

分布式哈希表索引维护代价中等且解决了单点故障问题，每个节点仅存储一部分数据文件的索引信息。分布式哈希表索引最初在 P2P 网络中大量应用，如经典的 Chord[72]等算法。在传统的云分布式存储中也有使用基于一致性哈希的分布式哈希表索引定位方法。分布式哈希表的难点在于如何设计巧妙的数据分区方法与索引路由机制，保证各节点的负载均衡及提高索引的效率。传统的包含 n 个节点的 P2P 网络中，分布式哈希表算法[72, 73]平均需要通过复杂度为 $O(\log(n))$ 的请求转发完成一次数据定位查找。在节点加入或退出系统时，根据数据与索引节点的对应关系，索引信息需要进行相应的调整维护。

关于三类索引机制的总结对比如表 8-1 所示。

表 8-1　三类索引机制的总结对比

索引机制	检索速度	可拓展性	负载均衡	维护代价
完全索引	较快	较差	较好	高
中心化索引	中等	较差	较差	低
分布式哈希表索引	较慢	较好	较好	中等

8.1.2　边缘计算数据资源的冗余放置

为了保证存储服务的可用性、满足数据的存储可靠性和安全性，边缘计算数据存储中的数据冗余机制不可或缺。总体而言，分布式系统中的数据冗余技术方案可以分为多副本冗余和纠删码冗余两类。

多副本冗余是一种简单高效的数据冗余策略，它的核心思想是将同一份数据的 n 份数据副本放置在不同的数据存储节点上，如存储在不同的机器、不同的机架或不同的数据中心中，避免因单一机器、单一机架或单一数据中心出现故障而导致数据不可用和数据丢失问题。某数据副本的部分存储节点丢失数据时，则可以从同一数据的其他副本备份存储节点恢复相应的数据。总体而言，多副本冗余方案能够提升存储系统的存储可靠性与读写性能，将数据读写请求分流到各数据副本；但它也会提高数据的存储空间占用率，降低存储资源的利用率，提高存储成本。另外，多数据副本之间的负载均衡也是需要考虑与研究的话题，不合适的负载均衡将导致网络拥塞，降低系统整体性能。数据副本数目对系统影响较大，副本数越多，数据读写服务的可用性及数据存储的可靠性就越高。

纠删码冗余则是通过各类纠删码算法，对原始数据编码计算冗余信息，添加到原有数据中一并存储，通过冗余信息实现对原始数据的恢复纠错。纠删码将原始数据分为 n 块，根据算法从 n 个原始数据块中计算出 m 个校验块，在这 $n+m$ 个数据块中，任意 n 个正确的数据块即能计算得到所有的原始数据，即可以容忍 m 个数据块的错误或故障。如果将这 $n+m$ 个数据块分别存放到不同硬盘上，则能够容忍 m 个硬盘故障；若将它们分别放置到不同的存储节点，能够容忍 m 个存储节点故障。相较于多副本冗余，纠删码冗余的冗余度更低，即占用的存储空间更少；但是，纠删码需要编码计算的过程开销较大，读写效率相对更低。表 8-2 对两类数据冗余技术进行了对比。

表 8-2　多副本冗余与纠删码冗余对比

数据冗余策略	有效存储利用率	计算开销	数据恢复效率
多副本（n 副本）	$\dfrac{1}{n}$	无	较高
纠删码（$n+m$）	$\dfrac{n}{n+m}$	高	较低

8.1.3　边缘计算数据资源存储的典型架构

边缘计算的核心目标之一是将存储资源带到接近数据生产者的网络边缘侧。基于云-雾-边结构的云雾混合网络架构，网络边缘侧包含雾层和终端层两个部分，即边缘分布式存储系统主要包含了接近数据源的雾服务器与边缘终端两类设备，如图 8-1 所示。

其中，雾节点一般为轻量级服务器，部署在基站、机房、边缘数据中心等位置。雾服务器之间通过专线网络连接，为边缘局域网内的边缘终端提供网关服务。边缘终端设备则以小型嵌入式系统为主；边缘终端设备通过局域网连接至它附属的雾节点，经过雾节点的网关服务与互联网通信。

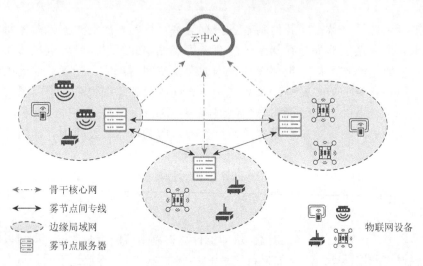

图 8-1　边缘计算场景

现在介绍一个典型边缘计算场景（本章后面介绍的机制将基于此展开），针对异构边缘环境及其中的应用有如下设定。

（1）边缘终端层的物联网设备采集生成数据，需要将它们存储在网络边缘侧用于后续智能应用的处理分析，并且智能应用可能涉及跨雾节点的数据分析。例如，智慧交通场景下，系统将保存地铁站的进出站数据用于后续分析；而轨道交通列车调度等应用，可能涉及其他雾节点下的地铁进出站数据。

（2）针对不同业务采集的数据有不同的数据可靠性需求。例如，智慧城市场景中，在预算和资源有限的前提下，为了控制成本，摄像头采集到的安全监控数据比传感器采集到的空气质量数据有更高的可靠性要求。

（3）不同雾节点和不同边缘终端设备由于部署环境、应用业务形态及成本控制等原因，拥有不同的配置。例如，地理位置位于终端设备稠密区（如市中心、工厂、商圈、交通枢纽等）的雾节点应该较位于终端设备稀疏区（如郊区、景区等）的雾节点拥有更高的配置；传感器、摄像头和车载设备等终端的配置属性也因实际应用场景和需求不同。

（4）终端设备受到电源、安装使用环境、存储硬件等客观条件的限制，被视为不可靠的。

（5）预设系统处于安全、可信任的环境下。暂不讨论边缘环境下的数据加密、隐私保护等相关安全问题。

基于上述背景设定及边缘计算架构的特点，该典型架构（即由终端设备组成的数据存储层及由雾节点组成的数据管理层）是一种合适的架构方案。图 8-2 展示了一个简单的例子。数量规模庞大的终端设备作为数据存储节点，能够提供存储资源，实现数据在网络边缘可靠存储，降低了与雾节点甚至云中心的数据传输开销。雾节点为边缘终端设备提供网关服务，作为元数据服务器节点能够有效对各终端设备进行监控、调度和管理，提供数据管理层服务。用户访问层的客户端则负责向就近的雾节点发起文件读写请求，例如，终端设备通过客户端存储采集到的数据或通过客户端发起请求读取数据用于分析处理。边缘终端层的物联网设备通过局域网（LAN/WLAN）与雾节点连接，上报设备的存储容量等信息；每个雾节点监控其下所有终端设备的状态、维护相应的元数据并提供相应的雾节点内的数据索引定位服务；所有雾节点组成数据管理层，联合提供跨雾节点的全局数据索引定位服务。

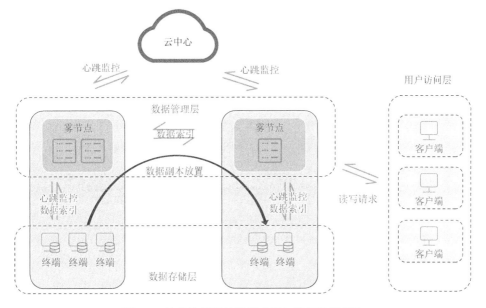

图 8-2　边缘计算下的数据索引与数据放置架构

8.2　分层混合数据索引

8.1 节分析了异构边缘计算环境下的文件存储场景，为了支撑数据文件的高效索引定位，本节主要介绍一个基于分层分布式的数据管理层的分层混合数据索引机制，该机制针对雾服务器资源有限且异构的特点进行了设计。

8.2.1　分层混合索引架构模型

数据索引定位服务能够检索到指定数据块的存储位置及元数据信息，用于数据的读取。数据索引定位涉及两个方面。

（1）建立索引，存储数据块的索引信息。

（2）检索索引，定位给定的数据块。

该研究针对异构边缘计算架构的特点，设计了分层混合数据索引机制，将索引过程分为雾节点内本地数据索引及不同雾节点间全局数据索引两个部分。

以图 8-3 为例，当雾节点 1 管理的终端设备请求数据块 bid_1 时，雾节点 1 的本地中心化索引表保存该数据块的索引信息，提供数据索引定位服务；若雾节点 1 内的终端设备请求数据块 bid_2，在雾节点内的本地中心化索引表没有存储相关信息，则由雾节点间的分布式索引提供数据定位服务，根据数据分片索引算法，找到存有 bid_2 索引信息的雾节点 3，在它的索引表中检索到相关的索引信息，即 bid_2 存储在雾节点 2 下的终端 1 中。

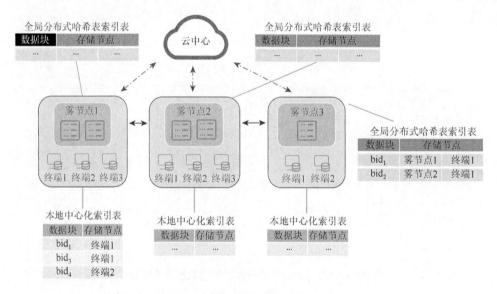

图 8-3　分层混合数据索引机制架构

8.2.2　雾节点内本地中心化数据索引机制

边缘终端设备通过局域网连接就近雾节点、获取网关服务，即每个雾节点服务器能够管理、服务分布在同一片地理区域内的边缘终端设备。在边缘计算场景下，考虑实际应用场景、数据本地性和聚集策略，数据块很可能会被同一雾节点下的边缘终端设备读取使用，建立雾节点局域网内的本地数据索引机制，能够提高同一局域网内数据的索引效率，减轻边缘环境内的全局索引请求压力。雾节点局域网内由单一的核心雾服务器提供网关服务、对域内边缘终端设备进行管理，与中心化索引方案适配。

在雾节点 fog_i 管理的局域网内，终端物联网设备 e^i_j 本地存储新数据块时，将四元组 $<bid, e^i_j, metadata, r_{min}>$ 发送给其所属的雾节点服务器 fog_i，雾节点服务器将以 bid 为主键保存四元组对应关系，作为数据块的索引信息。其中 bid 为数据块的唯一标识块 ID；metadata 为该数据块的元数据，包含时间戳、校验和自定义属性等信息；r_{min} 为数据块所要求的最低可靠性。总体流程如图 8-4 中的白色流程环节所示。

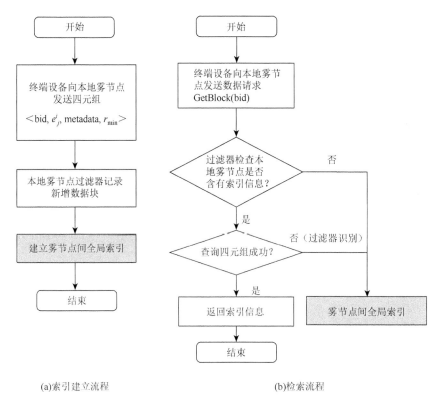

(a)索引建立流程　　　　　　　　　　(b)检索流程

图 8-4　雾节点内本地索引建立流程与检索流程

在数据索引过程中，雾节点内本地索引机制只是其中的一部分，在本地雾节点上未存储数据的数据索引需要交由雾节点间全局数据索引处理（如图 8-4 中的阴影框流程环节，在 8.2.3 节中详细描述）。虽然有数据本地性和聚集策略的优势，但仍然存在一部分终端设备数据请求需要访问位于本地雾节点之外的数据索引信息，即有一部分在本地索引信息四元组的查找检索是多余且不会命中的。在检索前针对数据索引请求进行过滤，将雾节点本地不保存的数据索引交由雾节点间分布式索引处理，提高本地四元组索引检索命中率，能够降低雾节点上的计算压力，提高计算资源利用率。已有研究将布隆过滤器[74]应用在边缘计算的请求过滤、缓存检查、存储匹配等场景中。布隆过滤器的一大缺点是不支持数据反向删除操作。在边缘分布式存储系统下，资源有限的终端设备可能需要删除过期的数据文件来节省存储空间，布隆过滤器不支持删除操作的缺点严重影响系统功能，不适用于这一场景。本章中使用布谷鸟过滤器（Cuckoo filter）[75]对数据索引请求进行过滤，它支持动态删除数据元素。

该机制使用的方案基于两个哈希映射函数、每个哈希桶中 4 条目的（entry）的布谷鸟过滤器，即每个哈希桶中最多可同时存储 4 个哈希冲突的数据元素，如图 8-5 所示。物联网应用的多样性和边缘环境下数据的规模较大，数据块的唯一标识符块 ID 可能较复杂，数据格式多种多样。布谷鸟过滤器中不存储完整的数据信息，而仅存储若干比特大小的数据指纹，能够适应物联网应用的数据特点。同时，它针对哈希计算过程进行了优化，其中一个哈希函数由另一个哈希函数与数据指纹的异或值组成。给定数据块的唯一标识符 bid，根据指纹哈希函数 Hash_{fp} 计算数据指纹：

$$\text{Fp}_{\text{bid}} = \text{Hash}_{\text{fp}}(\text{bid}) \tag{8-1}$$

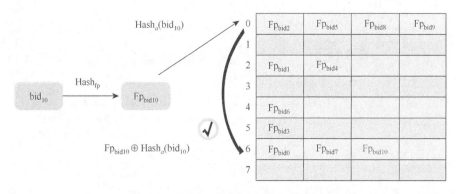

图 8-5　2 哈希-4 桶索引请求过滤器示例

数据块 bid 的哈希桶 Bucket_a 经由数据标识符 bid 和哈希函数 Hash_a 计算得到：

$$\text{Bucket}_a = \text{Hash}_a(\text{bid}) \tag{8-2}$$

数据块的另一个哈希桶 Bucket_b 则由 Bucket_a 与数据指纹 Fp_{bid} 的哈希值异或得到，考虑异或运算的交换律性质，有

$$\text{Bucket}_b = \text{Bucket}_a \oplus \text{Hash}_a(\text{Fp}_{\text{bid}}) \tag{8-3}$$

$$\text{Bucket}_a = \text{Bucket}_b \oplus \text{Hash}_a(\text{Fp}_{\text{bid}}) \tag{8-4}$$

根据式（8-3）和式（8-4），过滤器桶中元素重定位时，可以根据哈希桶的索引序号与桶中存储的指纹快速计算出该数据块对应的另一个哈希桶索引序号，不

依赖数据的标识符及过滤器外的信息。

根据过滤器加速判断元素是否存在，存在误判的可能，原本不在哈希表中的元素却被检测为在该哈希表中（false positives），冲突概率与哈希桶能存储的条目数目成正比。由此可以推得，为了达到 99.9%的过滤准确率，即过滤器的误判率小于 0.1%，8.4 节中的模拟实验中的数据指纹长度取 10bit，以降低误判率。

8.2.3　雾节点间全局分布式哈希表数据索引机制

本节提出了一种基于坐标的分布式哈希表数据索引（coordinate-based efficient indexing mechanism，CREIM）。CREIM 使用二维坐标系描述雾节点层网络，用二维坐标表示雾节点和数据块，使用功率图（power diagram）[76]对坐标系进行划分，确定数据块的索引节点，实现雾节点间的全局数据索引。

雾节点间的分布式数据索引机制存储全局所有索引信息，记录下每个数据块的存储节点及其所属的雾节点，实现数据在系统内的共享。雾节点间的分布式索引机制有以下设计目标。

（1）分布式索引：系统内全局数据块的索引信息分布式存储在各雾节点上，每个雾节点上仅存储全局数据索引表的一个局部分块。分布式索引有利于避免系统中的单点故障，即单一雾节点的不可用故障不影响其他雾节点的索引服务及终端设备的数据读写。

（2）公平负载均衡：考虑各个节点的异构并发处理能力，为其分配相应的数据索引请求。异构边缘计算场景下，不同的雾节点服务器资源异构且有限，并发处理能力直接受到资源配置的影响。异构的公平负载均衡能够提高系统的整体性能，更好地利用异构边缘雾节点提供数据索引定位服务。

（3）高效索引检索：用尽量少的请求转发次数完成索引，提高索引效率，满足时延敏感物联网应用的需求。

（4）水平拓展性：随着物联网设备数量规模的增加，系统中可能部署新的雾节点，数据索引机制需要能够适应系统的水平拓展，减少拓展的开销。

（5）多副本索引：为了支持 8.3 节的冗余数据副本放置，实现数据的高可靠存储，索引机制有必要支持对同一数据块的多数据副本文件索引。

全局分布式哈希表索引机制运行在雾节点层，如图 8-6 所示，各雾节点作为索引节点存储一部分的全局数据索引表。表中的数据条目为索引键值对 {bid : StoreNode[]}，其中 bid 为数据块的唯一标识符，StoreNode[] 为该数据块的存储节点列表，列表中的元素为终端存储设备的位置，由两个属性组成 (Fog, EdgeDev)，Fog 为该存储设备所属的雾节点，EdgeDev 为存储终端设备标识。基于存储节点列表的索引条目，能够存储同一数据块的多副本索引；由

StoreNode 中的两个属性，能够对不同雾节点范围下的终端设备定位，实现跨雾节点的数据索引。

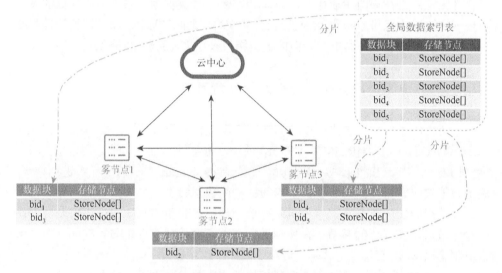

图 8-6　雾节点间分布式哈希表索引示例

下面将详细介绍 CREIM 机制的设计。

1. 基于坐标的雾节点网络建模与数据映射

在云雾混合网络结构中，云数据中心节点可以对雾节点进行管理，管理网络拓扑、监测网络状态及测量各雾节点之间的网络距离。CREIM 依据各雾节点之间的网络距离将雾节点映射到虚拟二维坐标系中，确定各节点的坐标，使用二维坐标系描述雾节点层覆盖网络。

两雾节点在坐标系中的欧氏距离与它们在实际系统中的网络距离呈正相关，其中，端到端网络延迟是网络距离的主要考虑因素。覆盖网络中的请求路由能够根据网络距离进行贪婪转发，提高了索引服务请求的效率。

数学上，在给定两两样本之间的距离的条件下，经典多维尺度变换（multidimensional scaling with classical scaling）[77]可以寻找样本的一组表示，使该样本表示之间的欧氏距离与给定的距离矩阵最相似。

在雾节点层，$\mathbb{F}$ 表示网络中所有的 n 个雾节点集合：

$$\mathbb{F} = \{fog_1, fog_2, \cdots, fog_n\} \tag{8-5}$$

式中，fog_i 标记编号为 i 的雾节点。D 表示 n 个节点的 $n \times n$ 距离矩阵：

$$D = \{d_{ij} \mid i, j \in [1, n]\} \tag{8-6}$$

式中，d_{ij} 表示雾节点 fog_i 与雾节点 fog_j 之间的网络距离。给定上述条件，经典多维尺度变换可以计算该 n 个雾节点的对应二维坐标，表示为

$$\text{fog}_i \rightarrow (x_{\text{fog}_i}, y_{\text{fog}_i}) \tag{8-7}$$

索引机制为数据块分配索引节点存储数据块的索引定位信息，需要在数据块标识符块 ID 与雾节点服务器之间建立映射关系。很自然的想法是将数据块也映射到二维坐标系中，根据数据块标识符生成二维坐标数据索引键。CREIM 采用 SHA-256 算法，根据数据块标识符 bid 生成 32B 大小的哈希值，取其中的最后 8B 用于生成数据的二维坐标。分别使用 x 和 y 标记 8B 中的前 4B 及后 4B，使用 $P(\text{bid})$ 标记该数据块对应的点坐标，如下：

$$P(\text{bid}) = \left(R_x \frac{x}{2^{32}-1}, R_y \frac{y}{2^{32}-1} \right) \tag{8-8}$$

式中，R_x、R_y 为覆盖网络的坐标系范围。根据生成的二维坐标数据索引键，可以将数据块也映射到坐标系中，由于哈希函数的随机性，表示数据块的点将均匀地分布在二维坐标系中。下面将描述如何根据数据块在二维坐标系中的位置为其分配雾服务器作为索引节点，存储它的索引信息并为它的请求提供服务。

2. 基于功率图的索引节点分配

使用二维坐标系描述雾节点层覆盖网络，给定雾节点和数据块的二维坐标，CREIM 将二维坐标系分成若干个区域，每个雾节点对应一个区域，为索引键坐标在该区域内的数据块提供索引服务，存储索引信息。CREIM 基于功率图（一种加权沃罗诺伊图（Voronoi diagram））对坐标系二维空间进行分区。

功率图是一种广义的沃罗诺伊。普通的沃罗诺伊根据空间中各点到 S 中各点的欧氏距离划分沃罗诺伊单元，而功率图则将圆幂定理（power of a point）作为距离划分的标准。数学上，点 P 对半径为 R 的圆 O 的圆幂定义为：$\text{Power}(P,O) = (OP)^2 - R^2$，即点 P 到圆心 O 的距离的平方减去圆的半径 R 的平方。在点 P 与圆心 O 保持不变的前提下，圆的半径 R 越大，P 对圆 O 的圆幂越小。借由圆幂的这一特性，使用圆幂取代欧氏距离作为分区的距离依据，可以通过调整权重改变各子区域的范围。

给定 n 个雾节点在二维坐标系空间的坐标点集合 $S = \{s_1, s_2, \cdots, s_n\}$ 和各雾节点对应的并发服务能力权重集合 $W = \{w_1, w_2, \cdots, w_n\}$，$s_i$、$w_i$ 与 fog_i 对应，其中 S 中的点坐标通过上一部分基于坐标的雾节点网络建模与数据映射中的方法计算得到，W 中的权重则由各雾节点的性能配置决定。c_i 表示以 s_i 为圆心、以 $\sqrt{w_i}$ 为半径的圆，即

$$c_i = \left\{ p \middle| d_e(p, s_i) = \sqrt{w_i} \right\}, \quad 1 \leqslant i \leqslant n \tag{8-9}$$

$C = \{c_1, c_2, \cdots, c_n\}$ 表示各雾节点对应圆的集合，二维空间中的点对 C 中各圆的圆幂将作为分区的依据。用 $d_p(p, s_i)$ 表示点 p 到雾节点坐标 s_i 对应圆（ c_i ）的圆幂，则有

$$d_p(p, s_i) = d_e(p, s_i)^2 - w_i, \quad 1 \leqslant i \leqslant n \tag{8-10}$$

将功率图划分出的子区域称为功率单元，将雾节点 s_i 对应的功率单元标记为 $\mathrm{pCell}(s_i)$ ，对于 $\mathrm{pCell}(s_i)$ 中的点，该点对于 c_i 的圆幂小于该点对于 C 中其他圆的圆幂，即

$$\mathrm{pCell}(s_i) = \{p | d_p(p, s_i) < d_p(p, t), \forall t \in S - \{s_i\}\}, \quad 1 \leqslant i \leqslant n \tag{8-11}$$

在二维空间中，假设点 p 距离最近的两个雾节点 s_u 与 s_v 的欧氏距离相等且 $w_u < w_v$ ；根据圆幂的计算公式有 $d_p(p, s_u) > d_p(p, s_v)$ 。因此，点 p 被划入 $\mathrm{pCell}(s_v)$ ，权重大的一方对应的功率单元将更大，大小差距受到权重影响。数据项将根据其坐标点所在的功率单元分配到对应的雾节点中存储索引信息。考虑到代表数据块的点均匀分布在二维坐标系中，而服务并发能力权重大的雾节点对应更大的功率单元，因此高性能的雾节点将存储更多的数据索引信息，承担更多的数据索引定位服务。通过调整各节点的权重大小，负载均衡能够适应异构边缘网络架构下不同雾节点间的性能差距，CREIM 能够实现更公平的负载均衡。

云中心基于网络拓扑及各雾节点的性能权重，计算二维坐标系及功率图，分发到各雾节点，用于跨雾节点的索引定位操作。当功率图因雾节点增加/减少或雾节点性能配置变化时，云中心将重新计算生成新的功率图，更新到各雾节点中。

3. 基于贪婪路由的索引请求转发

雾节点为其所管理的终端设备提供雾节点间全局分布式哈希表数据索引服务。当终端设备写入新数据块时，它所属的本地雾节点负责将新数据块的索引信息写入索引节点；当终端设备请求的数据块未存储在同一雾节点所管理的边缘终端设备时，本地雾节点负责向该数据块的索引节点请求索引信息，对数据存储位置进行定位。基于前面的建模与索引节点分配，在给定数据块标识符 bid 的前提下，本地雾节点可以计算出该数据块及该数据块对应索引节点的二维坐标。用 $P(\mathrm{bid}) = (x_b, y_b)$ 表示数据块 bid 在二维坐标系中的坐标，$s_{\mathrm{local}} = (x_L, y_L)$ 表示本地雾节点坐标，$s_{\mathrm{target}} = (x_T, y_T)$ 表示数据块 bid 对应索引节点的坐标，即 $P(\mathrm{bid}) \in \mathrm{pCell}(s_{\mathrm{target}})$ 。本地雾节点 s_{local} 将向索引节点 s_{target} 发送请求，存储数据块索引信息（当终端设备新写入该数据块时）或查询索引信息（当终端设备下载该数据块时）。

为了将请求发送到目标索引节点 s_{target} ，每个节点在需要选择下一跳的路由节点时，将根据目标节点和相邻节点的坐标位置做出局部最优的贪婪选择，将请求

转发给相邻的节点；此相邻节点也遵循同样的流程，贪婪地选择下一个最优的节点转发请求，直至数据包抵达目标节点。

使用 $S_{neighbor\_i} = \{s_{i1}, s_{i2}, \cdots, s_{ik}\}$ 表示节点 s_i 对应的邻接节点，贪婪路由转发将请求转发给邻接节点中距离目标节点最近的一个 s_{next}。

基于相邻节点位置的贪婪转发会陷入局部最优，当目标的邻接节点不包含离它最近的节点时，可能导致请求无法被转发到目的节点，这样的情况称作路由空洞现象。基于德洛奈三角剖分的贪婪路由可以避免路由空洞问题，能够保证贪婪路由最终将请求转发到离目标位置最近的节点。给定点集坐标，其他对应的德洛奈三角剖分可以通过随机增量法（randomized incremental algorithm）进行计算；同时，德洛奈三角剖分与沃罗诺伊图直接相关，可以通过将沃罗诺伊图相邻区域（共边的区域）中的点连接起来，新连接起来的边即德洛奈三角剖分。

借助软件定义网络（software defined network，SDN）技术，云中心的控制平面（control plane）通过网络拓扑信息计算得到德洛奈三角剖分，为各节点交换机编写贪婪路由转发规则并分发安装；各雾节点对应交换机数据平面（data plane）执行贪婪转发，利用二维坐标系中的网络距离信息实现索引请求的最短路径路由，实现了每次索引请求在应用层覆盖网络中仅需一次查找即可完成，保证了 CREIM 索引机制的高效率。

以图 8-7（b）中的例子为例，s_1 为索引请求发起节点，s_5 为目标索引节点，s_1 的邻接节点为 $S_{neighbor} = \{s_2, s_3, s_4\}$。索引请求附带目标节点 s_5 的坐标，s_1 逐一比较 s_5 与 $S_{neighbor}$ 中各节点的距离，贪婪地选择距离最近的 s_4 转发请求。类似地，s_4 执行贪婪路由转发，最终将请求发送到目标节点。

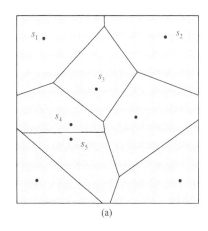

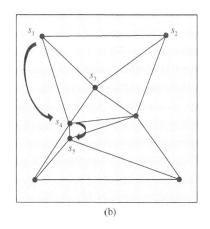

(a)　　　　　　　　　　　　　　　　(b)

图 8-7　沃罗诺伊图及对应的德洛奈三角剖分

算法 8-1 描述了雾节点间分布式数据索引检索算法。

算法 8-1　雾节点间分布式数据索引检索算法

输入：数据块标识符 bid ， bid 坐标 $P(\text{bid})$ ，功率图 PD ，请求起始节点 s_{local}

输出：数据块 bid 的存储节点 StoreNode

1. //起始节点（本地雾节点）s_{local} 计算索引节点
2.   for each 雾节点 s in PD do　　//基于功率图确定 bid 的索引节点
3.   if $P(\text{bid}) \in \text{pCell}(s)$ then
4. $s_{\text{target}} \leftarrow s$　　　　　　　　//选择 s 作为数据块 bid 的索引节点 s_{target}
5.   break
6.   end if
7.   end for
8.
9. //各节点贪婪路由转发索引请求，最终目标节点为 s_{target}
10. $s_{\text{cur}} \leftarrow s_{\text{local}}$　　　　　　　　//由起始节点开始路由转发请求
11. while $s_{\text{cur}} \neq s_{\text{target}}$ do　　　　　//请求转发至目标节点 s_{target}
12.   minDist $\leftarrow$ MAX_VALUE　　//表示与 s_{target} 的最小距离，初始化为极大值
13.   for each 邻接节点 s_n of s_{cur} //选择距离 s_{target} 最近的邻接节点，记为 s_{next}
14.   if $d_e(s_n, s_{\text{target}}) <$ minDist do
15. $s_{\text{next}} \leftarrow s_n$
16.   minDist $\leftarrow d_e(s_n, s_{\text{target}})$
17.   end if
18.   end for
19. $s_{\text{cur}} \leftarrow s_{\text{next}}$　　　　　　　//转发索引请求给 s_{next} ， s_{next} 继续贪婪转发
20. end while
21.
22. //索引节点 s_{target} 在全局索引分表中查找 bid 索引条目
23. if 全局索引分表包含 bid 条目 then
24.   return bid 对应的存储节点
25. else then
26.   return 检索失败，数据不存在
27. end if

算法包含三个部分，分别是索引节点计算、贪婪路由转发及索引条目查找。检索从接受终端设备请求的本地雾节点 s_{local} 开始，1～7 行计算数据块 bid 对应的索引节点 s_{target} ，由数据块坐标 $P(\text{bid})$ 落在的功率单元决定，由于功率图将二维空间划分为无重叠的若干子区域，因此有且仅有一个 s_{target} 与数据块 bid 对应。确定 s_{target} 后，以该节点为目标，从 s_{local} 开始，路径上的每个节点均执行贪婪路由，各节点贪婪地转发与 s_{target} 最为接近的邻接节点，直至索引请求到达 s_{target} ，9～20 行描述了这一过程。22～25 行对应 s_{target} 的操作，从它的全局数据索引分表中查出 bid

的存储节点并返回给 s_{local}。

基于贪婪路由的方法，CREIM 能够实现从本地雾节点到目标索引节点的索引检索全过程，以网络距离为依据转发请求，保证高效的索引效率，为客户端提供跨雾节点的数据索引定位服务。

4. 适应节点规模变化的索引迁移

异构边缘计算场景下，系统内的雾节点可能会增加或减少。节点变动将直接影响二维坐标系空间的分区结果，导致每个雾节点对应的子区域发生变化，即导致部分数据块与索引节点的匹配关系改变。

CREIM 使用功率图对二维坐标系进行划分，节点的变动不影响其他节点在二维坐标系中的坐标。与完全的去中心化场景（如 P2P 网络）不同，异构边缘计算场景内的云数据中心可以对雾节点进行管理。当新的雾节点加入系统时，云中心会通知其他雾节点，并向其他雾节点分发基于新的功率图的索引节点的分配方案。新节点的邻接节点将检查自身保存的全局索引分表，将相应的索引条目存储到新节点中。在雾节点退出系统前，云中心同样会分发新的功率图，该雾节点将它存储的全局索引信息发送给邻接节点，保证能够正常地为数据块提供索引定位服务。

8.3　边缘多副本数据放置

为了保证数据文件在网络边缘的可靠存储，需要将数据文件副本冗余放置在多个存储节点中。本节主要介绍一个边缘多副本放置机制：差异化的多数据复制（differentiated multi data replication，DMDR）。其研究了异构边缘环境下的数据文件多副本冗余放置问题，基于边缘终端设备存储容量有限且可靠性异构的特点，以满足不同业务的数据可靠性要求。

8.3.1　边缘多副本可靠放置模型

本节主要对基于不可靠边缘终端设备的数据存储场景进行建模，基于所提出的模型描述多副本数据放置问题和求解目标。

如 8.1 节描述，雾节点能够为边缘终端层的终端设备提供网关服务，对终端设备进行注册管理，所以可以将终端设备按所属雾节点进行分组，给定 $\mathbb{F}$ 表示雾节点层包含的 n 个雾节点集合：

$$\mathbb{F} = \{\text{fog}_1, \text{fog}_2, \cdots, \text{fog}_n\} \qquad (8\text{-}12)$$

式中，fog_i表示编号为 i 的雾节点，每个雾节点对应一组它管理的边缘终端设备：

$$\mathrm{fog}_i = \{\mathrm{ed}_{i1}, \mathrm{ed}_{i2}, \cdots, \mathrm{ed}_{ik}\} \tag{8-13}$$

式中，ed_{ij} 表示雾节点 fog_i 管理的编号为 j 的边缘终端设备。对于每个边缘终端设备 ed_{ij}，r_{ij} 与 s_{ij} 分别表示设备拥有的预设的设备可靠性属性与设备当前的可用存储容量属性。设备可靠性属性可以通过性能测试、厂商数据等渠道得到。不同终端设备的设备可靠性与存储容量不同，是异构边缘计算的特点之一。

对于数据块 bid，也相应地包含两个属性：数据可靠性要求 $\overline{r}_{\mathrm{bid}}$ 和数据块大小 $\overline{s}_{\mathrm{bid}}$，为了达到数据块的最小数据可靠性要求，需要从终端设备层中选择若干个终端设备作为存储节点，使用 $\mathbb{E}_m$ 表示 m 个终端设备组成的集合作为数据副本的存储节点，它们可能分别属于不同的雾节点管理：

$$\mathrm{bid} \rightarrow (\overline{s}_{\mathrm{bid}}, \overline{r}_{\mathrm{bid}}) \tag{8-14}$$

$$\mathbb{E}_m = \{\mathrm{ed}_1, \mathrm{ed}_2, \cdots, \mathrm{ed}_m\} \tag{8-15}$$

$$\mathrm{ed}_i \rightarrow (s_i, r_i), \quad i \in [1, m] \tag{8-16}$$

被选中的 m 个终端设备需要满足可靠性及存储容量条件，即

$$1 - \overline{r}_{\mathrm{bid}} \geq \prod_{i=1}^{m} (1 - r_i) \tag{8-17}$$

$$s_i \geq \overline{s}_{\mathrm{bid}}, \quad \forall i \in [1, m] \tag{8-18}$$

由式（8-17）和式（8-18）可知，最终选择的数据多备份冗余放置方案与数据块的可靠性要求、边缘存储设备的可靠性及存储容量均有关系。这也意味着每个数据块的实际备份数与存储占用空间均不同。传统的固定多备份冗余放置方案不考虑不同应用和不同终端设备的差异性，为了保证数据的存储可靠性，必须为所有数据块提供最高性能 $\overline{r}_{\mathrm{max}}$ 的存储服务且假设所有边缘终端节点仅提供最低的设备可靠性 r_{min}，以此为基础选择 q 个边缘终端设备作为存储节点放置多个数据备份，有

$$\mathbb{E}_q = \{\mathrm{ed}_1, \mathrm{ed}_2, \cdots, \mathrm{ed}_q\} \tag{8-19}$$

$$\mathrm{ed}_i \rightarrow (s_i, r_i), \quad i \in [1, q] \tag{8-20}$$

满足可靠性和存储容量条件：

$$\overline{r}_{\mathrm{max}} = \max(\overline{r}_{\mathrm{bid}}), \quad \forall \mathrm{bid} \tag{8-21}$$

$$r_{\mathrm{min}} = \min(r_{ij}), \quad \forall i \in [1, n], j \in [1, k_n] \tag{8-22}$$

$$1 - \overline{r}_{\mathrm{max}} \geq (1 - r_{\mathrm{min}})^q \tag{8-23}$$

$$s_i \geq \overline{s}_{\mathrm{bid}}, \quad \forall i \in [1, q] \tag{8-24}$$

实际场景中，$\overline{r}_{\mathrm{max}}$ 与 r_{min} 可以人为依据硬件条件及业务需求配置设定。结合以

上不等式，对比数据多备冗余放置方案 $\mathbb{E}_m$ 与方案 $\mathbb{E}_q$，由于 $\bar{r}_{\max} \geqslant \bar{r}_{\text{bid}}$，且 $r_{\min} <$ $r_i, \forall i \in [1, m]$，在保证 $\mathbb{E}_m$ 与 $\mathbb{E}_q$ 满足条件且集合中元素尽量少的情况下，可以推导出一定有 $m \leqslant q$。即从模型上，考虑不同业务数据可靠性要求与不同终端设备存储可靠性的数据放置方案，需要的数据备份数一定比传统的固定多副本冗余方案更少，能够更高效地利用边缘终端层的存储资源。

对于任意数据块 bid $\to (s_{\text{bid}}, \bar{r}_{\text{bid}})$，为了求解对应的 $\mathbb{E}_m$，设计了 DMDR，针对不同存储性能的边缘终端设备设计了分级机制，将设备根据存储容量与可靠性分为不同级别。DMDR 基于设备级别选择多个存储节点，放置数据副本以达到目标存储可靠性。具体机制将在下面详细描述。

8.3.2　终端设备存储性能分级机制

边缘终端设备 ed_{ij} 上的客户端存储数据块 bid，向它所属的雾节点 fog_i 发起写请求。请求参数中指定了数据块的最低存储可靠性要求 r_{bid} 及数据块大小 s_{bid}。除了在 ed_{ij} 本地存储数据块 bid 外，本地雾节点 fog_i 还会为该数据块选择额外的若干个备份存储节点，用于保障数据存储可靠性。系统内的所有终端设备都是备份节点的潜在候选，面临的一大挑战是边缘终端设备的数量庞大且分别受到各个雾节点的管理；在所有雾节点上均维护全局边缘终端设备的当前可用存储容量及设备可靠性是不实际的。为此，本节针对边缘终端设备存储性能设计了分级机制，将设备分为不同类别，用于做出决策选择数据备份存储节点。

边缘终端设备 ed_{ij} 通过周期性的心跳机制，向它所属的雾节点 fog_i 上报其存储性能信息，即可用存储容量属性与设备可靠性 (s_{ij}, r_{ij})。雾节点 fog_i 维护其下所有终端设备的存储属性，并以此计算雾节点所管理设备存储容量和可靠性的最小值、中位值及最大值，标记为 $\left(s_i^{\min}, s_i^{\text{med}}, s_i^{\max} \right)$ 与 $\left(r_i^{\min}, r_i^{\text{med}}, r_i^{\max} \right)$。以 s_i^{med} 为界限，将其下所管理的边缘终端设备分为低容量（low storage，LS）设备与高容量（high storage，HS）设备；相应地，以 r_i^{med} 为界限，将边缘设备分为低可靠（low reliability，LR）设备与高可靠（high reliability，HR）设备。综合两个属性，即可将终端设备分为四类：低容量低可靠（low storage and low reliability，LSLR）、低容量高可靠（low storage and high reliability，LSHR）、高容量低可靠（high storage and low reliability，HSLR）及高容量高可靠（high storage and high reliability，HSHR），即

$$\text{fog}_i = \{\text{ed}_{i1}, \text{ed}_{i2}, \cdots, \text{ed}_{ik}\} \tag{8-25}$$

$$\text{ed}_{ij} \to (s_{ij}, r_{ij}), \quad j \in [1, k] \tag{8-26}$$

$$\text{LSLR}_i = \left\{ \text{ed}_{ij} \middle| s_{ij} \in \left[s_i^{\min}, s_i^{\text{med}} \right), \quad r_{ij} \in \left[r_i^{\min}, r_i^{\text{med}} \right) \right\} \tag{8-27}$$

$$\text{LSHR}_i = \left\{ \text{ed}_{ij} \middle| s_{ij} \in \left[s_i^{\min}, s_i^{\text{med}} \right), \quad r_{ij} \in \left[r_i^{\text{med}}, r_i^{\max} \right] \right\} \tag{8-28}$$

$$\text{HSLR}_i = \left\{ \text{ed}_{ij} \middle| s_{ij} \in \left[s_i^{\text{med}}, s_i^{\max} \right], \quad r_{ij} \in \left[r_i^{\min}, r_i^{\text{med}} \right) \right\} \tag{8-29}$$

$$\text{HSHR}_i = \left\{ \text{ed}_{ij} \middle| s_{ij} \in \left[s_i^{\text{med}}, s_i^{\max} \right], \quad r_{ij} \in \left[r_i^{\text{med}}, r_i^{\max} \right] \right\} \tag{8-30}$$

各雾节点完成设备分级后，统计各分级内的设备量，分别使用 $\left(\text{cnt}_i^{\text{LSLR}}, \text{cnt}_i^{\text{LSHR}}, \text{cnt}_i^{\text{HSLR}}, \text{cnt}_i^{\text{HSHR}} \right)$ 表示四类设备的数量。各雾节点将自己的分级信息上报给云中心。针对节点 fog_i，它需要上报的信息包含 $\left(s_i^{\min}, s_i^{\text{med}}, s_i^{\max} \right)$、$\left(r_i^{\min}, r_i^{\text{med}}, r_i^{\max} \right)$ 与 $\left(\text{cnt}_i^{\text{LSLR}}, \text{cnt}_i^{\text{LSHR}}, \text{cnt}_i^{\text{HSLR}}, \text{cnt}_i^{\text{HSHR}} \right)$。这 10 个统计值信息概括了雾节点的存储设备状况，上报后由云中心分发给各个雾节点，用于数据块的备份节点选择决策。

8.3.3　基于分级设备的多备存储节点选择算法

DMDR 能够为不同可靠性要求的数据块选择不同的数据备份节点，用于保证可靠的多备冗余数据放置。选择数据块的备份存储节点时，除了满足要备份的数据块最基本的可靠性要求及存储容量限制外，还有以下考虑因素或目标。

（1）偏好高剩余存储容量的边缘终端设备作为存储备份节点。数据放置时，优先考虑存储资源相对丰富的边缘设备，保证一定的负载均衡，避免单一设备的存储空间被迅速耗尽。

（2）尽量选择来自不同雾节点的边缘终端设备作为存储节点。一方面，将数据副本放置在不同雾节点中有利于提高该数据块的分区容错性，避免由单一雾节点故障引起的数据丢失；另一方面，多个雾节点本地存有数据副本，能够充分利用数据本地性特点，降低在这些雾节点内请求该数据块的开销。

（3）混合使用低可靠性和高可靠性的存储节点组成多备冗余方案。与只选择高可靠设备作为存储节点的贪心方案相比，混合使用各类别的存储设备可以更充分地利用所有设备的存储资源，保证负载均衡。

基于设备分级机制，雾节点中维护了其他雾节点下的设备存储性能等级信息。信息包括各雾节点下的终端设备可靠性的最大值、中位值及最小值，剩余可用容量的最大值、中位值及最小值，以及各等级类别的设备数等。使用 $\mathbb{U}$ 表示系统内所有 n 个雾节点简要信息的集合，u_i 表示编号为 i 的雾节点 fog_i 对应设备的存储性能等级信息，即有

$$\mathbb{U} = \{u_1, u_2, \cdots, u_n\} \tag{8-31}$$

$$u_i \rightarrow \left(s_i^{\min}, s_i^{\mathrm{med}}, s_i^{\max}\right) \tag{8-32}$$

$$u_i \rightarrow \left(r_i^{\min}, r_i^{\mathrm{med}}, r_i^{\max}\right) \tag{8-33}$$

$$u_i \rightarrow \left(\mathrm{cnt}^{\mathrm{LSLR}}, \mathrm{cnt}^{\mathrm{LSHR}}, \mathrm{cnt}^{\mathrm{HSLR}}, \mathrm{cnt}^{\mathrm{HSHR}}\right) \tag{8-34}$$

为了尽量选用高剩余存储容量的设备存储数据，可以通过分级指标估算各雾节点下高容量设备能提供的存储能力。使用 $\mathrm{sc}_i^{\mathrm{HSLR}}$ 和 $\mathrm{sc}_i^{\mathrm{HSHR}}$ 分别表示雾节点 i 下高容量低可靠边缘设备和高容量高可靠边缘设备能够提供的存储能力，通过估算，有

$$\mathrm{sc}_i^{\mathrm{HSLR}} = s_i^{\mathrm{med}} \mathrm{cnt}_i^{\mathrm{HSLR}} \tag{8-35}$$

$$\mathrm{sc}_i^{\mathrm{HSHR}} = s_i^{\mathrm{med}} \mathrm{cnt}_i^{\mathrm{HSHR}} \tag{8-36}$$

计算所有 n 个雾节点的 $\mathrm{sc}^{\mathrm{HSLR}}$ 中位值和 $\mathrm{sc}^{\mathrm{HSHR}}$ 中位值，标记为 $\mathrm{medsc}_i^{\mathrm{HSLR}}$ 与 $\mathrm{medsc}_i^{\mathrm{HSHR}}$。根据中位值，将雾节点加入高容量高可靠雾节点候选集 $\mathbb{U}^{\mathrm{HSHR}}$ 及高容量低可靠候选集 $\mathbb{U}^{\mathrm{HSLR}}$，即

$$\mathbb{U}^{\mathrm{HSLR}} = \{u_i | \mathrm{sc}_i^{\mathrm{HSLR}} \geqslant \mathrm{medsc}_i^{\mathrm{HSLR}}\} \tag{8-37}$$

$$\mathbb{U}^{\mathrm{HSHR}} = \{u_i | \mathrm{sc}_i^{\mathrm{HSHR}} \geqslant \mathrm{medsc}_i^{\mathrm{HSHR}}\} \tag{8-38}$$

存储节点将从这两个候选集中产生。值得注意的是，$\mathbb{U}^{\mathrm{HSLR}}$ 和 $\mathbb{U}^{\mathrm{HSHR}}$ 中的元素分别对应高容量低可靠终端丰富或高容量高可靠终端丰富的雾节点，两个集合并不完全互斥，即一个雾节点可能同时处于两个集合中。

雾节点收到 PutBlock 写数据请求后，将根据各雾节点的存储设备统计信息，轮流从两个候选集中选择雾节点，请求它们提供边缘终端作为备份存储节点，如算法 8-2 所示。具体而言，边缘终端设备 ed_{ij} 首先向它所属的雾节点 fog_i 发送 PutBlock 操作，希望向系统中写入存储可靠性要求为 r_{bid} 的数据块 bid。用 $\mathbb{S}$ 表示组成数据多备放置方案的边缘终端存储节点，由于 ed_{ij} 会在本地存储一份数据副本，所以初始时 $\mathbb{S} = \{\mathrm{ed}_{ij}\}$，这一部分如算法 8-2 的 1～2 行所示。第 3～7 行对候选集进行初始化，若 ed_{ij} 为高可靠设备，则下一个设备应选择低可靠设备；若 ed_{ij} 为低可靠设备，则下一个设备应选择高可靠设备。接着 fog_i 随机选择雾节点 u_m，向 u_m 请求其下的对应类别的边缘设备作为存储节点。u_m 返回边缘设备 ed_{mj}，该边缘终端随机加入多副本数据放置方案，有 $\mathbb{S} = \{\mathrm{ed}_{ij}, \mathrm{ed}_{mj}\}$，若此时 $\mathbb{S}$ 达到数据可靠性要求 r_{bid}，即 $1 - r_{\mathrm{bid}} \geqslant (1 - r_{ij})(1 - r_{mj})$，则完成方案。否则，$\mathrm{fog}_i$ 将从另一个候选集中选择雾节点，要求提供对应类型的边缘终端设备。重复上述过程，轮流使用两个候选集中雾节点的边缘终端作为存储备份节点，直至数据多备放置方案的存储可靠性达标，如算法 8-2 的 8～18 行所示。在选择不同可靠性的边缘终端作为存储节点时，优先考虑高存储终端（HSHR 或 HSLR），以尽量均衡各边缘终端的剩余存储容量。

算法 8-2　基于分级设备的多备存储节点选择算法

输入：数据块 bid，可靠性 r_{bid}，发起终端 ed_{ij}，$\mathbb{U}^{HSHR}$，$\mathbb{U}^{HSLR}$

输出：数据多备冗余放置方案 $\mathbb{S}$

1.　　$\mathbb{S} \leftarrow ed_{ij}$　　　　　　　　　　　//初始化 $\mathbb{S}$，包含发起终端 ed_{ij}
2.　　$\hat{r} \leftarrow 1 - r_{ij}$　　　　　　　　　　　//初始化 $\mathbb{S}$ 不可靠度，即 ed_{ij} 的不可靠度
3.　　if　$r_{ij} \geqslant r_i^{med}$　then　　　　　//初始化候选集
4.　　　　$\mathbb{U} \leftarrow \mathbb{U}^{HSLR}$
5.　　else then
6.　　　　$\mathbb{U} \leftarrow \mathbb{U}^{HSHR}$
7.　　end if
8.　　while　$\hat{r} > 1 - r_{ij}$　do　　　　　//循环直到可靠性达标
9.　　　　随机选择雾节点 $u_m \in \mathbb{U}$
10.　　　从 u_m 获取对应类型的边缘终端 ed_{mj}
11.　　　$\mathbb{S} \leftarrow \mathbb{S} \cup \{ed_{mj}\}$
12.　　　$\hat{r} \leftarrow \hat{r}(1 - r_{mj})$
13.　　　if　$\mathbb{U} = \mathbb{U}^{HSHR}$　then　　　//切换候选集，搭配使用不同类型的节点
14.　　　　　$\mathbb{U} \leftarrow \mathbb{U}^{HSLR}$
15.　　　else then
16.　　　　　$\mathbb{U} \leftarrow \mathbb{U}^{HSHR}$
17.　　　end if
18.　　end while
19.　　return　$\mathbb{S}$

　　基于设备分级和多备存储节点选择算法，雾节点能够为收到的写数据请求计算合适的数据备份节点集合，满足不同数据块的存储可靠性要求，达成差异化的数据多备份冗余放置，做到优先考虑高存储容量的设备，搭配混合使用高可靠与低可靠的边缘终端，提高存储资源的利用率。

　　得到作为存储节点的集合 $\mathbb{S}$ 后，各存储节点保存数据块 bid 的备份，配合 8.2 节中的索引机制，向各自的本地雾节点写入本地中心化索引信息和元数据，基于 CREIM 向对应的索引雾节点写入全局索引信息。

8.4　数据索引定位与冗余放置实现

8.4.1　分层混合索引实验

1. 案例设置及数据准备

本节案例使用中国电信上海基站数据集[76]建立实验场景，验证评估雾节点本

地中心化数据索引和雾节点间全局分布式哈希表数据索引，数据集中，周围的 9 个基站设立 9 个雾节点，组成雾节点层。数据集中，各节点的用户访问量如图 8-8 所示。基于各节点的用户访问量，为不同节点设置了不同的并发服务能力权重，雾节点的并发服务能力与基站用户访问量成正比。实验中，雾节点层覆盖网络映射到二维坐标系 100×100 的矩形中，即对于雾节点或数据块的二维坐标 (x, y)，均有 $x, y \in (0, 100)$。各雾节点的二维坐标及并发服务能力权重如表 8-3 所示。

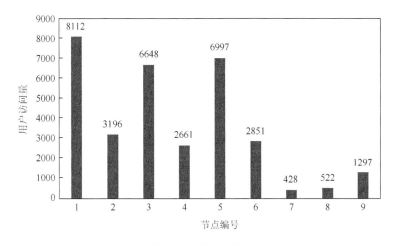

图 8-8　数据集中各节点用户访问量

表 8-3　雾节点坐标及权重参数

编号	1	2	3	4	5	6	7	8	9
坐标	(11, 12)	(55, 84)	(44, 61)	(66, 46)	(15, 88)	(90, 12)	(82, 89)	(30, 42)	(30, 34)
权重	811.2	319.6	664.8	266.1	699.7	285.1	42.8	52.2	129.7

实验数据分为两部分。针对雾节点间的分布式数据索引，实验数据侧重模拟各雾节点下的终端设备进行读写。选用电信数据集中 15 天各基站的用户访问数据，将用户标识视作数据块标识，模拟各雾节点下的终端利用全局分布式数据索引进行数据读写。其中 4 天数据（6 月 1 日～6 月 4 日）用于模拟各雾节点下的终端设备写入操作，剩余 7 天数据（6 月 5 日～6 月 11 日）用于模拟终端设备请求下载操作。针对雾节点本地中心化数据索引，实验数据侧重模拟终端设备对本地雾节点下数据的偏好。写入操作部分同样使用数据集中的 4 天数据模拟，数据下载操作部分则使用帕累托法则模拟终端设备对本地数据的偏好，生成终端设备对数据块的请求下载记录。生成的数据中，终端设备 80%的下载请求目标为同一雾节点下保存的随机数据块，20%的下载请求目标为其他雾节点下保存的随机数据块。

数据索引定位依靠由雾节点组成的数据管理层完成，终端设备中的客户端仅负责简单的数据读写及请求的响应。

2. 对比实验

针对实验提出的雾节点间全局数据索引 CREIM，我们选择了 Chord 及中心化数据索引进行对比。Chord 是 P2P 中广泛应用的数据定位算法，各节点及数据项均被映射到环状的覆盖网络上，以实现数据索引定位；每个节点的指状表上记录一部分的数据索引，一次索引定位需要在环状网络上多次转发查找。中心化索引则是简单地将索引记录在单一的索引服务器上，考虑到异构边缘计算的特性，本节设定 Centralized + 及 Centralized−两类中心化索引对比，分别选择性能较好及性能较差的节点作为索引服务器。实验对上述的数据索引方案在请求延迟指标上进行了对比；并与仅使用 CREIM 的数据索引机制进行了对比，衡量雾节点内本地索引对降低服务延迟的作用。

3. 结果分析

针对应用于雾节点间全局索引的 4 种索引机制，分别对索引生成和索引查找进行实验，平均延迟如图 8-9 所示。

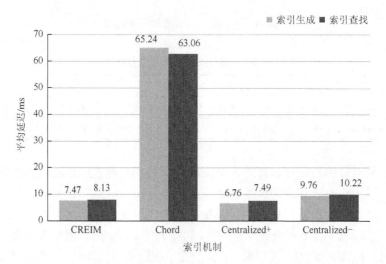

图 8-9　不同全局索引机制的平均延迟对比

对于 CREIM，在生成索引的请求中，CREIM 达到了 7.47ms 的平均延迟；在查找索引的请求中，CREIM 达到了 8.13ms 的平均延迟。实际上，CREIM 实现了仅需要一跳覆盖网络查找的高效索引，因此达到了高效的数据索引效率，接近最优值。得益于中心化索引天然的简单高效设计，部署在条件较好节点上的 Centralized + 在对比中达到了最低延迟，可以视作最优值；Centralized–由于依赖网络性能较差的节点作为索引服务器，在延迟性能上表现不佳，这也表明了中心化索引机制的缺陷，严重依赖单一索引节点，并不适合雾节点性能有限、终端设备数量多且数据规模大的边缘计算场景。Chord 出于完全去中心化的设计目标，理论上平均需要 $O(\log N)$ 次请求才能确定数据对应的索引节点，严重影响了它在边缘计算场景下的性能。

　　针对不同规模的数据集，雾节点内本地数据索引对索引请求平均延迟的影响结果如图 8-10 所示，CREIM 表示仅使用雾节点间全局索引，Hybrid 表示使用分层混合索引机制。在 CREIM 的基础上，加入雾节点内中心化数据索引能够显著降低部分索引请求的代价，原因在于实验数据集中有约 80%比例的数据请求目标是本地雾节点下存有的数据，能够避免调用雾节点间全局数据索引服务，极大地降低延迟，提升系统整体性能。在不同应用场景中，数据请求偏好分布可能不同，使雾节点内中心化数据索引的效果不同。假设在极端情况下，终端设备对数据请求完全随机无偏好，在包含 n 个雾节点且不考虑多数据副本的情况下，有 $\frac{1}{n}$ 的数据索引请求能够利用本地中心化数据索引。若 n 过大则可能导致雾节点本地索引的收益降低，可以根据实际应用场景调整数据索引机制，取消本地数据索引检索而仅依赖 CREIM 完成索引检索。考虑到布谷鸟过滤器代价极低，在命中的情况下能够减少跨雾节点数据传输和网络通信，因此在大多数情况下本地中心化数据索引是有意义的。

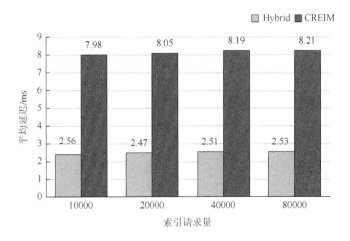

图 8-10　雾节点内本地数据索引对平均延迟的影响

8.4.2 边缘多副本数据放置实验

1. 实验设置及数据准备

8.3 节提出的差异化多副本数据放置，核心在于对不同存储性能的终端设备进行分级以及对于不同可靠性要求的数据块选择多个雾节点下的存储节点组成数据放置方案，涉及雾节点和边缘终端两类设备。实验分为小规模设备量场景（F8E80）与大规模设备量场景（F20E1000）。

所有实验场景参数总结在表 8-4 中。实验中模拟各终端设备同时进行数据写入操作，按照实验数据指定的参数向系统中写入数据块。

表 8-4　实验场景参数

参数项	小规模设备量场景	大规模设备量场景
雾节点数 n	8	20
边缘终端数 m	8×10	20×50
终端存储容量 s_{ij} /GB	$s_{ij} \sim U(64,128)$	
终端可靠性 r_{ij}	$r_{ij} \sim N(90\%, 4\%^2)$	$r_{ij} \sim N(85\%, 7\%^2)$
数据块大小 s_{bid} /MB	{10,30,50} （对应占比 {50%,30%,20%}）	
数据块可靠性 r_{bid}	{90%,93%,95%,99%,99.9%}	

2. 对比实验

为了验证 DMDR 在保证存储可靠性及充分利用存储资源方面的优势，我们将其与以下方法进行对照实验。

（1）固定 6 备份数据放置方案（6R）：为每个数据块均随机选择 6 个存储节点存储数据备份。在前面的实验参数设置中，基于正态分布 $r_{ij} \sim N(85\%, 7\%^2)$ 生成终端设备的可靠性，参考正态分布的面积分布特性，占比 95.44%以上的设备可靠性高于 71%。固定数量的副本备份方案不考虑设备的可靠性差异与数据块的需求差异，假定设备均保证最低 71%的可靠性，为了达到最高 99.9%的数据块存储可靠性，至少需要 6 个数据副本备份。

（2）固定 3 备份数据放置方案（3R）：3 数据副本是以 HDFS[78]、Ceph[79]为代表的传统文件系统的常用配置，每个数据块被随机分配 3 个终端设备作为存储节点存储数据副本。

（3）分级固定备份数据放置方案（LevelR）：考虑到数据块的可靠性要求仅有 5 类，为每一类分别配置数据备份副本数。与方法（1）中相同，设定所有设备均保证最低 71%的可靠性，则 {90%,93%,95%,99%,99.9%} 的可靠性要求的数据块分别需要至少 {2,3,3,4,6} 的数据备份副本数。每个数据块将根据它的可靠性要求分配终端设备存储数据副本，但不考虑终端设备的可靠性差异。

针对存储可靠性和存储有效利用率对比，所有终端设备将按照前面设置的实验参数生成一定数量的数据块，主要对比指标包括数据块可靠性达标比例、存储使用率及有效存储利用率（与副本数相关）等。

3. 结果分析

为了对各类数据多备冗余放置方案进行对比，实验中各终端设备按同等比例发起数据写请求，直至系统中出现存储容量耗尽的终端设备。在 F8E80 与 F20E1000 两种场景下，DMDR、3R、6R 及 LevelR 的测试数据如表 8-5 所示。

表 8-5　出现终端设备耗尽容量时，不同数据备份放置方案对比

场景	方案	完成次数	存储使用率	不可靠数	平均副本数
F8E80	DMDR	107000	93.7%	0	2.16
	3R	56000	71.1%	4000	3.00
	6R	28000	71.3%	0	6.00
	LevelR	40000	71.4%	0	4.01
F20E1000	DMDR	1342000	93.9%	0	2.22
	3R	652000	64.1%	117000	3.00
	6R	336000	66.2%	0	6.00
	LevelR	492000	67.6%	18	4.00

在完成写操作的次数上，DMDR 较其他方案有显著优势，主要原因有两点。

首先，DMDR 能够综合考虑数据块的存储可靠性要求与终端设备的存储可靠性能，在满足可靠性要求后不再为数据块增加备份存储节点，提供差异化的备份方案，避免浪费存储空间，提高有效存储利用率。在 F8E80 场景下，平均而言，DMDR 为每个数据块存储 2.16 个数据副本备份，对应 46.3%的有效存储利用率；在 F20E1000 场景下，平均而言，DMDR 为每个数据块存储 2.22 个数据副本备份，对应 45.0%的有效存储利用率。而对于其他方案而言，3R/6R 忽视了数据块的可靠性要求差异，为所有数据块提供一样的数据备份方案，对应 33.3%和 16.7%的有效存储利用率；LevelR 虽然能为不同要求的数据块提供分级的备份放置方案，但它忽视了终端设备的异构存储可靠性，增加了不必要的数据备份，在 F8E80 及

F20E1000 场景下分别为每个数据块存储 4.01 及 4.00 个数据副本，对应 24.9%及25.0%的有效存储利用率。

其次，DMDR 能够考虑不同终端设备的存储容量差异，偏好使用剩余存储容量高的终端设备作为存储节点，公平地保证各存储节点负载均衡，能更充分地利用存储空间。对于 3R/6R/LevelR 而言，它们随机选择存储设备作为存储节点，放置数据副本。在设备规格统一时，随机选择存储节点的过程能保证均匀的负载均衡，避免单一设备的容量被耗尽；但是在异构边缘计算下，不同边缘终端的存储容量不同，随机选择并不能保证公平的负载均衡。这一点也反映在存储使用率上，存储使用率为实验停止时系统内各终端设备已用存储空间占总容量的平均值，使用 $total_{ij}$ 表示终端设备 ed_{ij} 的总容量，$used_{ij}$ 表示终端设备 ed_{ij} 的已用存储容量，n 表示设备数量，存储使用率 useRate 计算如下：

$$useRate = \frac{1}{n}\sum \frac{used_{ij}}{total_{ij}} \tag{8-39}$$

在两个场景下，DMDR 分别达到了 93.7%和 93.9%的存储使用率，而其他方法在 F8E80 场景下存储使用率仅有 71%左右，在 F20E1000 场景下的存储使用率仅有 66%左右，3R/6R/LevelR 会导致在高容量终端设备仍然有大量存储空间时，低容量终端的资源被提前耗尽。

不可靠数即数据备份放置方案能够保证的数据可靠性要求低于要求的数据块数目。对于 DMDR 和 6R，这数值均为 0，即能够保证数据可靠性。DMDR 的核心因素之一即满足不同数据块的可靠性，在生成数据放置方案时，算法保证了可靠性一定达标。6R 通过足够多的数据副本，从概率上保证了数据可靠性。对于3R，由于数据备份数过少，可能为高可靠性要求的数据块选择了 3 个低可靠性的边缘终端作为存储节点，导致数据块可靠性不达标。值得注意的是 LevelR，它在面对可靠性要求为 90%的数据块时，有可能产生不可靠的数据放置方案。LevelR基于终端设备提供最低 71%的可靠性，实际上有小概率终端设备可靠性低于 71%，在这种场景下，LevelR 为 90%可靠性要求的数据块仅提供两个数据备份，可能导致小概率的存储可靠性不达标。

DMDR 能够用更少的数据副本数保证数据存储可靠性达标，但更少的数据副本将降低对雾节点内本地中心化数据索引的利用，提高数据索引延迟。多数据副本使终端设备请求非本地雾节点内写入的数据时也有可能利用雾节点内本地索引。假设数据副本数为 d，系统中雾节点数为 f，终端设备请求本地雾节点内写入数据的概率为 p，则多数据副本影响的索引请求比例 dRate 为

$$dRate = (1-p)\frac{d-1}{f-1} \tag{8-40}$$

dRate 越高意味着越多的数据索引能够受益于多数据副本，降低索引延迟，提高索引效率。

在 F8E80 场景下，采用 DMDR 策略时 $\text{dRate}_{\text{DMDR}} = 0.032$，即仅 3.2%的索引请求能够利用多数据副本优势；对比其他策略，它们的对应数据为 $\text{dRate}_{3R} = 0.057$，$\text{dRate}_{6R} = 0.143$，$\text{dRate}_{\text{LevelR}} = 0.086$。更多的数据副本使更多的索引请求利用本地中心化索引，降低索引延迟。在这一场景下，数据副本数对数据索引效率影响较大，原因在于雾节点数较少。6R 策略在 8 个雾节点中的大多数放置了数据副本，因此能够使更多比例的数据索引请求受益。F20E1000 场景下，计算各策略的 dRate，有 $\text{dRate}_{\text{DMDR}} = 0.012$，$\text{dRate}_{3R} = 0.021$，$\text{dRate}_{6R} = 0.052$，$\text{dRate}_{\text{LevelR}} = 0.032$。随着雾节点数增多，受益于多数据副本的索引请求比例也在减少，DMDR 的劣势较小规模场景下更小。未来的工作可以以不同雾节点下的数据请求偏好为依据设计数据副本放置策略，进一步提高对多数据副本的利用。

总体而言，相对于其他的对比方案，DMDR 能够在保证数据可靠性的同时，实现较高的存储使用率，为异构边缘计算环境下的数据文件提供差异化的多备数据放置方案。

第 9 章　边缘计算环境下的服务部署和任务路由

9.1　边缘计算环境下的服务部署与任务路由背景

9.1.1　边缘计算环境下的服务部署与任务路由概述

不同于传统云计算，边缘计算中边缘节点异构性明显，主要体现在边缘节点的地理位置分布更加分散，不同边缘节点的计算存储能力差别巨大。随着边缘设备接入规模的增加和用户任务的复杂性增加，寻找合适的服务下行部署策略和任务上行路由策略成为一个亟待解决的问题。

服务作为系统能力的原子构成，具有"无状态"和"有状态"两种属性[80]。服务属性的不同决定了系统整体框架的设计方向，也影响着服务下行部署策略和任务上行路由策略，因此需要分别进行考虑。"无状态服务"（stateless service）是指每一次由外部调用的请求的处理，不依赖前一个请求。"有状态服务"（stateful service）指请求处理期间，除外部请求的传入参数以外，还依赖以前处理期间保存的数据或其他函数调用产生的中间数据。

服务部署策略选择不当，会显著影响服务提供商的服务器租用成本和用户的服务质量。任务路由策略选择不当也会显著影响用户服务质量和系统资源利用率。边缘节点的资源有限，不能像云数据中心那样满足所有类型的计算任务，因此服务提供商不能将所有服务同时部署到同一个边缘节点上。例如，内容分发网络中服务提供商在边缘节点选择性地部署内容服务，用有限的资源尽可能地提高访问命中率[81, 82]。相同类型的服务部署数量过多会导致服务空载运行和过多系统资源被占据，影响其他类型的服务部署。服务部署数量过少会导致出现无法满足用户任务请求的状况，从而影响用户服务质量。任务路由策略的不合理会导致资源空载，利用率降低，无法保证任务处理的实时性和有效性。

而服务部署与任务路由相辅相成，数据中心的服务下行部署到边缘服务器，才能进行任务路由策略的选择和调整。任务路由策略的变化，影响着服务实例的有效利用率。只有同时对服务部署和任务路由进行研究才能够有效提高服务质量并且高效利用资源。基于此，在移动边缘计算场景下寻找合适的服务部署和任务路由策略对于充分利用计算资源、提高用户服务质量有着重要意义。

9.1.2　服务部署

服务部署问题，指将数据中心的部分服务进行下行部署到边缘服务器上，使用户的计算任务尽可能在网络边缘的服务器上进行处理，缓解核心网中的数据传输压力，缩短任务的计算时间。数据中心的服务下沉到网络边缘，网络边缘节点异构性明显，单个节点资源有限，为了保证服务质量，需要合理地选择服务部署在相应的边缘服务器上。服务部署最佳方案求解本身是 NP 难问题。此类问题通常具有很高的时间复杂度，目前还没有发现多项式时间复杂度的有效算法。已有服务部署研究使用的方法主要是近似算法、启发式算法和机器学习算法三类。

9.1.3　任务路由

任务路由问题，即任务调度问题，指将物联网设备的计算任务上行转发到边缘服务器或者云端进行处理的过程。边缘设备数量众多，传输数据量庞大，需要任务尽可能在边缘端完成。由于边缘服务器数量多，需要选择合适的边缘服务器进行任务处理，减少任务的排队和传输时延。随着移动边缘计算不断发展，学术界对于移动边缘计算中的任务路由问题进行了大量研究，以减少任务的执行时间和能量消耗为主要研究目标。

9.2　有状态服务的服务链部署和任务路由算法

本节主要介绍有状态服务的服务链部署和任务路由问题。首先基于服务组合特性进行服务链部署和任务路由问题建模，随后设计相应的算法进行问题求解。

9.2.1　有状态服务系统场景描述

边缘计算中，计算、存储和网络等资源被放置在网络边缘，更接近物联网设备，缩短了边缘服务器和物联网设备之间的距离，可以显著降低延迟。对于应用服务提供商（application service provider，ASP）来说，这可以更好地满足服务低时延的要求。本节主要研究边缘计算中具有服务组合特性的服务链部署和任务路由协同策略。

目前许多应用程序都是由服务模块组成的，在任务处理过程中，要求服务模块之间按顺序处理，形成服务链。图 9-1 所示是中国银联基于边缘网关的无感支付场景。以电动汽车充电为例，它包含边缘计算网关服务、物联网支付服务和中国银联结算三个服务。边缘计算网关服务负责计算电量，物联网支付服务计算订单，发送给中国银联的结算服务进行结算，最终返回用户支付结果。它们相互配合完成电动汽车充电和支付过程，形成服务链。很多服务本身是有状态服务，服务本身存在局部的状态数据，需要进行持久化存储或者与其他的服务模块进行数据同步。无论服务的扩展还是释放都需要整个系统参与状态的迁移，具有较高的迁移成本。一个好的服务链部署和任务路由策略可以合理地进行任务路由，减少任务的计算路径。同时可以在不同时间段自适应地进行服务部署，尽可能地减少服务迁移成本，为用户提供更好的服务质量。本书使用所有物联网设备请求的平均响应时间来衡量系统的服务质量。

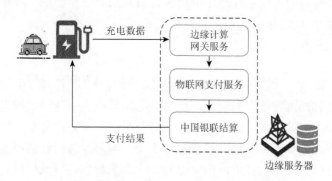

图 9-1　无感支付场景

9.2.2　有状态服务系统模型设计

本节首先进行移动边缘计算场景建模，接着给出基于服务组合特性的服务链部署和任务路由问题的描述，然后设计与之对应的任务路由算法。

本节考虑的云边异构混合边缘环境一共分为三层：云-边-端。云指数据中心，由数万台服务器组成，具有丰富的算力资源，包括计算和存储资源。云覆盖整个区域，可以与所有的边缘服务器和设备通信，但边缘服务器和设备的数据与云通信需要经过核心网，在核心网络中传输大量数据会导致网络拥塞。

边指边缘服务器。边缘服务器一般部署在基站附近，分布范围广，离用户更近。边缘服务器指小型机房或者少量具有计算和存储能力的服务器，资源有限。边缘服务器与基站绑定，具有异构的覆盖范围，仅可以为覆盖范围内的用户提供服务计算和任务处理。边缘服务器之间以及边缘服务器和云通过高带宽的骨干网互联。

端指物联网设备。物联网设备属于用户端，负责产生任务请求，并等待云或者边进行响应，回传响应结果。物联网设备位置不固定，会随着时间变换进行移动，这会造成任务请求在时间上和空间上的差异性。物联网设备发出的请求是对应用程序的操作。应用程序即服务链，由一系列的服务模块构成。服务链按照服务模块的顺序执行，得到计算结果数据。服务链具有复杂的组合结构。例如，一些服务链之间会出现重叠的服务模块。以网上购物为例，客户在网上搜索商品时，淘宝、亚马逊等不同平台的商品排名算法不尽相同。虽然订单是由不同的服务模块生成的，但支付功能可以由同一个服务模块完成，如支付宝。订单信息的数据从前者的服务模块传输到后者。当设备请求服务链时，必须考虑是通过云还是边来处理该请求，如果通过边来处理请求，需要进一步考虑选择哪个边缘服务器来处理请求。通常，设备会向最近的可用边缘服务器发送请求。最近的边缘服务器根据记录服务部署信息的路由表解析请求并将请求路由到其他边缘服务器。

1. 移动边缘计算系统定义

本节首先介绍基于服务组合特性的服务链部署和任务路由问题中使用到的概念，并对其进行形式化定义。

定义 9-1（边缘服务器）：边缘服务器集合用 E 表示，数量为 Q，$E = [e_1, e_2, \cdots, e_q, \cdots, e_Q]$，其中 e_q 表示第 q 个边缘服务器。M^0 和 M^1 是距离矩阵，分别表示设备到边缘服务器和边缘服务器到边缘服务器的距离。边缘服务器资源有限，这里的资源主要指计算资源、存储资源和带宽资源。W^0 是物联网设备与边缘服务器之间的带宽矩阵，其中 W_{ij}^0 表示设备 d_i 和边缘服务器 e_j 之间的带宽。对同一边缘服务器，本书认为其覆盖范围内的设备到边缘服务器的带宽一样。W^1 是边缘服务器之间的带宽矩阵，边缘服务器之间通过高带宽骨干网相连，其中 W_{ij}^1 表示边缘服务器 e_i 和边缘服务器 e_j 的带宽。R 表示边缘服务器的资源集合，$R = [C, M]$，其中 $[C_i^*, M_i^*]$ 表示服务器 e_i 的 CPU 资源和存储资源容量。

定义 9-2（数据中心）：假定数据中心具有丰富的计算、存储资源，资源容量不受限。数据中心服务器部署所有的服务模块，可以对所有类型的任务进行相应的处理。为了对数据中心和边缘服务器统一建模，使用 e_0 表示数据中心。

定义 9-3（端物联网设备）：物联网设备集合用 D 表示，数量为 P，$D = \{d_1, d_2, \cdots, d_p, \cdots, d_P\}$，其中 d_p 表示第 p 个设备。物联网设备指所有可以通过互联网进行服务请求的设备。物联网设备为用户所使用，分散在不同的区域。由于物联网设备地理位置不固定，物联网设备产生的任务请求呈现出时间和空间分布的不均匀性。M^0 是距离矩阵，表示设备到边缘服务器之间的距离。

定义 9-4（服务链）：服务链集合用 A 表示，数量为 N，$A = \{a_1, a_2, \cdots, a_n, \cdots, a_N\}$，其中 a_n 表示第 n 个服务链。服务链由一系列的服务模块构成，形成有向无环图。在服务链的处理过程中需要服务模块之间按顺序进行处理，最终得到计算结果。S 表示服务模块集合，数量为 U，$S = \{s_1, s_2, \cdots, s_u, \cdots, s_U\}$，则

$a_n = \left\{ s_{n_1}, s_{n_2}, \cdots, s_{n_m}, \cdots, s_{n_{|a_n|}} \right\}$，其中 $n_m \in \{1, 2, \cdots, U\}$，$s_{n_m} \in S$。服务模块 s_u 部署所消耗的 CPU 资源和内存资源为 $\left[C_{s_u}, M_{s_u} \right]$。

定义 9-5（任务请求）：物联网设备不定时地进行任务请求。不同时间的请求序列用 Θ 表示，$\Theta = [\cdots, \theta_{pn}, \cdots]$，其中 θ_{pn} 表示设备 d_p 访问服务链 a_n 的请求序列。任务请求首先发送到附近的边缘服务器，边缘服务器对任务请求进行解析，然后根据请求信息和边缘服务器信息进行任务路由和处理。边缘服务器具有不同的覆盖范围，为了充分覆盖所有用户，边缘服务器之间会存在服务范围重叠的区域，用 E_p 表示覆盖了设备 d_p 的所有边缘服务器集合。任务接入路由策略负责在 E_p 中选择合适的边缘服务器进行任务接入路由。路由结果用 Ψ 表示，$\Psi_{pq} = 1$ 表示设备 d_p 发送请求到服务器 e_q。

上述定义中既有常量也有变量。变量会随着物联网设备的移动或者任务请求频率的变化而发生改变，如 Ψ、E_p、M^0 等。常量表示系统的基本属性，保持不变，如边缘服务器的地理位置、服务链的组成等。

从物联网设备发出任务请求到设备接收到计算结果的整个时间段称为任务的响应时间，包括三部分：传输时间、传播时间和执行时间。传输时间是路由器路由数据产生的时间开销。传播时间主要是服务链中服务模块之间的调用在不同边缘服务器中进行数据传输带来的时间开销，与服务模块之间调用所产生的跳数直接相关。执行时间是指服务链中所有服务模块的执行时间之和。大量边缘设备的请求发送到云端，造成核心网拥塞，产生较大的传播时延和传输时延。与在边缘服务器上处理任务相比，在云数据中心处理任务所花的时间更长。任务在附近边缘服务器上进行处理不仅可以大幅缓解核心网的网络拥塞，缩短任务的响应时间，还可以使隐私数据不进入核心网，保护隐私数据。

2. 任务路由算法设计

任务路由是对物联网设备产生的请求进行路由决策。其本质是一个映射过程，在一定的约束条件下，根据请求信息和边缘节点资源信息将用户提交的任务映射到相应的服务器资源上计算处理，然后返回计算结果。对于服务链请求，需要考虑服务模块之间的依赖关系，保证整个服务链的执行响应时间尽可能短。显然，向最靠近用户的边缘节点转发任务可以大大减少任务的传输时延。为了进一步更好地服务用户，减少任务的传输时延，本书考虑了边缘节点之间的路由机制。边缘服务器不仅可以为它覆盖范围内的用户请求提供服务，还可以为和它直接连接的边缘服务器提供服务。当和它连接的边缘服务器上出现服务缺失或者服务器资源不足时，可以通过路由机制，将任务路由到本节点，进行任务处理。基于此设计任务路由算法如算法 9-1 所示。

算法 9-1　任务路由算法

输入：边缘服务器集合 E，服务链请求集合 Θ
输出：服务请求到边缘服务器的映射
1.　for each　θ_{pn}　in　Θ
2.　　for each　e　in　E
3.　　　if　d_p 和 e 的距离小于等于 e 的覆盖半径
4.　　　　　$E_p = E_p \bigcup e$
5.　　　end if
6.　　end for
7.　　if　$E_p = \varnothing$
8.　　　　将 θ_{pn} 转发到云中心进行处理
9.　　else
10.　　　　找到距离设备 d_p 最近的边缘服务器 e'
11.　　　　将 θ_{pn} 转发到 e' 进行解析处理
12.　　　　for　服务链请求 θ_{pn} 中的每一个服务请求 s
13.　　　　　　if　边缘服务器 e' 上已经部署服务 s 且资源足够
14.　　　　　　　服务请求 s 在边缘服务器 e' 上处理
15.　　　　　　else if　边缘服务器 e' 没有部署服务 s 或已部署但资源不够且相邻服务器 e'' 有部署
16.　　　　　　　服务请求 s 以及 θ_{pn} 之后的服务转发到边缘服务器 e'' 进行处理
17.　　　　　　else
18.　　　　　　　服务请求 s 以及 θ_{pn} 之后的服务转发到云中心进行处理
19.　　　　　　end if
20.　　　　end for
21.　　end if
22.　end for
23. return 服务请求到边缘服务器的映射

　　任务路由算法设计包括两部分，分别是任务请求接入和任务请求转发。2～6行计算产生任务请求的设备周围的边缘服务器集合。如果设备位置偏僻，周围没有边缘服务器覆盖，服务链请求直接转发到数据中心进行处理（7～8 行）。否则，选择距离最近的边缘服务器作为任务请求接入的节点（10～11 行）。如果请求接入的服务器部署了对应的服务，则由当前边缘服务器对服务链进行处理（13～14行）。在边缘服务器出现部分服务缺失或者资源不足时，可通过边边协同方式转发至最近边缘服务器进行处理（15～16 行）。一旦出现边缘服务器本身和相邻服务器均不能进行任务处理的情况，当前任务请求及当前服务链上剩余服务请求均转发至数据中心进行处理（17～18行）。

3. 移动边缘计算系统建模

对于某一时刻请求序列 Θ 中的一个请求 θ_{pn}，θ_{pn} 表示设备 d_p 访问应用 a_n 的一个请求。其等待时间计算如下，分为三种情况。

（1）设备 d_p 位置偏僻，周围不存在边缘服务器资源。

（2）设备 d_p 位置核心，周围有丰富的边缘服务器资源，该设备产生的 a_n 服务链请求的所有服务模块在周围的边缘服务器上都有部署。用 $C_R = 1$ 表示这种情况，这种情况下，服务链 a_n 上的所有服务模块都在边缘侧处理。

（3）设备 d_p 位置适中，周围有边缘服务器，但边缘服务器资源有限，该设备产生的 a_n 服务链请求的所有服务模块中只有部分部署在这些边缘服务器上。用 $C_R = 0$ 表示这种情况，这种情况下，服务链 a_n 上只有部分服务请求可以在该边缘服务器上完成，服务链上的其他服务请求需要进行任务路由，路由到合适的边缘服务器上进行处理或者直接转发到云端处理。

对应的请求等待时间分别记作 T_{pn}^0、T_{pn}^1、T_{pn}^2。服务链请求的等待时间 T_{pn} 为

$$T_{pn} = \begin{cases} T_{pn}^0, & E_p = \varnothing \\ T_{pn}^1, & E_p \neq \varnothing, C_R = 1 \\ T_{pn}^2, & E_p \neq \varnothing, C_R = 0 \end{cases} \tag{9-1}$$

1）位置偏远设备请求等待时间计算

对于这种情况，服务链 a_n 上的所有服务请求都在数据中心进行处理。请求数据将从设备 d_p 直接转发到数据中心。Q_n 是服务链 a_n 的输入数据的大小。W_{p0}^0 和 M_{p0}^0 分别表示物联网设备与数据中心的带宽和物理距离，c 为光速。$t_{s_{n_m}}^n$ 表示服务请求 s_{n_m} 的执行时间。等待时间计算如下：

$$T_{pn}^0 = 2\left(\frac{Q_n}{W_{p0}^0} + \frac{M_{p0}^0}{c}\right) + \sum_{m=1}^{m=|a_n|} t_{s_{n_m}}^n \tag{9-2}$$

2）位置核心设备请求等待时间计算

设备 d_p 位置核心，周围服务器资源丰富，能够同时容纳部署服务链 a_n 的所有服务模块实例。d_p 发出的服务链请求首先被距离最近的边缘服务器解析处理，解析成服务序列，$a_n = \left[s_{n_1}, s_{n_2}, \cdots, s_{n_m}, \cdots, s_{n_{|a_n|}}\right]$。然后根据服务序列的逻辑依赖关系转发到其他具有相应服务模块的边缘节点进行响应处理。任务数据会在边缘服务器之间进行多跳数据传输，直到任务处理完成。此时所有的服务请求在边缘节点上进行处理，等待时间计算如下：

$$T_{pn}^1 = \sum_{m=1}^{m=|a_n|} t_{s_{n_m}}^n + \left(\sum_{m=0}^{m=|a_n|-1} t_{q_m q_{m+1}} + t_{q_{|a_n|} q_0} + 2t_0\right) + \left(\sum_{m=0}^{m=|a_n|-1} \frac{M_{t_{q_m q_{m+1}}}^1}{c} + 2\frac{M_{d_p q_0}^0}{c}\right) \tag{9-3}$$

与式（9-2）一样，$t_{s_{n_m}}^n$ 表示服务请求 s_{n_m} 的执行时间。边缘节点的传输顺序用 $\left[e_{q_0}, e_{q_1}, e_{q_2}, \cdots, e_{q_m}, \cdots, e_{q_{|a_n|}}, e_{q_0}\right]$ 表示。e_{q_0} 为距离 d_p 最近的边缘节点。$t_{q_m q_{m+1}}$ 表示执行服务请求 s_{n_m} 的边缘节点到执行服务请求 $s_{n_{m+1}}$ 的边缘节点的传播时延。$Q_{n_m n_{m+1}}$ 表示服务 s_{n_m} 传输到 $s_{n_{m+1}}$ 的处理数据大小，相应边缘节点之间的带宽大小为 $W_{q_m q_{m+1}}^1$。$t_{q_{|a_n|} q_0}$ 表示传输最后的结果数据给 e_{q_0} 的时间。

3）位置适中设备请求等待时间计算

设备产生的 a_n 服务链请求的所有服务模块中只有部分部署在这些边缘服务器上。d_p 发出的服务链请求首先被距离最近的边缘服务器解析处理成服务序列。

在进行服务序列处理过程中会遇到边缘节点缺少对应服务实例的情况。根据上面提到的任务路由算法设计，边缘服务器会顺序地转发和处理服务序列。如果遇到边缘服务器没有部署对应服务实例的情况，任务请求将直接转发到数据中心服务器处理。同时一旦发生这种情况，随后的服务序列全部在数据中心进行处理。当服务链处理完成后，设备将获得从数据中心下发的计算结果数据。部分服务在边缘节点上处理，另外部分服务在数据中心进行处理，此时整个服务链的处理过程较为复杂。假定边缘服务器 $e_{q_{m'}}$ 部署有服务实例 $s_{n_{m'}}$，$s_{n_{m'}} \in a_n$，当处理 a_n 服务链时资源不够，等待时间计算为

$$T_{pn}^2 = t_{\text{exe}} + t_{\text{trans}} + t_{\text{cons}} + \sum_{m=m'}^{m=|a_n|} t_{s_{n_m}}^n + 2\left(Q_{n_{m'-1} n_{m'}} / W_{q_{m'} 0}^1 + \frac{M_{q_{m'} 0}^0}{c}\right) \tag{9-4}$$

t_{exe} 表示在边缘侧服务的计算时间，计算如下：

$$t_{\text{exe}} = \begin{cases} \sum_{m=1}^{m'-1} t_{s_{n_m}}^r, & m' \geqslant 2 \\ 0, & m' = 1 \end{cases} \tag{9-5}$$

$m' = 1$ 表示服务链 a_n 进行处理的时候，第一个服务模块所在边缘节点资源不够，这个时候所有的服务请求转发到云端处理，即 $t_{\text{exe}} = 0$。$\sum_{m=1}^{m'-1} t_{s_{n_m}}^r$ 表示服务链在边缘侧的总计算时间。t_{trans} 表示任务数据在边缘服务器之间的传输时间，计算如下：

$$t_{\text{trans}} = \sum_{m=0}^{m=m'-1} t_{q_m q_{m+1}} + 2t_0 \tag{9-6}$$

$t_{q_m q_{m+1}}$ 表示执行服务 s_{n_m} 请求的边缘节点到执行服务 $s_{n_{m+1}}$ 请求的边缘节点的传播时延。t_{cons} 表示数据在边缘服务器之间的传播时间。

$$t_{\text{cons}} = \sum_{m=0}^{m=|a_n|-1} \frac{M_{t_{q_m q_{m+1}}}^1}{c} + 2\frac{M_{d_p q_0}^0}{c} \tag{9-7}$$

根据上述公式，任何服务链请求 θ_{pn} 都可以利用云边异构混合边缘环境下的信

息计算出服务链请求发出到完成计算的整个时间。对于云边异构混合边缘环境来说，系统状态信息是不断发生变化的。将服务链请求序列按照时间片划分，设计一种动态服务部署算法，以寻找在不同时刻系统状态的最佳服务决策，这对于缩短请求的等待时间具有重要意义。

Θ 是不同时间段的服务链请求序列。Θ 反映了用户位置变化信息、访问习惯以及服务链在不同时间段内和不同区域的热门程度。M、E_p 和 Ψ 随 Θ 不同而发生变化。在全部时间段使用相同的部署方案显然不能适应用户位置、访问习惯等的变化，这会造成用户服务质量的波动。因此需要对服务进行动态部署，根据不同时间段内的请求序列以及系统信息进行服务部署的调整，以更好地服务用户。首先需要对优化目标函数进行建模分析。Φ 表示部署策略，$\Phi_{uq}=1$ 表示将服务 s_u 部署到服务器 e_q 上。为了保证服务能够顺利部署，需要考虑服务器的资源约束：

$$\begin{cases} \sum_{u=1}^{u=U} \Phi_{uq} C_{s_u} \leqslant C_q^* \\ \sum_{u=1}^{u=U} \Phi_{uq} M_{s_u} \leqslant M_q^* \end{cases} \tag{9-8}$$

系统信息用 Ξ 表示。$\Xi = [\Xi(1), \Xi(2), \cdots, \Xi(n), \cdots, \Xi(N)]$，请求序列 Θ 被划分为 N 个时间片。$\Xi(n)$ 表示在时间片 n 系统的基本信息，包括服务部署情况、资源利用率等：

$$\Xi(n) = \{D(n), R(n), M(n), E_p(n), \Psi(n), \Theta(n)\} \tag{9-9}$$

为了表示方便，使用 Γ 表示系统的常量信息：

$$\Gamma = \{A, S, W^0, W^1\} \tag{9-10}$$

本书的目标是在云边异构混合边缘环境下，寻找合适的 Φ 来最小化服务链请求的平均响应时间。基于此，本书将寻找动态服务部署策略建模为一个基于微服务的部署问题（a microservice-based deployment problem，MSDP）：

$$\underset{\theta_{pn} \in \Theta}{\mathrm{argmin}} \sum T_{pn} / |\Theta| \tag{9-11}$$

$$\mathrm{s.t.}\ \Xi, \Gamma$$

9.2.3 基于强化学习的服务链部署算法

有状态服务的服务链部署和任务路由问题是对于连续的时间片，在每个时间片内用户的服务链请求处理完成的平均响应时间最短。这是一个动态优化问题，可以通过将有状态服务的服务链部署和任务路由问题建模成马尔可夫决策过程，然后使用强化学习技术解决。

　　据此，本书提出了多记忆池深度确定性策略梯度（multi buffer deep deterministic policy gradient，MB_DDPG）强化服务部署算法，该算法在深度确定性策略梯度（deep deterministic policy gradient，DDPG）强化学习算法的基础上增加了多记忆池机制。DDPG 算法是 Google 旗下的 DeepMind 公司提出的一种使用 Actor-Critic（执行-评论）结构的强化学习算法，它是对 DQN 算法在处理连续动作空间问题上的一个扩充。DDPG 输出的是一个确定性的动作，可以用于连续动作的环境。

　　算法具体的工作流程如图 9-2 所示。MB_DDPG 智能体根据系统的当前状态信息使用策略网络产生系统动作。系统动作表示每个边缘服务器部署相应服务的倾向性。环境执行系统动作进行服务部署调整，生成下一个新的服务部署方案，即新的系统状态。并对服务部署调整策略的好坏进行评价，产生系统奖励。这一过程不断迭代，直到收敛。

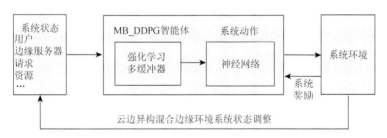

图 9-2　强化学习 MB_DDPG 算法工作流程

　　MB_DDPG 算法使用 Actor-Critic 网络结构，即使用单独的神经网络结构来近似表示策略函数和价值函数。Actor 网络结构用来表示策略函数进行动作选择，然后由智能体与环境交互。Critic 网络结构用来表示价值函数，对策略函数生成的动作的表现效果进行评估。Critic 的输出作为更新价值网络 Critic 和策略网络 Actor 的依据。θ^Q 表示 Critic 网络中的参数。为了破坏数据之间的相关性，MB_DDPG 使用了记忆池经验回放的方法。为了处理动作行为值之间的偏差，MB_DDPG 算法设置了双网络结构，目标 Critic 网络的参数用 $\theta^{Q'}$ 表示。策略网络 Actor 同样采用了双网络结构处理，在线网络和目标网络的参数分别用 θ^u、$\theta^{u'}$ 表示。具体算法设计如算法 9-2 所示。

算法 9-2　MB_DDPG 算法

输入：Critic 网络参数初始值 θ^Q，Actor 网络参数初始值 θ^u
输出：状态-值函数网络 Q，策略网络 u
1. for each episode do

2.　　初始化系统状态 s^0
3.　　初始化随机探索过程 $\mathcal{N}$
4.　　for 每个时间片 n do
5.　　　for $j=1$ to 最大步长 do
6.　　　　　策略网络依据服务部署调整策略 β 产生动作 $y^n = \mu(s^n|\theta^\mu) + \mathcal{N}_n$
7.　　　　　环境执行服务部署调整，产生 r^n 和 s^{n+1}
8.　　　　　更新当前状态最小平均响应时间 MinT[]
9.　　　　　将数据 (s^n, y^n, r^n, s^{n+1}) 存放进记忆池 $M[n]$
10.　　　　从记忆池 $M[n]$ 中采样 V 条状态转换数据，作为训练数据
11.　　　　计算价值网络的梯度 $\nabla_{\theta^Q} Loss$，并更新价值网络参数
12.　　　　　计算策略网络的梯度 $\nabla_{\theta^\mu} J$，并更新策略网络参数
13.　　　　　采用软更新方法更新目标策略网络参数 $\theta^{\mu'}$ 和目标价值网络参数 $\theta^{Q'}$
14.　　　end for
15.　　end for
16. end for

　　算法中 2~3 行是初始化系统状态和随机噪声生成过程，用于动作空间的探索。第 6 行根据当前在线策略网络 u，产生系统动作。7~8 行与环境交互，产生新的系统状态和系统奖励值，并更新系统最小响应时间。第 9 行使用记忆池，用于网络参数的保存和训练。DDPG 算法的记忆池是共享的，所有时间片的训练使用统一记忆池。由于任务请求数量在不同时间片下分布的差异性，使用同一个记忆池会导致模型收敛速度缓慢。因此本节使用了多个记忆池。不同时间片的请求使用不同记忆池中的数据进行训练，以此提高模型的收敛速度。

9.3　无状态服务的服务部署和任务路由算法

　　本节主要研究无状态服务的服务部署和任务路由问题。首先基于云边协同进行服务部署和任务路由问题建模，随后设计相应的算法进行问题求解。

9.3.1　无状态服务系统场景描述

　　近几年来，随着应用容器引擎（docker）等容器技术的发展，越来越多的应用被打包成容器镜像。容器轻量化的特性使每个应用实例可以基于该容器镜像进行即启即用。具有良好横向扩展属性的无状态服务可以充分利用容器即启即用的特点进行部署与释放。无状态服务不保存或记录有关用户先前的操作信息，每次对服务的访问都和最初访问服务一样从头开始执行每一个操作，因此同一个请求的多次执行得到的结果是一样的，同一请求在同一服务的不同实例上执行得到的

结果也是一样的。例如，引擎 X（Nginx）实例、汤姆猫实例等。这使边缘节点之间可以进行协同。对于应用请求，既可以选择在某个边缘节点等待启用新的服务实例，也可以转发给其他具有该服务实例的边缘节点来响应。

如何根据边缘节点的资源状态和运行的任务状态来判断其等待或转移，来缩短任务的平均完成时间且实现资源的高效利用是本节的主要问题，而边缘节点之间的协作可以改善用户的 QoS。如果服务可以进行动态部署，那么边缘节点可以针对性地启动新的服务实例对任务进行响应，可以进一步优化 QoS。但这会导致启动服务实例带来的资源消耗的增加，在缩短任务的平均完成时间和减少边缘节点的资源消耗之间存在着策略的权衡。尤其在请求数量增加，每个实例可以支持多个请求时，如果对任意的请求都选择启用不同的服务实例，会造成极大的资源浪费。如果不启动服务实例则导致请求等待时间过长，亟须寻找合理的边缘节点协同机制下的任务路由和服务部署策略。

9.3.2　无状态服务系统模型设计

本节主要针对无状态服务在移动边缘计算环境下基于云边协同的服务部署和任务路由问题进行建模，基于所提出的模型建立目标函数。

1. 网络拓扑结构建模

整个系统场景的网络拓扑模型如图 9-3 所示。系统场景中存在多个访问接入点（access point，AP）、多个边缘服务器、大量移动设备和一个云端数据中心。AP 主要由基站、边缘网关等设备组成，部分 AP 之间可以互相通信。所有 AP 均可以通过网络和云端数据中心相连。边缘服务器仅在部分 AP 存在，边缘服务器之间的连接需要通过 AP 的支持，因此只有部分边缘服务器可以相互连接。移动设备数量远多于边缘服务器并分布于整个系统场景中，任务请求的发出也是由它们完成的。系统场景中边缘服务器的资源有限，而云端的资源无限。整个系统场景的网络拓扑可以用加权的无向图表示：

$$G = (V, E) \tag{9-12}$$

式中，V 表示网络中所有的 AP 集合；E 表示节点之间的连接情况。$V = \{v_1, v_2, \cdots, v_i, \cdots\}$，$v_i$ 则表示第 i 个 AP；$E = \{e_{1,2}, e_{1,3}, \cdots, e_{i,j}, \cdots\}$，$e_{i,j}$ 表示节点 v_i 和 v_j 之间的连接情况。使用 $\omega_{i,j}$ 表示第 i 个 AP 和第 j 个 AP 之间的带宽，在异构的网络拓扑中，节点之间的带宽也体现出异构特性。AP 之间的最短传输路径可以直接由 G 确定，因此得出边缘节点 v_i 和 v_j 之间的传播时间，记为 $l_{i,j}$。服务提供商可通过监控、测量和计算等方式得知整个系统场景中边缘节点的资源使用情况和移动设备对应用的访问情况。

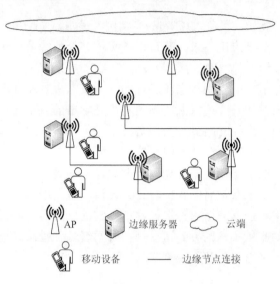

图 9-3　系统场景整体网络拓扑

　　系统场景的网络拓扑由云-边-设备三层组成，由移动设备发送请求，边缘节点或云端响应请求。移动设备的位置在动态变化，边缘节点资源有限，能响应的服务与节点的资源量和服务部署策略以及请求的响应策略相关。没有一个边缘节点可以处理所有的请求。如果接入节点无法处理，可以基于云边协同机制将请求路由到附近的边缘节点或数据中心处理。任务的路由与系统中服务部署状态有关。以虚拟现实的应用为例，将虚拟现实任务卸载到边缘服务器可以显著降低平均处理延迟。但是在每个边缘服务器上部署多用户虚拟现实框架会增加动态服务器页面（active server pages，ASP）的成本，而在云服务器上部署会牺牲用户 QoS，无法提供实时服务。因此，需要将某些服务部署在特定的边缘服务器上，进行云边协同或边缘侧协同策略，满足实时用户体验的要求，最大限度地降低 ASP 的成本。为了使任务路由过程更加灵活，还需要进行服务实例的部署和调整。

2. 请求响应时间模型

　　定义请求完成（request-to-completion，RTC）时间为任务请求从产生到接收到处理结果之间的时间段。对于特定的任务 r，使用四元组 $<s_r, \gamma_r, \delta_r, L_r>$ 描述其元数据信息。其中 s_r 表示请求 r 请求的服务名称，γ_r 表示请求 r 携带的数据量信息，δ_r 表示请求 r 的计算结果信息，请求 r 的截止时间要求为 L_r。如图 9-4 所示，整个 RTC 过程包括七个阶段：①设备产生请求，发送元数据信息和计算信息到最近的 AP；②AP 发送请求的元数据信息到数据中心等待任务路由；③数据中心返回任务路由结果；④AP 发送请求的计算数据到路由到的边缘服务器上；⑤请求插

入对应边缘服务器的等待执行队列；⑥请求在边缘服务器上执行；⑦边缘服务器
返回请求的计算结果。

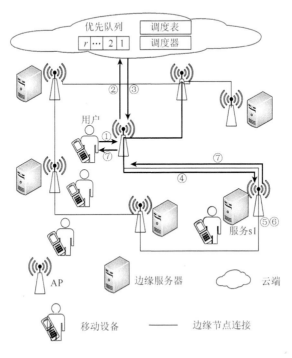

图 9-4　RTC 过程

每个阶段的时间消耗分别使用 ξ_{ri}、$\xi_{\uparrow r}$、$\xi_{\downarrow r}$、$T_{\uparrow r}$、T_{rw}、T_{rc}、$T_{\downarrow r}$ 来表示。
用户设备请求的计算数据和元数据首先被发送到最近的节点 v_i。ξ_{ri} 计算如下：

$$\xi_{ri} = \frac{\gamma_r}{\omega_{i,r}} \tag{9-13}$$

v_i 一旦接收到请求的计算数据和元数据信息，便进行元数据信息向数据中心
的路由，路由后等待任务路由结果。因为请求的计算数据远远大于请求的元数据，
所以在时间计算中可以忽略请求元数据的传输时间：

$$\xi_{\uparrow r} = \xi_{\downarrow r} = l_{i,0} \tag{9-14}$$

式中，$l_{i,0}$ 是 v_i 与云数据中心的传播时间。数据中心负责请求路由，并将路由结果
返回给 v_i，之后 v_i 将请求的计算数据发送给路由的指定边缘服务器 v_j。$T_{\uparrow r}$ 的计算
包括两部分，分别是数据的传输时间和数据的传播时间。

$$T_{\uparrow r} = \frac{\gamma_r}{\omega_{i,j}} + l_{i,j} \tag{9-15}$$

请求到达边缘节点 v_j 后，如果此节点中的服务实例处于繁忙状态，则请求必须在等待队列中等待。如果 v_j 上没有相关的服务实例或者部署的服务实例不能满足请求 r 的截止时间要求，则需要在这个边缘节点部署一个新的服务实例。服务实例以容器形式运行，基于服务镜像启动。服务镜像是服务必不可少的基础环境（操作系统和一些依赖项），它们通常托管在云上。可以从云端下载对应服务的镜像来启动相应的服务实例对外提供服务。假设每个正在运行的服务实例都有一个请求队列。如果 v_j 上部署有相应服务实例，则用 $T_{r_\eta w}$ 和 $T_{r_\eta c}$ 表示 r 之前的请求的等待时间和执行时间。如果 v_j 上部署没有相应服务实例，则用 T_{pull} 表示从云端拉取镜像的时间，T_{start} 表示服务实例的启动时间。

$$T_{rw} = \begin{cases} T_{pull} + T_{start}, & \text{无镜像} \\ T_{start}, & \text{有镜像无服务实例} \\ T_{r_\eta w} + T_{r_\eta c}, & \text{有镜像有服务实例} \end{cases} \quad （9\text{-}16）$$

动态地在边缘服务器上部署新的服务实例，可以实现计算资源随用户需求流动。边缘服务器上的同一服务实例可以有多种配置，以适应不同类型的计算请求。请求 r 的执行时间由 v_j 上对应服务实例的配置信息和 r 的计算数据大小决定。假设配置为 $U_{s_r,p}$ 的服务实例单位时间内可以处理 a_q 大小的数据。$U_{s_r,p}$ 可以通过已有的推荐算法获得。在本书中，使用 ORHRC 模型[83]来推荐服务实例的配置信息，如 CPU 和内存配置。请求 r 的执行时间为

$$T_{rc} = \frac{\gamma_r}{f(U_{s_r,p})} \quad （9\text{-}17）$$

v_j 处理完请求后，转发计算结果到 v_i，并经由 v_i 返回用户设备。这个阶段的时间开销为

$$T_{\downarrow r} = \frac{\delta_r}{\omega_{i,j}} + \frac{\delta_r}{\omega_{i,r}} + l_{i,j} \quad （9\text{-}18）$$

考虑同一时刻系统的所有请求 R，其平均完成时间（average completion time，ACT）为

$$ACT = \frac{1}{R} \sum_{r=1}^{R} (\xi_{ri} + \xi_{\uparrow r} + \xi_{\downarrow r} + T_{\uparrow r} + T_{rw} + T_{rc} + T_{\downarrow r}) \quad （9\text{-}19）$$

3. 请求响应资源消耗模型

资源消耗模型用来描述服务部署和任务路由过程中的资源消耗和服务提供商的成本。本书考虑的资源主要是 CPU 和内存。系统中一共有 K 个边缘服务器，边

缘服务器 k 的资源容量用 $<C_k, M_k>$ 表示。$S = \{s_1, s_2, \cdots, s_q, \cdots, s_Q\}$ 表示服务的集合，s_q 表示第 q 类服务。在不同的边缘服务器上，同一个服务可以有多个不同配置的服务实例。服务 s_q 的配置信息用 $U_{q,1}, U_{q,2}, \cdots, U_{q,|s_q|}$ 表示。其中 $|s_q|$ 为服务 s_q 的总配置数量。每种类型的服务在每种配置下可能有多个实例。$U_{q,p}$ 用来表示 s_q 的第 p 类配置，$U_{q,p} = <c_{q,p}, m_{q,p}>$，$c_{q,p}$ 和 $m_{q,p}$ 分别对应 CPU 资源和内存资源，其服务实例的个数用 $n_{q,p}$ 表示。

ASP 的成本取决于所有服务实例的配置、数量和生命周期。需要注意的是，设备提供商（application device provider，ADP）以时间段的形式提供资源，如每天或每小时，小于一天或一小时的时间段按一天或一小时计算。每单位 CPU、每单位内存、每单位时间的成本用 σ 表示。$\tau_{q,p}$ 表示配置为 $U_{q,p}$ 的服务实例的生命周期。总花费计算为

$$\text{Cost} = \sum_{k=1}^{|V|} \sum_{q=0}^{Q} \sum_{p=0}^{|s_q|} n_{q,p}^k \sigma c_{q,p} m_{q,p} \tau_{q,p} \tag{9-20}$$

4. 系统场景整体目标建模

移动设备生成任务请求，边缘节点响应请求。在请求-响应过程中，必须对任务和计算能力进行调度以捕捉请求的动态变化。期望边缘侧可以用更少的资源响应更多的任务请求，最大化 QoS。本书用严格的截止日期约束来定义每个请求。任务调度和服务部署的目标是最大化满足截止时间要求的请求数量，最小化请求的 ACT。对于给定的请求 r，如果其 RTC 时间 T_r 超过其截止日期 L_r，则该请求将错过其截止日期；否则，它会在截止日期前完成。$\varXi$ 用来表示截止时间缺失率（deadline miss rate）。目标函数为

$$\min \varXi = \min \frac{1}{R} \sum_{r=1}^{R} \begin{cases} 0, & T_r \leqslant L_r \\ 1, & T_r > L_r \end{cases} \tag{9-21}$$

式（9-21）作为主要目标函数，边缘节点的资源容量和任务的特性都会影响调度过程，接下来设计相关的算法来解决该问题。

9.3.3　基于云边协同的服务部署和任务路由算法

本节针对无状态服务设计了基于云边协同的服务部署和任务路由（an adaptive mechanism for dynamically collaborative service deployment and task scheduling，ADCS）算法。图 9-5 展示了服务部署和任务路由过程。

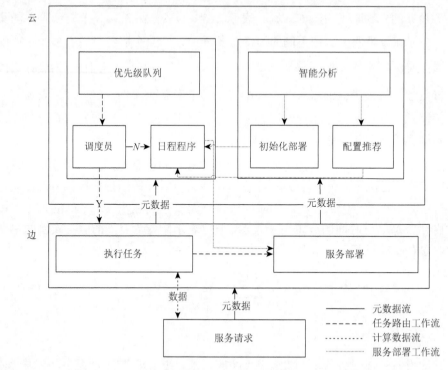

图 9-5　ADCS 工作流程

如图 9-5 所示，携带元数据和计算数据的服务请求被发送到边缘服务器。边缘服务器将元数据发送到云端。云端维护一个优先级队列来确定请求处理顺序，调度员负责将请求调度到某个边缘服务器，日程程序负责在某个边缘节点上部署新的服务实例，调度员会将请求数 N 传给日程程序。如果请求调度成功，就会为请求找到最优的边缘节点。如果调度失败，新服务将被部署。需要注意的是，如果调度过程失败，请求将被发送到部署有新服务实例的边缘服务器。边缘服务器负责根据云的决策执行任务并部署新的服务实例。同时云端也会做一些智能分析，如为服务实例配置推荐。配置推荐模型可以在部署新服务时利用历史请求信息给出配置推荐，在部署新实例时起到作用。当请求计算完成后，结果返回给用户。

ADCS 算法旨在根据每个边缘服务器中的资源容量和实例的配置进行任务路由和服务部署。如算法 9-3 所示，ADCS 在请求到达时调度任务，它由四个主要部分组成。

算法 9-3　ADCS 算法

输入：请求序列 R，边缘服务器集合 V，系统信息

输出：服务部署和任务调度结果
1.　计算请求序列 R 的优先级队列 Q
2.　　$N = 0$
3.　while　$Q \neq \varnothing$　do
4.　　　　$r \leftarrow Q.\text{first}()$
5.　　　　$v_t \leftarrow \varnothing, N_{\text{best}} \leftarrow N, \text{ACT}_{\text{best}} \leftarrow \infty, U \leftarrow \varnothing$
6.　　　　for　v_t　in　V　which contains　s_r　do
7.　　　　　　　$N, \text{ACT}, U_{r,p} \leftarrow \text{ADCS-TS}(r, v, N)$
8.　　　　　　　if　$N > N_{\text{best}}$　or（$N = N_{\text{best}}$　and　$\text{ACT} < \text{ACT}_{\text{best}}$）then
9.　　　　　　　　　$v_t \leftarrow v_i, N_{\text{best}} \leftarrow N, \text{ACT}_{\text{best}} \leftarrow \text{ACT}, U \leftarrow U_{r,p}$
10.　　　　　　end if
11.　　　　end for
12.　　　　if　$\text{ACT}_{\text{best}} = \infty$　then
13.　　　　　　　$v_t, N, \text{ACT}, U_{r,p} \leftarrow \text{ADCS-CS}(r, V, N)$
14.　　　　　　　$\text{ACT}_{\text{best}} \leftarrow \text{ACT}, U \leftarrow U_{r,p}$
15.　　　　　　　if　$v_t = \varnothing$　then
16.　　　　　　　　　$v_t \leftarrow v_0$
17.　　　　　　　end if
18.　　　　end if
19.　　　　$\text{map}(r, v_t, U) = r, v_t \in V, U \in U_{s_r}$
20.　end while
21. return　$\text{map}(r, v_t, U)$

（1）获取优先队列（第 1～5 行）。云服务器根据所有请求的元数据计算响应顺序，贪婪地满足尽可能多的请求。第 1 行可以获取优先级队列，第 2～5 行是特定请求的初始化阶段。

（2）调用任务路由算法 ADCS-TS（第 6～11 行）。对于特定的请求 r，云服务器从部署服务 s_r 的边缘服务器中找到满足 L_r 的边缘服务器并最小化 ACT。然后将边缘服务器和相应的实例返回给发送该请求的设备。

（3）调用服务部署算法 ADCS-CS（第 12～14 行）。当系统中的当前实例无法满足特定请求时，需要对服务进行重新部署，即系统资源重新分配。具体来说，在边缘服务器上部署一个新实例来响应请求，原理与 ADCS-TS 相同。

（4）当计算资源不足以部署服务或任务无法满足截止日期要求时，将任务路由到云端（第 15～18 行）。

ADCS 可以将任务路由结果和服务部署结果交给发送请求的 AP（第 19～21 行）。AP 收到路由结果后，可以将其计算数据发送到指定的服务实例和边缘服务器。

1. 任务路由算法

在高并发的场景下，多个请求的元数据同时到达中心服务器，本方案采用了基于最晚开始时间（ddl_r）的优先级调度方法。在时刻 T 到达的请求 r 包含请求的截止时间要求 L_r，系统结合请求历史数据，对请求的运行时间 T_r 进行估计。对每个请求的最晚开始时间进行计算，然后根据最晚开始时间从小到大进行排序，进行优先级调度。确定第一个待调度的请求后，剩余请求的 ddl_r 减去上一请求的执行时间，再次进行优先级的确认。结果为负表明不能满足请求的截止时间要求，否则再次排序得到第二个优先级，以此来最大化系统中请求的命中率。

$$ddl_r = t + L_r - T_r \tag{9-22}$$

如表 9-1 所示，请求 r_1、r_2、r_3 的元数据同时发送至中心服务器，请求的截止时间要求分别为 14s、17s、12s，根据历史数据可得其运行时间分别为 7s、9s、8s。

表 9-1　不同服务的时间特征

请求	r_1	r_2	r_3
截止时间要求 L_r	14s	17s	12s
运行时间 T_r	7s	9s	8s
ddl_r	7s	8s	4s

首次得到三个请求的 ddl_r 分别为 7s、8s、4s，因此优先调度 r_3，调度 r_3 后，r_1、r_2 需要减去 t_{r_3}，得到−1、1，此时 r_1 已无法命中，优先调度 r_2 能最大化命中率。所以调度顺序为 r_3、r_2、r_1。如图 9-6 所示，对于表 9-1 所示的 3 个请求，基于 ddl_r 的调度方式能够有两个请求满足时延。

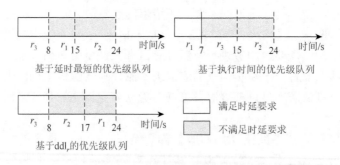

图 9-6　不同优先级调度方式的服务命中情况

ADCS-TS 旨在找到一个服务实例和一个边缘服务器来调度任务。它的主要原则是当多个实例或边缘服务器满足任务的截止日期要求时最小化 ACT。如算法 9-4 所示，其实现包括两个步骤。

算法 9-4　　ADCS-TS 算法

输入：请求 r，边缘服务器 v，当前满足截止时间要求的请求数 N

输出：N, ACT, U_{s_r}

1. for $U_{s_r,i}$ of U_{s_r} in v do
2. 　　$Q_{\text{schedule}} \leftarrow$ the schedule sequence of $U_{s_r,i}$
3. 　　$\text{ACT}_{\text{best}} \leftarrow \infty, Q_{\text{best}} \leftarrow \varnothing$
4. 　　$Q'_{\text{schedule}} \leftarrow$ schedule r to the tail of Q_{schedule}
5. 　　if r meets deadline and $U_{s_r,i}$ is running then
6. 　　　　$Q_{\text{best}} \leftarrow Q'_{\text{schedule}}, \text{ACT}_{\text{best}} \leftarrow \text{ACT(system)}$
7. 　　　　for request r_i before r do
8. 　　　　　　$Q'_{\text{schedule}} \leftarrow$ schedule r before r_i
9. 　　　　　　if r_i meets deadline and $\text{ACT(system)} < \text{ACT}_{\text{best}}$ then
10. 　　　　　　　　$Q_{\text{best}} \leftarrow Q'_{\text{schedule}}, \text{ACT}_{\text{best}} \leftarrow \text{ACT(system)}$
11. 　　　　　　else
12. 　　　　　　　　break
13. 　　　　　　end if
14. 　　　　end for
15. 　　　　$N \leftarrow N+1$
16. 　　end if
17. end for
18. return N, ACT, U_{s_r}

（1）初始化待处理队列（第 1～4 行）。当请求被发送到边缘服务器上的某个实例时，ADCS 算法通过在等待队列的尾部插入任务来初始化执行队列。

（2）请求处理优化（第 5～16 行）。将请求与前面的请求交换排队并验证是否在满足截止日期要求的同时减少了请求的 ACT。交换过程不断迭代，直到无法满足前一个请求的截止日期或无法让 ACT 继续递减。否则，这个新请求会与队列中的前一个请求不断交换。

ADCS-TS 路由算法能够找到一个最优的队列，让更多的请求满足它们的截止日期并最小化系统中请求的 ACT。该算法返回路由结果、满足其需求的请求数、系统中最优 ACT 和被调度到的服务实例地址。

2. 服务部署算法

当现有部署的服务实例无法满足新到达请求的需求时，利用 ADCS-CS 来进行服务部署。如算法 9-5 所示，要部署的服务实例的配置可以由 ORHRC（第 1 行）给出。然后使用最佳拟合算法找到合适的边缘服务器部署相应的服务。首先，按照请求地理位置到 AP 的距离（第 2 行）对边缘服务器进行排序，因为在边缘计算环境下，服务应该部署得尽可能靠近用户。然后 ADCS-CS 算法选择能够满足资源需求的边缘服务器来部署服务实例（第 3～13 行）。最后返回对应的边缘服务器和服务实例（第 14 行）。

算法 9-5　ADCS-CS 算法

输入：请求 r，边缘服务器集合 V，当前满足截止时间要求的请求数 N

输出：$v_t, N_{best}, \text{ACT}_{best}, U$

1.　根据 ORHRC 算法进行配置推荐，得到配置 ce_{s_r}
2.　按照物理距离对 V 排序
3.　$U \leftarrow U_{s_r, ce_{s_r}}$
4.　$\text{ACT}_{best} \leftarrow \infty$
5.　$v_t \leftarrow \varnothing$
6.　for v_i in V do
7.　　　if the resource is enough to start $U_{s_r, ce_{s_r}}$　then
8.　　　　if r meets deadline then
9.　　　　　$\text{ACT}_{best} \leftarrow \text{ACT(system)}, v_t \leftarrow v_i$
10.　　　　　break
11.　　　　end if
12.　　　end if
13.　end for
14. return $v_t, N_{best}, \text{ACT}_{best}, U$

9.4　云边协同计算架构下的服务部署和任务路由模型实现

9.4.1　有状态服务部署与任务路由推荐实验

1. 实验配置与数据准备

本节使用真实数据集来评估 MB_DDPG 算法。IoT 设备和边缘服务器的地理位置信息使用的是 EUA 数据集[84]。该数据集记录了墨尔本中央商务区所拥有的 125 台边缘服务器和 817 台终端设备。由于这些终端设备的位置是静态的，不适用于本章的场景，因此我们对 IoT 设备的动态特征进行了人为处理，模拟不同时刻的 IoT 设备位置变动。从数据集中选取 4 台边缘服务器和 47 台设备来进行实验，

即 $|D|=47$，$|E|=4$，根据其经纬度转换成直角坐标系，同时在数据集中额外添加了边缘服务器的服务半径。利用阿里巴巴数据跟踪[85]中的任务结构关系来模拟服务链中服务的依赖关系。在本节的实验中 $|A|=20$，$|S|=15$。服务链的服务组合关系有 2 种服务链由 2 个服务组成、10 种服务链由 3 个服务组成、6 种服务链由 4 种服务组成以及 2 种服务链由 5 种服务组成。使用帕累托法则模拟用户偏好和服务链的分布，大多数用户偏爱访问少数几个服务链。在本章的实验中，80%的 IoT 设备随机访问其中 20%的服务链，另外 20%的设备随机访问其他 80%的服务链。

2. MB_DDPG 算法对比实验

选取两种具有代表性的算法与 MB_DDPG 算法进行对比。

（1）随机算法（random algorithm）。该算法中边缘服务器部署服务采取随机的方式。本节随机生成 10 种服务部署策略，利用式（9-11）计算其相应的平均响应时间，并使用其平均值作为该算法的平均响应时间评估。

（2）遗传算法（genetic algorithm，GA）。该算法将服务部署策略编码为染色体。实验目标是部署 15 种服务到 4 台边缘服务器上，因此实验中每条染色体设置为 20bit。遗传算法首先随机初始化服务部署组合形成种群，然后根据适应度值选择优秀的服务部署组合作为个体，经过繁殖、交叉和变异产生后代，即新的服务部署方式。使用任务的平均响应时间作为适应度函数，用来进行个体优良性的评估。平均响应时间越短，个体基因越好，即服务部署方案越合理。表 9-2 是该算法使用到的超参数，其中批大小指批处理数据样本时每一次处理的样本数目。

表 9-2　遗传算法超参数

参数	值	参数	值
α	0.001	β	0.001
γ	0.99	τ	0.01
内存池	1500	批大小	32
代数	50	种群大小	1000
交叉概率	0.7	变异概率	0.01

3. MB_DDPG 算法结果分析

本节对比分析了 MB_DDPG 算法和其他两种算法一天内任务平均响应时间的变化，实验结果如图 9-7 和图 9-8 所示。

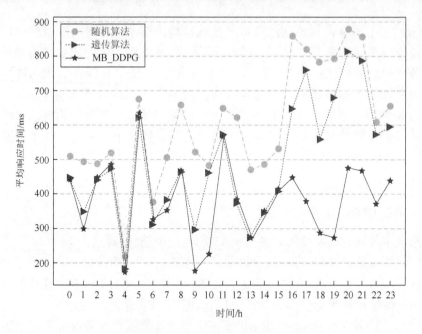

图 9-7 各时间段平均响应时间变化图

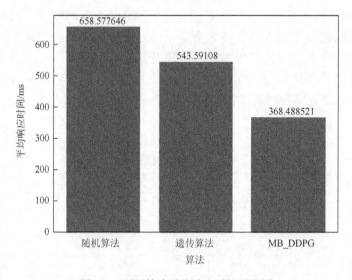

图 9-8 不同算法平均响应时间对比图

由图 9-7 可以看出，在一天的各个时间段内 MB_DDPG 算法的任务平均响应时间明显短于其他两种算法，其中随机算法性能最差。图 9-8 是统计的一天内的任务的平均响应时间。从图中可以看到，MB_DDPG 算法比遗传算法平均响应时间缩短了 32%，相比随机算法缩短了 44%。遗传算法相较于随机算法性能优化了

17.46%。遗传算法可以找到针对一天内所有请求的最优服务部署方案，然而它忽略了异构边缘环境下任务请求的动态变化特征，无法满足部署方案在每个时间段都是最优的。而随机算法既没有考虑任务的分布情况，又没有考虑任务的动态变化特性。MB_DDPG 则充分考虑到了边缘环境的动态变化特性，捕捉边缘云混合环境中任务的动态变化，根据系统的不同状态制定不同的部署策略。

MB_DDPG 的优势主要体现在两方面。首先，它可以捕捉任务请求的动态特性，并随时间改变其部署策略。多记忆池的设计可以在不同的时间内学习不同的部署策略。其次，它可以最大限度地利用混合环境中的异构性，如带宽条件、边缘服务器能力、地理信息和应用程序结构等，将频繁被访问到的服务部署在边缘服务器上，使覆盖更多设备的边缘服务器部署更多的服务。训练时间上，相比遗传算法和随机算法，MB_DDPG 的训练过程会花费更多的时间，但其可以进行离线训练，并且对于新的任务分布情况可以进行增量训练，在混合环境中应用时优于其他两种算法。

此外，本节还进行了 MB_DDPG 算法鲁棒性验证。本节通过增加请求的数量来模拟物联网设备数量增多的场景。图 9-9 体现了随着请求数量变化（从 1 到 6），不同算法在不同时间段内的任务平均响应时间。如图 9-9 所示，随着任务请求数量增加，任务平均响应时间的差距越来越小。当任务请求数量增大到一定量的时候，一天内的任务平均响应时间收敛为一个常数。这是因为当请求大量增加时，边缘服务器资源的有限性，使大量的请求路由到数据中心进行处理。数据中心具有

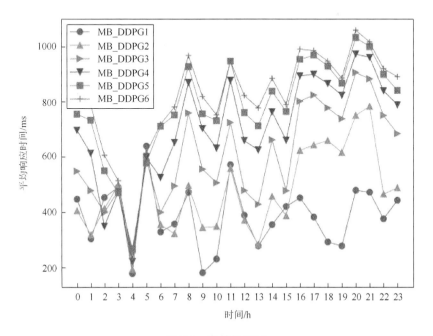

图 9-9　鲁棒性测试

充足的资源，所有任务的响应时间固定，因此整体的任务平均响应时间不断收敛。图 9-10 为三种算法任务总响应时间随请求数量的变化。在请求数量增加的过程中，MB_DDPG 算法一直优于遗传算法和随机算法，但由于边缘服务器逐渐接近满载，三种算法之间的差距逐渐缩小。

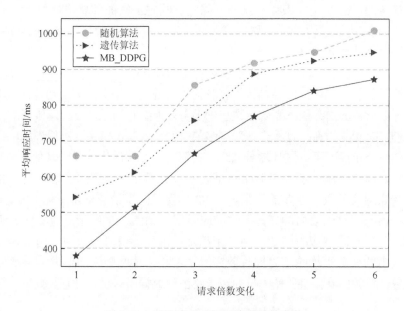

图 9-10　平均响应时间随请求量的变化

9.4.2　无状态服务部署与任务路由推荐实验

本节主要对无状态服务的服务部署和任务路由算法进行实验验证。下面将对使用到的实验数据进行介绍，并对实验结果进行分析。

1. 实验配置与数据准备

本节对实验进行描述和分析，使用真实数据集评估了 ADCS 算法。服务请求使用谷歌集群 2019 数据集[86]实例事件表中前 8 小时共 100000 个请求任务。每一个服务请求依据资源请求字段拥有异构的内存和 CPU 资源需求，使用时间字段作为任务请求到达时间。同时使用随机方法为每个任务设置截止时间在 0~250s。本实验设置 10 台边缘服务器和 10 种服务类型，即 $|V| = 10$，$|S| = 10$。从墨尔本中央商务区数据集[84]中选取了 10 个边缘服务器，使用其坐标分布作为本实验中边缘服务器的相对位置。假设请求发送到不同的边缘服务器上的概率相同。为了评估不同服务类型的请求分布对 ADCS 算法的影响，实验设计了每个边缘服务器上

服务被请求的热门程度分别服从均匀分布和偏移因子为 0.8 的齐普夫分布。均匀分布指用户对每一个服务类型请求的概率是相同的，齐普夫分布是指用户以 80% 的概率请求其中两个服务，20%的概率请求其他服务类型。

2. ADCS 算法对比实验

为了验证 ADCS 算法在减小 $\varXi$、降低请求的平均完成时间和资源消耗方面的优势，本节设置了四组实验。

（1）随机（Random）：边缘服务器部署服务采取随机的方式，每个边缘服务器上可以部署多个服务实例。在每个边缘服务器上，请求只能在本地处理或者转发上云。

（2）合并随机（combine random，CoRandom）：边缘服务器部署服务采取随机的方式，每个边缘服务器上可以部署多个服务实例。当一个边缘服务器节点无法处理请求服务的时候，可以转发上云或转发给相邻的具有该服务的边缘服务器进行处理。

（3）动态源路由（dynamic source routing，DSR）：DSR 是一种服务部署算法[87]。DSR 包括初始化部署和动态服务部署过程。服务部署根据服务请求频率进行动态调整，在每个边缘服务器上，服务请求只能在本地处理或者转发上云。

（4）合并动态源路由（combine dynamic source routing，CoDSR）：用本节提出的协同思想对 DSR 进行优化，即利用 ADCS-TS 算法对 DSR 任务调度过程进行优化。当一个边缘服务器无法处理服务请求的时候，可以转发上云或转发给相邻的边缘服务器进行处理。

3. ADCS 算法结果分析

本章选用四个指标来评估不同方案的实验效果，分别是所有请求的未命中比例、所有请求的平均完成时间、服务部署花费以及服务动态部署过程中边缘服务器的资源使用。请求服务类型分布的不同会明显影响这四个方面，所以我们分别考虑了服务被请求访问概率是均匀分布和服务被请求访问的概率服从偏移因子为 0.8 的齐普夫分布两种情况进行实验。

1）请求的服务类型服从均匀分布

每种服务被请求的概率相同。由于边缘服务器资源有限，同一个边缘服务器上无法部署所有的服务，而边缘节点间的协同和服务部署的动态调整可以在有限资源中响应更多的请求。在服务被请求访问概率是均匀分布的情况下，每一个边缘服务器上到达的请求访问的服务的概率相同。而在齐普夫分布中，每一个边缘服务器上到达的请求有 80%的概率请求其中的 20%的服务即主机服务，20%的概率请求其他服务类型。

从图 9-11 和图 9-12 中可以看到，大多数时间段内 ADCS 的终期未命中率

（deadline miss rate，DMR）和 ACT 都处于最低水平。Random 和 DSR 由于边缘节点间的无协作，在请求的服务类型均匀分布的情况下，由于边缘节点资源受限，在边缘节点无协作的情况下，未部署服务的请求只能进行上云处理，导致较大的 DMR 和 ACT。而使用 ADCS-TS 算法进行优化后的 CoRandom 和 CoDSR 的 DMR 和 ACT 明显下降，相比 DSR 和 CoDSR，ADCS 算法 DMR 减小 68.14%和 26.33%。

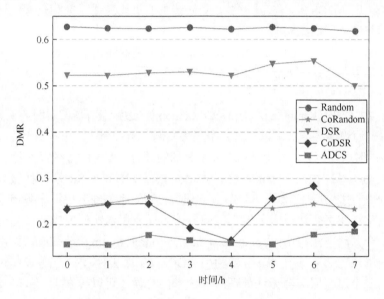

图 9-11　均匀分布下 DMR 随时间的变化

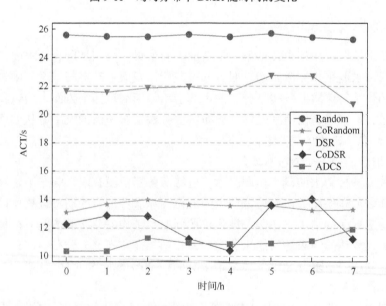

图 9-12　均匀分布下 ACT 随时间的变化

2）请求的服务类型服从齐普夫分布

每种服务类型被请求的概率不同，请求更偏向于访问热门服务，在服务的动态调整过程中，边缘服务器会尽可能地部署请求数量多的服务类型，以此来减小DMR 和 ACT。图 9-13 和图 9-14 表明 ADCS 在大多数时间段内的 DMR 和 ACT都处于最低水平。由于服务请求类型分布得不均匀，动态的部署服务可以很好地

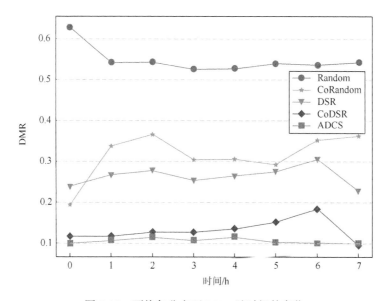

图 9-13　不均匀分布下 DMR 随时间的变化

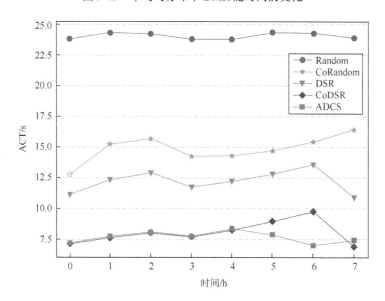

图 9-14　不均匀分布下 ACT 随时间的变化

适应服务请求类型分布的变化，DSR 明显优于 Random 和 CoRandom，然而由于边缘节点的无协作，DSR 的 DMR 相比于 ADCS 仍然较大，在加入协同机制之后明显降低。相比 DSR 和 CoDSR，ADCS 算法的 DMR 分别降低了 59.91% 和 19.95%。

若直接对比均匀分布和不均匀分布下的各项指标，可以看出由于边缘服务器资源有限，动态部署算法在服务请求类型不均匀的情况下有更大的优势。因为可以优先选择服务请求多的服务进行部署，减小 DMR 和 ACT。由于 DSR 是对一定时间段内请求服务数量的预测，其调整具有一定的阶段性，不能实现完全的实时调整，即使加入了边缘节点间的协同，相比 ADCS 算法，其 DMR 和 ACT 也略大。

3）动态部署算法的实时有效性对比

为了验证 ADCS 和 DSR 两种算法下系统中 CPU 资源的使用情况，实验还对不同边缘服务器在不同时间段内 CPU 和内存的资源使用情况进行了分析，此处的 CPU 利用率指系统中所有启用实例的资源占 CPU 总量的比例。

DSR 算法基于对未来一定时间段的服务请求频率预测，结合动态规划的算法进行动态服务部署，其服务部署过程是基于该时间段总的请求频率来部署的，因此时间段大小的选取影响部署结果。通过对比发现，ADCS 算法下，边缘服务器 CPU 利用率变化比较大，对于服务请求的变化更为敏感，而 DSR 相对不敏感，因此导致了其 DMR 和 ACT 的增加。这说明 ADCS 算法可以更快速地对请求的变化做出动态服务部署的响应。

参 考 文 献

[1] Cong P，Zhou J，Li L，et al. A survey of hierarchical energy optimization for mobile edge computing. ACM Computing Surveys，2021，53（2）：44.

[2] Kong L，Tan J，Huang J，et al. Edge-computing-driven internet of things：A survey. ACM Computing Surveys（CSUR），2022，55（8）：1-41.

[3] Satyanarayanan M，Bahl P，Caceres R，et al. The case for VM-based cloudlets in mobile computing. IEEE Pervasive Computing，2009，8（4）：14-23.

[4] Bonomi F，Milito R，Zhu J，et al. Fog computing and its role in the internet of things. Proceedings of the First Edition of the MCC Workshop on Mobile Cloud Computing，Helsinki，2012：13-16.

[5] Ren J，Zhang D，He S，et al. A survey on end-edge-cloud orchestrated network computing paradigms：Transparent computing，mobile edge computing，fog computing，and cloudlet. ACM Computing Surveys（CSUR），2019，52（6）：1-36.

[6] ETSI. Multi-access edge computing（MEC）. [2022-11-13]. https://www.etsi.org/technologies/multi-access-edge-computing.

[7] 张弛，刘柳燕，曹万里. 科普连载——漫谈边缘计算（一）：起源. [2022-12-12]. http://dqalpha.ustc.edu.cn/ 2020/0630/c20257a434840/page.htm.

[8] 施巍松，张星洲，王一帆. 边缘计算：现状与展望. 计算机研究与发展，2019，56（1）：69-89.

[9] 吴守星. 全方位剖析边缘计算架构设计以及应用实践. [2022-12-12]. https://zhuanlan.zhihu.com/p/86002553.

[10] Spinellis D，Gousios G. Beautiful architecture：Leading thinkers reveal the hidden beauty in software design. Sebastopol：O'Reilly Media，Inc.，2009.

[11] Shi W，Cao J，Zhang Q，et al. Edge computing：Vision and challenges. IEEE Internet of Things Journal，2016，3（5）：637-646.

[12] Hu W，Gao Y，Ha K，et al. Quantifying the impact of edge computing on mobile applications. Proceedings of the 7th ACM SIGOPS Asia-Pacific Workshop on Systems，Hong Kong，2016：1-8.

[13] 张行，孙航. GB/T 40429—2021《汽车驾驶自动化分级》分析. 中国汽车，2022（5）：3-5.

[14] 张骏. 边缘计算方法与工程实践. 自动化博览，2019（9）：7.

[15] 边缘计算之家. 全方位剖析边缘计算架构设计以及应用实践. [2022-12-12]. https://baijiahao.baidu.com/s? id=1647013753483723882&wfr=spider&for=pc.

[16] 国际电信联盟. 迎接 5G 的到来：机遇与挑战. [2022-11-14]. https://www.itu.int/dms pub/itu-d/opb/pref/D-PREF-BB.5G 01-2018-PDF-C.pdf.

[17] 5G 承载网络架构和技术方案白皮书. IMT-2020（5G）推进组，2018.

[18] 边缘计算社区. 终于有人把 5G 和边缘计算的关系说清楚了. [2022-11-13]. https:cloud.tencent.com/ developer/article/1456140.

[19] 刘陈，景兴红，董钢. 浅谈物联网的技术特点及其广泛应用. 科学咨询（科技·管理），2011（9）：86.

[20] Kubernetes. Production-grade container orchestration. [2022-11-13]. https://kubernetes.io.

[21] Kubeedge. Kubernetes native edge computing framework. [2022-11-13]. https://github.com/kubeedge/kubeedge.

[22] K3s. Lightweight Kubernetes. [2022-11-14]. https://github.com/k3s-io/k3s.

[23] Openyurt. Extending your native Kubernetes to edge. [2022-11-14]. https://github.com/alibaba/openyurt.

[24] Superedge. An edge-native container management system for edge computing. [2022-11-14]. https://github.com/superedge/superedge.

[25] 中国互联网络信息中心. 第 51 次《中国互联网络发展状况统计报告》. [2023-04-07]. https://www.cnnic.net.cn/n4/2023/0303/c88-10757.html.

[26] NetApp. Approach the modern threatscape with the confidence of unified cyber resilience. [2023-02-17]. https://www.netapp.com.

[27] F5. Load balancing 101：Nuts and bolts. [2023-02-17]. https://www.f5.com.cn/services/resources/white-papers/load-balancing-101-nuts-and-bolts.

[28] 网宿. 网宿科技产品. [2023-02-17]. https://www.wangsu.com/document/cdnpro/productnavigation?rsr=ws.

[29] Akamai. Akamai connected cloud. [2023-02-17]. https://www.akamai.com/zh.

[30] 阿里云. 阿里云 CDN. [2023-02-17]. https://help.aliyun.com/document_detail/27101.html.

[31] 中国电信"扩容"天翼高清 CDN 四优势破解"跨网"难题. [2023-02-17]. http://www.dvbcn.com/p/34126.html.

[32] yfCloud. 云帆加速产品文档. [2023-02-17]. https://www.yfcloud.com/product/doc.

[33] Chuan C J B C C. Using particle swarm optimization algorithm in multimedia CDN content placement. Proceedings of the 2012 Fifth International Symposium on Parallel Architectures，Algorithms and Programming，Taipei，2012：45-51.

[34] Jun C J B L S. A fuzzy-based decision approach for supporting multimedia content request routing in CDN. Proceedings of the International Symposium on Parallel and Distributed Processing with Applications，Taipei，2010：46-51.

[35] 温情. 视讯会议业务组网协议发展及变迁. [2022-11-24]. http://audio160.com/news/2008/2008_28_2016_3.htm.

[36] 杨威. SIP 协议在 NGN 网络中的应用与研究. 长春：吉林大学，2008.

[37] Cti 论坛. 最热门的通信协议 SIP. [2022-11-11]. http://www.ctiforum.com/technology/Voip/2005/06/voip0627.htm.

[38] 王晓海. 一文读懂腾讯会议在复杂网络下如何保证高清音频. [2022-11-24]. https://www.infoq.cn/article/dx6htzzv3xfnyelf3awf.

[39] 腾讯会议. 年度发布|腾讯会议 2020 年度报告. [2022-11-24]. https://meeting.tencent.com/news/2020-annual-report.html.

[40] Realnetworks. RealMedia® HD. A new and innovative streaming technology. [2023-01-11]. https://realnetworks.com/realmediaHD.

[41] BitTorrent. 百度百科. [2023-01-18]. https://baike.baidu.com/item/BitTorrent/142795.

[42] 迅雷. 百度百科. [2023-01-18]. https://baike.baidu.com/item/迅雷/33354.

[43] PPLive. 百度百科. [2023-01-18]. http://baike.baidu.com/item/PP%E8%A7%86%E9%A2%91.

[44] Pai V，Kumar K，Tamilmani K，et al. Chainsaw：Eliminating trees from overlay multicast. Proceedings of the International Workshop on Peer-to-Peer Systems，Berlin，2005：127-140.

[45] Zhang X，Liu J，Li B，et al. CoolStreaming/DONet：A data-driven overlay network for peer-to-peer live media streaming. Proceedings of the IEEE 24th Annual Joint Conference of the IEEE Computer and Communications Societies，Miami，2005：2102-2113.

[46] Magharei N，Rejaie R. Understanding mesh-based peer-to-peer streaming. Proceedings of the 2006 International Workshop on Network and Operating Systems Support for Digital Audio and Video，Newport，2016：1-6.

[47] 腾讯云开发者平台. 存储分发加速解决方案.[2023-01-18]. https://cloud.tencent.com/developer/article/1638639.

[48] 阿里云 PCDN 产品. [2023-01-18]. https://www.aliyun.com/product/pcdn.

[49] Wang F, Liu J, Xiong Y. Stable peers: Existence, importance, and application in peer-to-peer live video streaming. Proceedings of the IEEE INFOCOM 2008-The 27th Conference on Computer Communications, Phoenix, 2008: 1364-1372.

[50] Wang F, Xiong Y, Liu J. mTreebone: A hybrid tree/mesh overlay for application-layer live video multicast. Proceedings of the 27th International Conference on Distributed Computing Systems (ICDCS'07), Toronto, 2007: 49.

[51] Qiao Z, Xu T. A simulator for peer-to-peer streaming system. 2010 Second International Conference on Computer Modeling and Simulation, Sanya, 2010: 120-124.

[52] Gummadi K P, Saroiu S, Gribble S D. King: Estimating latency between arbitrary internet end hosts. Proceedings of the 2nd ACM SIGCOMM Workshop on Internet Measurment, Marseille, 2002: 5-18.

[53] Cornell. Meridian data description. [2023-01-18]. https://www.cs.cornell.edu/people/egs/meridian/data.php.

[54] 百度. 百度地图开放平台. [2023-02-17]. http://lbsyun.baidu.com/.

[55] Bitner M J, Brown S W. The evolution and discovery of services science in business schools. Communications of the ACM, 2006, 49 (7): 73-78.

[56] Zheng X. QoS representation, negotiation and assurance in cloud services. Kingston: Queen's University, 2014.

[57] 邓达. 优化应用提供商成本的混合云调度模型与算法研究. 上海: 复旦大学, 2014.

[58] Benatia M A, Sahnoun M H, Baudry D, et al. Multi-objective WSN deployment using genetic algorithms under cost, coverage, and connectivity constraints. Wireless Personal Communications, 2017, 94 (4): 2739-2768.

[59] Deb K, Pratap A, Agarwal S, et al. A fast and elitist multiobjective genetic algorithm: NSGA-II. IEEE Transactions on Evolutionary Computation, 2002, 6 (2): 182-197.

[60] 方伟. 一种云环境下动态资源供给方法的研究. 上海: 复旦大学, 2013.

[61] 加权移动平均法. [2023-02-17]. http://wiki.mbalib.com/wiki/.

[62] Jiang J, Sekar V, Milner H, et al. {CFA}: A practical prediction system for video QoE optimization. Proceedings of the 13th {USENIX} Symposium on Networked Systems Design and Implementation ({NSDI} 16), Santa Clara, 2016: 137-150.

[63] Borst S, Gupta V, Walid A. Distributed caching algorithms for content distribution networks. 2010 Proceedings IEEE INFOCOM, San Diego, 2010: 1-9.

[64] Zipf G K. Relative frequency as a determinant of phonetic change. Harvard Studies in Classical Philology, 1929, 40: 1-95.

[65] Almeida V, Bestavros A, Crovella M, et al. Characterizing reference locality in the WWW. Proceedings of the Fourth International Conference on Parallel and Distributed Information Systems, Miami, 1996: 92-103.

[66] Luo Q, Hu S, Li C, et al. Resource scheduling in edge computing: A survey. IEEE Communications Surveys & Tutorials, 2021, 23 (4): 2131-2165.

[67] Alipourfard O, Liu H H, Chen J, et al. {CherryPick}: Adaptively unearthing the best cloud configurations for big data analytics. Proceedings of the 14th USENIX Symposium on Networked Systems Design and Implementation (NSDI 17), Boston, 2017: 469-482.

[68] Hsu C J, Nair V, Menzies T, et al. Micky: A cheaper alternative for selecting cloud instances. Proceedings of the 2018 IEEE 11th International Conference on Cloud Computing (CLOUD), San Francisco, 2018: 409-416.

[69] Xiao A, Lu Z, Li J, et al. SARA: Stably and quickly find optimal cloud configurations for heterogeneous big data workloads. Applied Soft Computing, 2019, 85: 105759.

[70] He X, Liao L, Zhang H, et al. Neural collaborative filtering. Proceedings of the 26th International Conference on

World Wide Web，Sydney，2017：173-182.

[71] SCOUT. Large-scale performance data of hadoop and spark on aws. [2019-06-01]. https://github.com/oxhead/scout.

[72] Ratnasamy S，Francis P，Handley M，et al. A scalable content-addressable network. Proceedings of the 2001 Conference on Applications，Technologies，Architectures，and Protocols for Computer Communications，San Diego，2001：161-172.

[73] Morris R，Kaashoek M F，Karger D，et al. Chord: A scalable peer-to-peer look-up protocol for internet applications. IEEE/ACM Transactions on Networking，2003，11（1）：17-32.

[74] 肖明忠，代亚非. Bloom Filter 及其应用综述. 计算机科学，2004，31（4）：180-183.

[75] Fan B，Andersen D G，Kaminsky M，et al. Cuckoo filter: Practically better than bloom. Proceedings of the 10th ACM International on Conference on Emerging Networking Experiments and Technologies，Sydney，2014：75-88.

[76] Tan Y，Li L，Wang Y. Dynamic construction of power Voronoi diagram. Proceedings of the International Conference on Information Computing and Applications，Berlin，2011：660-667.

[77] Saeed N，Nam H，Haq M I U，et al. A survey on multidimensional scaling. ACM Computing Surveys（CSUR），2018，51（3）：1-25.

[78] Borthakur D. HDFS architecture guide. Hadoop Apache Project，2008，53（1-13）：2.

[79] Weil S A，Brandt S A，Miller E L，et al. Ceph: A scalable，high-performance distributed file system. Proceedings of the 7th Symposium on Operating Systems Design and Implementation，Seattle，2006：307-320.

[80] 蔡侠. 浅谈服务的'无状态'与'有状态'属性. 信息通信，2018（9）：77-78.

[81] Azari B，Simeone O，Spagnolini U，et al. Hypergraph-based analysis of clustered co-operative beamforming with application to edge caching. IEEE Wireless Communications Letters，2016，5（1）：84-87.

[82] Ahlehagh H，Dey S. Video-aware scheduling and caching in the radio access network. IEEE/ACM Transactions on Networking，2014，22（5）：1444-1462.

[83] Xiao A，Lu Z，Du X，et al. ORHRC: Optimized recommendations of heterogeneous resource configurations in cloud-fog orchestrated computing environments. Proceedings of the 2020 IEEE International Conference on Web Services（ICWS），Beijing，2020：402-412.

[84] Liu N，Li Z，Xu J，et al. A hierarchical framework of cloud resource allocation and power management using deep reinforcement learning. Proceedings of the 2017 IEEE 37th International Conference on Distributed Computing Systems（ICDCS），Atlanta，2017：372-382.

[85] Guo J，Chang Z，Wang S，et al. Who limits the resource efficiency of my datacenter: An analysis of Alibaba datacenter traces. Proceedings of the International Symposium on Quality of Service，Phoenix，2019：1-10.

[86] Jajoo A，Hu Y C，Lin X，et al. A case for task sampling based learning for cluster job scheduling. IEEE Transactions on Cloud Computing，2022：1-15.

[87] Xiang Z，Deng S，Taheri J，et al. Dynamical service deployment and replacement in resource-constrained edges. Mobile Networks and Applications，2020，25（2）：674-689.